"十三五"国家重点出版物出版规划项目
体系工程与装备论证系列丛书

电子信息装备体系论证
理论、方法与应用

熊 伟 杨凡德 简 平 刘德生 著

电子工业出版社
Publishing House of Electronics Industry
北京·BEIJING

内 容 简 介

本书包括 13 章，分为理论篇、方法篇和应用篇。理论篇（第 1～3 章）对电子信息装备体系论证的基本概念、内涵、主要内容及电子信息装备体系论证的理论体系进行了研究和分析；方法篇（第 4～9 章）分别对电子信息装备体系的宏观论证、需求论证、体系结构论证、仿真推演论证、体系效能评估和技术体系论证等重点方面及技术进行了研究和论述；应用篇（第 10～13 章）通过典型电子信息装备体系需求论证实践、典型军事信息系统体系结构设计、基于仿真的电子信息装备体系效能评估和综合电子信息系统效能评估 4 个案例论述上述理论与方法在实践中的应用，验证了方法和技术的有效性。

本书以电子信息装备体系论证为主题，突出基础性、理论性、前沿性与实践性，力求构建电子信息装备体系论证的较为完整的知识体系，以期为从事电子信息装备体系相关研究提供参考。

图书在版编目（CIP）数据

电子信息装备体系论证理论、方法与应用 / 熊伟等著. —北京：电子工业出版社，2023.2

（体系工程与装备论证系列丛书）

ISBN 978-7-121-44940-6

Ⅰ. ①电… Ⅱ. ①熊… Ⅲ. ①电子信息－武器装备－研究 Ⅳ. ①TJ

中国国家版本馆 CIP 数据核字（2023）第 019511 号

责任编辑：陈韦凯 文字编辑：康 霞
印　　刷：北京虎彩文化传播有限公司
装　　订：北京虎彩文化传播有限公司
出版发行：电子工业出版社
　　　　　北京市海淀区万寿路 173 信箱　邮编 100036
开　　本：720×1 000　1/16　印张：21　字数：403.2 千字
版　　次：2023 年 2 月第 1 版
印　　次：2024 年 8 月第 3 次印刷
定　　价：98.00 元

凡所购买电子工业出版社图书有缺损问题，请向购买书店调换。若书店售缺，请与本社发行部联系，联系及邮购电话：（010）88254888，88258888。

质量投诉请发邮件至 zlts@phei.com.cn，盗版侵权举报请发邮件至 dbqq@phei.com.cn。

本书咨询联系方式：chenwk@phei.com.cn，（010）88254441。

体系工程与装备论证系列丛书
总　序

　　1990年，我国著名科学家和系统工程创始人钱学森先生发表了《一个科学新领域——开放的复杂巨系统及其方法论》一文。他认为，复杂系统组分数量众多，使得系统的整体行为相对于简单系统来说可能涌现出显著不同的性质。如果系统的组分种类繁多，具有层次结构，并且它们之间的关联方式又很复杂，就成为复杂巨系统；再如果复杂巨系统与环境进行物质、能量、信息的交换，接收环境的输入、干扰并向环境提供输出，并且具有主动适应和演化的能力，就要作为开放复杂巨系统对待了。在研究解决开放复杂巨系统问题时，钱学森先生提出了从定性到定量的综合集成方法，这是系统工程思想的重大发展，也可以看作对体系问题的先期探讨。

　　从系统研究到体系研究涉及很多问题，其中有3个问题应该首先予以回答：一是系统和体系的区别；二是平台化发展和体系化发展的区别；三是系统工程和体系工程的区别。下面先引用国内两位学者的研究成果讨论对前面两个问题的看法，然后再谈谈本人对后面一个问题的看法。

　　关于系统和体系的区别。有学者认为，体系是由系统组成的，系统是由组元组成的。不是任何系统都是体系，但是只要由两个组元构成且相互之间具有联系就是系统。系统的内涵包括组元、结构、运行、功能、环境，体系的内涵包括目标、能力、标准、服务、数据、信息等。系统最核心的要素是结构，体系最核心的要素是能力。系统的分析从功能开始，体系的分析从目标开始。系统分析的表现形式是多要素分析，体系分析的表现形式是不同角度的视图。对系统发展影响最大的是环境，对体系形成影响最大的是目标要求。系统强调组元的紧密联系，体系强调要素的松散联系。

　　关于平台化发展和体系化发展的区别。有学者认为，由于先进信息化技术的应用，现代作战模式和战场环境已经发生了根本性转变。受此影响，以美国为首的西方国家在新一代装备发展思路上也发生了根本性转变，逐渐实现了装备发展由平台化向体系化的过渡。1982 年 6 月，在黎巴嫩战争中，以色列和叙利亚在贝卡谷地展开了激烈空战。这次战役的悬殊战果对现代空战战法研究和空战武器装备发展有着多方面的借鉴意义，因为采用任何基于武器平台分析的指标进行衡量，都无法解释如此悬殊的战果。以色列空军各参战装备之间分工明确，形成了协调有效的进攻体系，是取胜的关键。自此以后，空战武器装备对抗由"平台对平台"向"体系对体系"进行转变。同时，一种全新的武器装备发展思路——"武器装备体系化发展思路"逐渐浮出水面。这里需要强调的是，武器装备体系概念并非始于贝卡谷地空战，当各种武器共同出现在同一场战争中执行不同的作战任务时，原始的武器装备体系就已形成，但是这种武器装备体系的形成是被动的；而武器装备体系化发展思路应该是一种以武器装备体系为研究对象和发展目标的武器装备发展思路，是一种现代装备体系建设的主动化发展思路。因此，武器装备体系化发展思路是相对于一直以来武器装备发展主要以装备平台更新为主的发展模式而言的。以空战装备为例，人们常说的三代战斗机、四代战斗机都基于平台化思路的发展和研究模式，是就单一装备的技术水平和作战性能进行评价的。可以说，传统的武器装备平台化发展思路是针对某类型武器平台，通过开发、应用各项新技术，研究制造新型同类产品以期各项性能指标超越过去同类产品的发展模式。而武器装备体系化发展的思路则是通过对未来战场环境和作战任务的分析，并对现有武器装备和相关领域新技术进行梳理，开创性地设计构建在未来一定时间内最易形成战场优势的作战装备体系，并通过对比现有武器装备的优势和缺陷来确定要研发的武器装备和技术。也就是说，其研究的目标不再是基于单一装备更新，而是基于作战任务判断和战法研究的装备体系构建与更新，是将武器装备发展与战法研究充分融合的全新装备发展思路，这也是美军近三十多年装备发展的主要思路。

关于系统工程和体系工程的区别，我感到，系统工程和体系工程之间存在着一种类似"一分为二、合二为一"的关系，具体体现为分析与综合的关系。数学分析中的微分法（分析）和积分法（综合），二者对立统一的关系是牛顿-莱布尼茨公式，它们构成数学分析中的主脉，解决了变量中的许多问题。系统工程中的"需求工程"（相当于数学分析中的微分法）和"体系工程"（相当于数学分析中的积分法），二者对立统一的关系就是钱学森的"从定性到定量综合集成研讨方法"（相当于数学分析中的牛顿-莱布尼茨公式）。它们构成系统工程中的主脉，解决和正在解决大量巨型复杂开放系统的问题，我们称之为"系统工程 Calculus"。

总之，武器装备体系是一类具有典型体系特征的复杂系统，体系研究已经超出了传统系统工程理论和方法的范畴，需要研究和发展体系工程，用来指导体系条件下的武器装备论证。

在系统工程理论方法中，系统被看作具有集中控制、全局可见、有层级结构的整体，而体系是一种松耦合的复杂大系统，已经脱离了原来以紧密层级结构为特征的单一系统框架，表现为一种显著的网状结构。近年来，含有大量无人自主系统的无人作战体系的出现使得体系架构的分布、开放特征愈加明显，正在形成以即联配系、敏捷指控、协同编程为特点的体系架构。以复杂适应网络为理论特征的体系，可以比单纯递阶控制的层级化复杂大系统具有更丰富的功能配系、更复杂的相互关系、更广阔的地理分布和更开放的边界。以往的系统工程方法强调必须明确系统目标和系统边界，但体系论证不再限于刚性的系统目标和边界，而是强调装备体系的能力演化，以及对未来作战样式的适应性。因此，体系条件下装备论证关注的焦点在于作战体系架构对体系作战对抗过程和效能的影响，在于武器装备系统对整个作战体系的影响和贡献率。

回顾 40 年前，钱学森先生在国内大力倡导和积极践行复杂系统研究，并在国防科技大学亲自指导和创建了系统工程与数学系，开办了飞行器系统工程和信息系统工程两个本科专业。面对当前我军武器装备体系发展和建设中的重大军事需求，由国防科技大学王维平教授担任主编，集结国内在武器装备体系分析、设计、试验和评估等方面具有理论创新和实践经验的部分专家学者，编写出版了"体系工程与装备论证系列丛书"。该丛书以复杂系统理论和体系思想为指导，紧密结合武器装备论证和体系工程的实践活动，积

电子信息装备体系论证理论、方法与应用

极探索研究适合国情、军情的武器装备论证和体系工程方法，为武器装备体系论证、设计和评估提供理论方法和技术支撑，具有重要的理论价值和实践意义。我相信，该丛书的出版将为推动我军体系工程研究、提高我军体系条件下的武器装备论证水平做出重要贡献。

汪浩

2020 年 9 月

前 言

　　信息化战争是体系与体系的对抗,能量释放是以体系方式来实现的,电子信息装备是形成我军作战体系的核心和关键。电子信息装备成体系发展,既是当代信息技术发展的必然结果,也是我军电子信息装备适应未来一体化联合作战的必然要求。

　　当前,我军正围绕"建设信息化军队、打赢信息化战争"建设目标,按照体系工程的思想,不断加强武器装备体系建设,大力推进全军电子信息装备体系论证工作,加速推进我军信息化与智能化融合发展步伐,以适应一体化联合作战和高技术军事应用的发展需求。电子信息装备作为全军武器装备体系的重要组成部分,也是信息化与智能化的核心基础和重点领域,扎实、有序推进电子信息装备体系建设是实现我军强军目标和达成"三步走"战略目标的关键。加强电子信息装备体系建设和发展,必须提高电子信息装备体系论证水平,提升电子信息装备体系发展的科学性和高效性。因此,强化电子信息装备体系论证工作,探索电子信息装备体系论证的理论、方法和应用显得尤为重要。

　　电子信息装备体系技术复杂、种类繁多、发展变化快、耗资巨大,对论证与决策提出很高要求。尤其是随着我军信息化转型升级研究和强化联合作战时代同步到来,电子信息装备建设的战略性、基础性地位日益突显,论证与决策的专业化要求和科技含量越来越高。瞄准信息化武器装备发展的前沿，创新装备论证的理论和方法，是实现电子信息装备体系建设科学发展的前提和基础，是建设信息化军队、打赢信息化战争的紧迫需要，关乎我军长远建设又好又快发展和军队战斗力的提升，也是撰写本书的出发点和落脚点。

本书在我军大力发展提升基于网络信息体系联合作战与全域作战能力的历史背景下，依据我军新时期军事战略方针，面向电子信息装备体系的建设、运用与发展，从体系的理论、方法和应用等视角来研究电子信息装备体系论证问题，对现在和未来电子信息装备体系建设必将起到积极的推动作用。本书包括 13 章，分为理论篇、方法篇和应用篇。理论篇（第 1～3 章）对电子信息装备体系论证的基本概念、内涵、主要内容及电子信息装备体系论证的理论体系进行了研究和分析；方法篇（第 4～9 章）分别对电子信息装备体系的宏观论证、需求论证、体系结构论证、仿真推演论证、体系效能评估和技术体系论证等重点方面及技术进行了研究和论述；应用篇（第 10～13 章）通过典型电子信息装备体系需求论证实践、典型军事信息系统体系结构设计、基于仿真的电子信息装备体系效能评估和综合电子信息系统效能评估 4 个案例来论述上述理论与方法在实践中的应用，验证了方法和技术的有效性。本书以电子信息装备体系论证为主题，突出基础性、理论性、前沿性与实践性，力求构建电子信息装备体系论证较为完整的知识体系，以期为从事电子信息装备体系相关研究提供参考。

本书由熊伟、杨凡德、简平、刘德生共同完成。其中，第 1 章和第 7 章由熊伟编写；第 2 章和第 4 章由杨凡德编写；第 3 章由熊伟、杨凡德共同编写；第 8 章由杨凡德、熊伟共同编写；第 5 章和第 10 章由刘德生编写；第 6 章、第 9 章和第 11 章由简平编写；第 12、13 章由熊伟、杨凡德、刘德生、简平共同编写；熊伟对全书进行了统稿。

本书得到军队装备预研重大项目、军内科研，以及军队院校"双重"建设项目的支持。在撰写过程中，航天工程大学的吴玲达研究员、李智教授，军事科学院的尹浩院士、战晓苏研究员、肖刚研究员，国防大学的司光亚教授，国防科技大学的谭跃进教授、杨克巍教授、刘俊先教授，陆军装备兵学院的郭齐胜教授、樊延平副教授，空军指挥学院的刘小荷教授，中国船舶工业集团七一六所的曾清研究员等同志给予了悉心指导和大力支持，博士研究生熊明晖、韩驰做了大量文档整理工作，在此一一表示感谢。书中的一些内容参考了有关单位和个人的书籍与论文，在此深表谢意。

体系研究一直处在不断探索之中，体系论证也在不断进步，书中的某些观点和方法尚处于研究探索阶段，还需要进一步研究。同时，由于作者理论水平和实践经验有限，书中难免存在缺点和错误之处，敬请专家和广大读者批评指正。

作者

2022 年 6 月

目 录

理 论 篇

方　法　篇

应 用 篇

理 论 篇

第1章

电子信息装备体系论证概述

1.1 电子信息装备的基本概念

1.1.1 电子信息装备的定义

参考《中国军事百科全书学科分册：电子信息装备（第二版）》中关于电子信息装备（Electronic Information Equipment）的定义：它是以电子技术、信息技术为主要特征，以实现信息的获取、传输、处理、运用或对敌信息获取、传输、处理、运用各环节实施攻击为目的的各类军事信息系统、设备、设施、仪器、器材、软件等的装备统称。电子信息装备是武器装备体系的重要组成部分，是现代战争中夺取信息优势的重要物质基础，是一个国家军事实力和军工技术发展水平的重要体现，是影响战争形态和改变作战样式的重要因素。其典型装备包括军事信息系统、预警探测装备、指挥控制装备、网络通信装备、侦察监视装备、电子战装备、网络攻防装备，以及必要的电子维修保障装备等。

1.1.2 电子信息装备的地位与作用

1. 电子信息装备是军队武器装备现代化水平的重要标志

武器装备是提升军队战斗力的重要物质基础，而电子信息装备是武器装备体系中的重要组成部分，是现代电子信息技术的物化，其技术水平决定着武器装备的性能和威力，其装备水平标志着军队武器装备体系的信息化程度和制信息权能力。如同信息技术和信息产业的水平已成为国家综合国力的重要标志，电子信息装备的规模和技术水平是国防和军队现代化水平的重要标志。

2．电子信息装备是夺取信息优势的决定性因素

打赢信息化战争的先决条件是取得制信息权，只有取得制信息权才能获得信息优势，进而才可能获得决策优势和行动优势，最终赢得战争胜利。制信息权是打赢未来信息化、智能化战争的关键和首要内容，并贯穿于战争全过程，而电子信息装备是取得制信息权最有效的手段，是武器装备中的主导力量，发挥着决定性作用。

3．电子信息装备是基于网络信息体系联合作战能力提升的倍增器

一方面，主战装备通过信息化改造和嵌入电子信息模块实现了其功能的扩展和性能的提升，从而提高了武器装备的作战效能。另一方面，以军事信息系统为典型代表的电子信息装备成为现代战争中作战力量和作战资源的"黏合剂"，将各级侦察预警系统、指挥控制系统、火力打击系统与综合保障系统紧密联系在一起，形成一个有机的整体，大力提高了指挥控制、情报搜集处理、战场通信、武器控制，以及打击效果评估的精确化、自动化、智能化水平，有效支撑一体化联合作战能力，从而大大提升作战体系的作战效能。

4．电子信息装备是改变作战样式、影响战争形态的催化剂

建设信息化、智能化军队的新一轮军事变革正在世界范围内兴起，电子信息装备是这一轮新军事变革的重要物质基础和主要推动力。一体化联合作战、精确制导作战、非线性作战、无人机群作战、机器人作战、智能化作战等需要以电子信息装备为基本的物质和技术基础；同时，电子信息装备的发展和广泛使用直接改变了作战指挥方式，使得扁平化指挥、传感器到射手等新型指挥模式大量使用在战场，智能化指挥不久将可以实现，电子信息装备作为未来军事变革的主要推动力和催化剂，将改变未来作战样式，并深刻影响未来战争的基本形态。

5．电子信息装备的发展将促进军队体制编制的变革

电子信息装备的广泛应用将影响作战体系构成，以及军队人员与军事装备的数量比例，从而导致军队军种、兵种结构的变化，进而影响军队的编组形式。我军成立战略支援部队，以及美国、俄罗斯等成立空天军就是典型事例。随着武器装备信息化程度和智能化水平的不断提高，军队的编组形式正

向一体化、多功能化、小型化和专业化方向发展。

1.1.3　电子信息装备的分类与组成

电子信息装备应用广泛、种类繁多，存在多种划分方法。例如，从装备形态角度，可分为元器件、部件、设备、分系统、系统，以及嵌入式设备、系统等；从所用技术角度，可分为电子装备、光电装备和声学装备；从应用环境角度，可分为空间/临近空间、空基、陆基、海基、水下等电子信息装备等；从管理角度，可分为陆军、空军、海军、火箭军、战略支援部队、武警部队、联勤保障部队等电子信息装备；按功能用途，又可分为信息获取装备、信息传输装备、信息处理装备、信息运用装备，以及将这些装备集成为一体的系统装备等，主要包括军事信息系统、指挥控制装备、预警探测装备、侦察情报装备、军事通信装备、导航定位装备、信息对抗装备、信息安全装备、测控装备、军用计算机与计算机软件及其他电子信息装备等。

下面根据功能用途的不同对各个电子信息装备类别进行介绍。

（1）军事信息系统：通常指综合集成信息获取、信息传输、信息处理等并形成新应用功能的综合电子信息系统。

（2）指挥控制装备：用于全军一体化指挥信息系统、各级各类指挥所，实现指挥控制业务自动化的装备。按功能可分为信息处理装备、信息传输装备、信息显示装备、指挥控制软件和其他辅助装备；按使用方式可分为固定式指挥控制装备和机动式指挥控制装备。

（3）预警探测装备：用于监视空间、空中、地面、水面、水下目标的装备，可分为战略预警探测装备和战役战术预警探测装备两大类。战略预警探测装备是对战略弹道导弹、战略巡航导弹和战略轰炸机进行预警探测的装备；战役战术预警探测装备是对空中、水面和水下、陆上纵深和隐蔽等战役战术目标进行预警探测的装备。分布在地面、水面、水下、空中、空间的预警探测装备，有地面固定、车载、舰载、机载、气球载、星载等形式，主要有军用雷达、声呐、光电、红外等预警探测装备。

（4）侦察情报装备：用于获取军事情报的各种装备，包括微波侦察装备、声学侦察装备、光电侦察装备、传感侦察装备等，分布在地面、海上、空中、太空，主要有侦察雷达、声呐、红外照相机、激光成像仪、传感系统、谍报装备等。

（5）军事通信装备：用于实施保障通信的各类装备，包括战略通信装备、战役战术通信装备两大类，分布在地面、水面、水下、空中、空间，主要有军事通信网络、无线电通信装备、有线通信装备、光通信装备、卫星通信装备等。

（6）导航定位装备：用于引导运动体沿规定的路线到达目的地，以及确定它们在规定坐标系中的位置的装备，包括无线电导航装备、惯性导航装备、卫星导航装备、天文导航装备、组合导航装备、定位报告装备、着陆导航装备等，分布在地面、水面、空中、空间，有地面固定、车载、舰载、机载、星载、弹载等形式。

（7）信息对抗装备：用于信息战的各类电子信息装备，包括电子对抗装备、计算机网络攻防装备、空间信息对抗装备等，分布在地面、水面、空中、空间，有车载、舰载、机载、弹载、星载等形式，主要有雷达对抗装备、通信对抗装备、光电对抗装备、水声对抗装备、计算机网络战装备、空间防护装备、反辐射武器装备等。

（8）信息安全装备：用于保障军事信息安全的各类装备，包括安全防护装备、信息保密装备、安全检测装备、安全管理装备等，配置于各级各类指挥自动化、办公自动化及武器控制等应用领域。

（9）测控装备：用于对大气层内、外空间飞行器进行跟踪、测量、控制和信息传输的设备，包括航天测控装备、航空测控装备、常规武器测量装备、战略武器运载工具测量装备等，分布在地面、水面、空中、空间，有导航定位卫星、雷达、遥测设备、遥控设备、安全指令控制设备、干涉仪、高速弹道照相机、光学经纬仪、火炮射击密集度测量设备、航弹精密测试设备等。

（10）军用计算机与计算机软件：运用于军事领域的计算机与计算机软件。根据军用计算机的规模和性能，可将其分为微型机、小型机、中型机、大型机和巨型机，也可按其他特点将其分为多媒体计算机、嵌入式计算机、容错计算机、加固计算机、并行处理计算机、火控计算机、服务器、工作站等；军用计算机软件是实现军用计算机系统军事能力的软件，通常包括系统平台软件、通用服务软件、应用支持软件、训练评估软件等。

（11）其他电子信息装备：包括仿真模拟装备、测试评估装备、军用气象水文装备、测绘装备、军用仪器仪表、器材等。

1.2　电子信息装备体系的基本概念

在上一节的基础上，科学构建电子信息装备体系概念及架构是制定电子信息装备建设与发展、顶层规划和具体实施必须解决的首要问题，也是开展电子信息装备体系论证工作的基础。电子信息装备体系概念及结构的定义必须准确，外延必须适当，设计得过于狭窄或过于庞杂，都将给电子信息装备体系论证研究造成不利影响，因此有必要开展深入、全面的研究。

1.2.1　电子信息装备体系的定义

电子信息装备门类多，规模差异大，但从本质上看，电子信息装备的根本目的在于获取制信息权和获得信息优势。然而，这一目的的实现要求信息在各类电子信息装备之间能够快速、有序、高效流动并发挥作用，要求各类电子信息装备之间必须有机配合、相互协调。因此，电子信息装备之间存在着十分紧密的内在联系，而建立联系的"桥梁"就是信息。如果脱离了各级各类电子信息装备的交互、协同与配合，即使单项电子信息装备能力再强，其作用也十分有限。从这个意义上讲，电子信息装备必须构成体系才能更好地发挥系统的整体效能。因此，电子信息装备体系必定是由相互联系、相互制约的装备系统组成的有机整体。一般从构成和结构两个方面对电子信息装备体系进行描述：构成是指体系的覆盖范围和组成部分，结构是指体系中各个组成部分之间的关系，除此之外，电子信息装备本身具有产生信息的功能及促使信息互联互通的特征。综上所述，电子信息装备体系的概念如下：

电子信息装备体系为完成军事作战任务，按照网络互联、信息互通、业务互操作的原则，由大量多种类、多层次的电子信息装备组成，是以信息流贯穿其中，并相互联系、相互协同、相互制约的有机整体，是一个典型的军事复杂大系统。电子信息装备体系是武器装备体系的重要组成部分，是获取制信息权的基础支撑，是增强体系作战能力最有效的手段。

电子信息装备体系特征如下：

- 具有军事的对抗性、时效性、保密性、安全性等特质。
- 是一个典型的复杂巨系统，并且是其他体系的连接纽带。
- 是物质、信息、能力的聚合体，并以信息流贯穿于整个体系的各个要素。
- 体系的组分系统覆盖物理域、信息域、认知域和社会域。
- 组成体系的要素之间关联多，体系内外信息交互多。

1.2.2　电子信息装备体系的特点

电子信息装备体系是一个复杂的体系，强化电子信息装备体系论证需要结合体系本身的特点，才能确保电子信息装备体系论证的工作方向。电子信息装备体系具有以下主要特点。

1．整体性

电子信息装备体系并不只限于单件装备，也不是装备的简单组合，而是由电子信息装备、电子信息装备系统相互依赖、相互制约共同构成的一个整体。电子信息装备体系所具有的整体优势，是单个武器平台和独立系统所弥补不了的。因此，电子信息装备体系的最大特点就在于它的整体优势、在于优化组合后形成指数级增长的体系对抗能力。研究和论证电子信息装备体系的目的，就是要发挥电子信息装备体系的整体优势，提高其体系对抗能力。

2．目的性

电子信息装备体系的建设目标为获取信息优势，得到决策优势，进而赢得行动优势。力求在信息充分共享的基础上，加速信息流转和流动，提高信息的自动化和智能化水平，缩短从传感器到射手的时间，提高信息对抗和保障能力。电子信息装备体系论证需围绕该目标，强化电子信息装备体系发展、建设和应用模式研究。

3．演进性

电子信息装备体系具有鲜明的时代背景，不同发展时期和不同的技术水平下，电子信息装备体系组成要素的形态和要求也不同。如随着智能化技术的突破，电子信息装备体系的智能化要求也相应提高。同时，军队战略重点的变化、作战样式的变化等都会引起电子信息装备体系结构的变化。随着军事技术的发展，电子信息装备体系的环境也在不断发展和动态变化。在电子信息装备体系论证工程中，应结合电子信息装备体系的发展性，密切关注军事需求和军事技术的变化，确保电子信息装备体系的先进性和实战化水平。

4．复杂性

一方面，电子信息装备体系要覆盖所有信息领域的作战使命和作战任务，涉及对战场信息优势的支持、对武器装备作战效能的提高，以及对敌信息链路的攻击和对己方信息链路的防护等复杂功能域。另一方面，电子信息装备体系由多种类电子信息装备组成，以信息为主线将各个要素进行"串联"，层次复杂，需满足不同层次的作战需求和功能要求。

5. 交联性

电子信息装备体系是武器装备体系的前提，也是作战体系的基础。电子信息装备体系中各组成单元之间应以信息流的形式建立密切联系，相互影响、互相制约，发挥信息力。同时，需要以信息为纽带和桥梁，将电子信息装备渗透和交联到其他装备体系及整个作战体系中。

6. 时效性

电子信息装备体系是特定时期作战需求和要求的产物，具有较强的时效性。电子信息装备体系的结构是根据需求在现有作战任务、作战对象、作战样式及作战能力的基础上，为谋求军事战略的实现而进行研究和协调的结果，其优势是针对一定时期、一定作战对象而言的，而针对不同时期、不同作战对象的电子信息装备体系结构不一定占据优势。

7. 稳定性

电子信息装备体系的发展是一个动态过程，必须具有适应未来作战环境变化的多样性，但技术发展有一个过程，即必须具有一定的稳定性。短期内，电子信息装备体系的发展受当时的技术条件和经费制约，不会有明显改变。随着科学技术特别是信息技术发展速度的加快和作战领域的拓宽，这种稳定性会越来越弱，电子信息装备体系结构的转换也会越来越快。根据战略重点、作战对手、作战样式和装备技术水平，考虑未来作战环境变化的多样性，确保按既定的发展方向和发展目标持续发展，兼顾当前和未来，是构建科学、有效的电子信息装备体系的重要前提。

1.2.3 电子信息装备体系的地位与作用

现代社会是信息的社会，未来的战争是高度信息化、智能化的战争。无论是社会发展还是军事准备，电子信息装备无所不在。电子信息装备体系是基础性、全局性、面向全军、多能、融合发展的体系，地位十分重要，具体体现在以下四个方面。

1．电子信息装备体系是一项基础性强、攻防兼备的体系

电子信息装备体系不仅包括综合电子信息系统等信息支援保障装备和网络攻防、电子对抗等电子信息武器装备，还包括元器件、信息基础设施、信息化标准规范等体系配套设施。我军从机械化加速向信息化转型，信息化、智能化并行发展，大量信息化装备、信息保障装备、信息作战装备将融入该进程。电子信息装备体系建设将是推进该进程的一项基础性工程，更是影响全局的攻防兼备工程。

2．电子信息装备体系是面向全军、服务全军高度一体化的体系

电子信息装备体系面向全军，链接各级各类传感器、指挥控制系统和武器平台，不仅要在侦察监视、预警探测、指挥控制、通信导航、安全保密、战场环境、信息保障等领域实现一体化，还要实现陆、海、空、火、战略支援部队等各军兵种电子信息装备的一体化，以及实现与主战装备、保障装备的一体化，确保各军兵种作战行动的高效同步，以及各作战要素和保障要素的整体联动。

3．电子信息装备体系是精干、高效、联合、多能的体系

摩尔定律形象地说明了电子信息技术的发展速度和趋势，也决定了电子信息装备更新换代快，建立高效、精干的电子信息装备体系是未来武器装备建设的急迫需求。此外，计算机技术和网络技术促使电子信息装备体系具有天然的共享、协同、柔性组合特性，因此电子信息装备体系必定具有联合、多能的特性。

4．电子信息装备体系是军民融合共建的体系

电子信息装备体系的技术基础是现代信息技术，在推进我国信息化建设进程中，大量信息技术成果应用到民用领域，有些技术远超军用领域的技术状态，同时电子信息装备所具有的军民通用性决定了电子信息装备体系具备军民融合的天然基础和发展潜力，军民融合是高效建设电子信息装备体系的基本要求和重要手段。

电子信息装备体系的组成结构复杂、功能要求高和建设过程长，这就决定了开展电子信息装备体系论证工作的必要性、复杂性和艰巨性。按照打什么仗就建什么体系的原则，切实搞好电子信息装备体系建设的统筹规划和顶层设计，正确把握重点建设突破口与体系结构调整的协调关系，确保电子信息装备体系建设的方向性和正确性，加强电子信息装备体系论证工作，不断提高体系论证水平，健全体系论证与验证机制，以构建一套符合我军特色的电子信息装备体系。

1.3 电子信息装备体系论证的基本概念

1.3.1 装备论证

"论证"这一概念在《辞海》中的定义是："证明论题和论据之间的逻辑关系。它通过推理形式进行，而且有时是一系列的推理形式，论证必须遵守推理的规则。"凡是需要进行重大决策的事项，都需要预先进行充分论证，只有经过充分论证，才能做出正确的决策，这已是所有决策层的共识。大至国家方针政策，小至科研立项，在做出决策之前，都要进行论证。论证的主要目的是保证有关决策的科学性和管理的高效率，即为理性决策和科学管理服务。论证的形式有下面 4 种：

（1）对事物的发展进行科学预测，提出战略性建议。

（2）对领导的预决策进行可行性研究，并提供可选择的方案。

（3）对重大决策进行综合评价，提出决策性意见。

（4）对决策实施后的各种信息进行系统分析，把决策实施结果反馈给决策者。

军事装备论证通常是为军事装备决策服务的前期活动，其主要任务是为军事装备发展与建设的有关判断和决策提供充分的科学依据。军事装备论证的本质是针对作战需求给定的论证命题，以充分的论据和严密的科学方法，通过逻辑推理形式，对军事装备的发展、研制、管理等问题做出科学推断与结论的证明过程。具体来讲，军事装备论证基于一定的科学技术水平，把军事装备使用者（如战场指挥者）的策略、军事装备研究设计者的智慧和军事装备生产制造者（如兵工厂）的技术融为一体，处理好军事装备微观与宏观、近期与长远、需求与可能、经济效益与军事效益和社会效益之间的矛盾，提出解决作战需求与技术之间可能矛盾的方案，规划新的军事装备研制方向，确定各项军事装备战术技术指标等，优化人—机—环结构，完善全系统、全寿命的装备体制，满足作战需求。军事装备论证工作的主要任务就是用各种手段收集大量的有用信息，从作战需求、发展趋势、国内外资源、技术与经济能力等各个方面，进行全面、系统地分析研究，通过逻辑推理的形式，对该类军事装备发展的指导思想和原则、发展目标和重点、主要问题和对策等做出科学结论并加以证明。需要特别指出的是，军事装备论证不等于军事装备发展决策。军事装备发展决策不仅仅取决于论证，还与其他许多因素有关，譬如决策者的能力素质、政治需要、形势变化及一些特殊的偶然因素等。军事装备论证就是"对实现某一目标所做的设想，并以充分的论据和严密的逻辑方法，以推理的形式，说明实现这种设想的必要性、可能性和优选方案。"

目前，本章文献[6]将军事装备论证概括为以下 12 种类型的任务。

（1）发展战略论证：用来论证并提出未来 20 年左右装备的发展需求、战略思想、战略目标、战略重点、战略途径等。

（2）规划计划论证：用来论证并提出未来 10 年左右装备的建设需求、建设思路、建设目标、建设方案等。

（3）装备体制论证：用来论证并提出当前一个时期即将列入装备体制的装备种类、型号、作战使命和主要战术技术性能、编配对象、配套和替代关系等。

（4）装备体系论证：用来论证并提出未来武器装备体系需求、体系能力、体系结构、体系效能，以及建设装备体系必须具备的技术体系和标准体系等。

（5）装备型号论证：针对拟列入或已列入武器装备体制及发展计划的新型武器装备的研制，按照程序规定的不同阶段和要求所进行的论证。主要成果形式为装备研制立项综合论证和装备研制总要求论证等。

（6）国防科技发展论证：在宏观层次，用来论证并提出国防科技发展战略和规划计划；在微观层次，主要开展各类国防科技计划支持的项目论证等。

（7）装备政策法规论证：用来论证并提出装备预研、科研、采购、维修、管理等方面的法律、法规、规章和政策等，以及进行与装备建设有关的政策法规研究（如军工科研生产政策等）。

（8）装备经济论证：用来论证并提出装备经费需求、装备投资战略、装备经费使用、装备价格管理、装备费用评估等方面的咨询意见，包括微观和宏观两个层次的论证工作。

（9）部队装备管理论证：针对现有部队装备管理问题，开展有关论证工作。

（10）装备保障论证：用来论证并提出装备保障体制机制、装备保障模式、装备保障手段、装备保障训练、装备保障力量建设等方面的咨询意见。

（11）装备评估研究：主要针对装备建设规划计划、重大项目论证报告所开展的专业性评价活动等。

（12）装备专题论证：针对特定问题所开展的专业性论证工作。

上述 12 种类型的论证工作主要集中在武器装备领域开展，并在装备全寿命周期中具体开展。随着一体化联合作战模式和我军装备建设事业的发展，装备体系论证、装备经济论证、装备评估研究和装备专题论证工作的地位和作用将日益重要，任务也将更加繁重。

1.3.2 装备体系论证

1.3.1 节中指出：装备体系论证用来论证并提出未来武器装备体系需求、体系能力、体系结构、体系效能，以及建设装备体系所必须具备的技术体系和标准体系等，因此装备体系论证是装备论证的一个方面。但是装备体系论证在论证方法和应用方向上与一般的装备论证有所区别。这种区别在于装备体系论证强调从复杂巨系统的角度，或者说从体系的角度来论证武器装备问题。看待武器装备体系这样的复杂系统，因为其具有高度的不确定性、对抗性、信息交互多样性等复杂特性，使得研究装备问题不能仅仅从装备的性能指标、战技指标等常规指标来考虑问题，而更需要将装备和装备系统置于复杂的作战环境中研究武器装备体系的综合能力和作战效能，这种方式的装备论证考虑的不是某一个或某一类装备，而是各类装备和系统组成的大系统及与外部环境共同组成的体系，进而研究体系之间的对抗、对抗效能、规模组成、结构优化等一系列问题。从这个角度出发，装备体系论证工作大体可分为三个方面。

（1）装备体系需求论证：主要从体系对抗的作战需求出发，经过需求分析、生成和映射，得出对装备体系的能力需求，再分解为各个装备分系统乃至重大装备的能力需求，最后提出完成作战目标应该具备的能力。

（2）装备体系的顶层设计：主要指开展武器装备体系的结构设计、装备体系结构优化及标准规范等。装备体系的顶层设计需要给出具体的装备组成、规模、结构和应用方式，以及装备体系构建所要遵循的标准和准则。

（3）装备体系的评估：指将装备体系放在复杂的作战环境下进行对抗仿真推演，以及其他方式的作战实验，通过实验结果和仿真结果评估分析体系效能，包括装备体系能力、作战效能等。同时，还需要对装备体系中的重大装备进行体系贡献率的评估。

1.3.3　**电子信息装备体系论证**

电子信息装备体系论证是电子信息装备特定范围内的军事装备论证，是一类典型的武器装备体系论证，具有武器装备论证的一般基本特征，但又有其具体的任务要求。需要指出的是，电子信息装备体系论证工作是面向以基础性技术装备为对象而非军兵种应用装备为对象的军事装备论证，是一项影响作战域合理全局的综合性、基础性的武器装备体系论证，是针对电子信息装备体系论证的概念、理论、方法、实施、管理等一系列问题进行的科学研究工作。电子信息装备体系论证主要面向电子信息装备的发展战略、装备体制、规划计划等宏观决策要求，利用建模、仿真、实验等多种科学手段，围绕电子信息装备体系结构设计优化、体系能力/效能评估、重大装备技术效能和经济的多要素综合分析、装备应用分析等核心问题开展研究，提出电子信息装备体系建设发展的蓝图，为全军电子信息装备建设发展决策提供支持。电子信息装备体系论证以未来信息化、智能化军事需求为牵引，突出电子信息装备体系在一体化联合作战中的"黏合"和"倍增"作用，着眼于塑造作战体系、提高武器装备体系的能力/效能，完善综合保障体系。因此，电子信息装备体系论证应重点把握以下几点：

（1）紧紧把握军事发展需求。要紧密结合基于网络信息体系的联合作战能力提升的军事需求，关注信息化、智能化条件下作战的热点难点问题，确保电子信息装备体系论证工作始终沿着正确方向发展。

（2）要始终把握实战要求。要紧密跟踪主要国家电子信息装备及技术发展，关注国内外形势变化对电子信息装备体系建设的影响，及时分析并提出信息化战争和技术创新等对电子信息装备体系建设的新需求，推动电子信息装备体系的科学发展。

（3）要准确把握现实要求。要贴近部队，研究我军电子信息装备体系发展中的重大现实问题，积极转化研究成果，切实为部队信息化装备体系建设提供支持。

（4）要科学把握电子信息装备体系论证的规律。要以重大论证任务为牵引，不断创新电子信息装备体系论证方法和技术，完善电子信息装备体系论证平台，提升电子信息装备体系论证水平。

1.3.4　电子信息装备体系论证的必要性

1. 进行电子信息装备体系科学决策和发展的基本依据

电子信息装备体系由多种电子信息装备构成，提出并分析了电子信息装备体系结构，标志着对电子信息装备本质特征和发展趋势的认识进入一个新的阶段，突出反映了信息化、智能化条件下一体化联合作战对电子信息装备发展的新要求，也为面向未来、科学谋划电子信息装备的发展建设提供了基本的立足点和出发点。

随着电子信息技术的飞速发展和在军事领域的广泛应用，电子信息装备的概念内涵不断丰富、外延不断扩展，新型电子信息装备不断涌现，既可独立形成装备、组成大型信息系统，也可嵌入各类传统武器系统、武器平台中，还可以是信息基础设施和一些基础的零部件、元器件，渗透性非常强、装备门类非常多、规模差异非常大。因此，各装备之间能够互联互通并能够有机配合、相互协调是对电子信息装备发展的基本要求，无论是大型综合电子信息系统，还是嵌入武器平台中的电子信息装备，相互之间都存在着十分紧密的内在联系，相互依存、相互配合、相互制约，任何单项电子信息装备都不能脱离其他电子信息装备而独立存在，脱离了其他电子信息装备的支持和配合，单项电子信息装备即便能力再先进，所发挥的作用也十分有限，电子信息装备的发展已经从注重单项装备建设进入体系建设的新阶段。为实现对电子信息装备的总体规划和顶层设计，最大限度地发挥各类电子信息装备的整体效能，就要求我们必须从装备体系的视角和全局建设的高度对电子信息装备进行合理布局，分析和认识电子信息装备的发展和建设问题。

2. 建立与发展电子信息装备体系的基本前提

电子信息装备体系论证对于电子信息装备的重要性而言主要体现在以下几个方面：

（1）高新技术条件下，大量新技术用于现代战争，使得战争模式发生了根本转变，体系对抗成为很重要的模式，武器装备日趋复杂化，并对武器装备的发展不断提出更高的要求。用高新技术研制新装备和用高新技术改造现有装备，使其适应现代战争的需要已成为世界各国武器装备发展中共同追求的目标，为实现这一目标，需要通过论证研究，不断提出新的观念和新的理论来指导。要想发展电子信息装备这样高、精、尖的武器装备并建立大型具有综合性特征的复杂系统，需要科学的理论指导，尤其是进行量化评价。

（2）电子信息装备发展有两个特点：一是技术更新快；二是各种新技术综合运用程度高。这些都要求运用综合论证的方法对其进行具有超前性和预见性的研究及科学规划。

（3）对电子信息武器装备的研制需要提出切实可行的方案，这就需要有一套完整的系统论证理论和方法做指导，以满足电子信息装备发展的需要。

（4）电子信息装备体系的建立与科学发展只有经充分论证，才能明确发展目的，周密安排发展计划，避免不必要的浪费和曲折，也才能把先进技术和国家的经济、科技水平紧密结合起来，从而使电子信息装备体系合理、有序发展。

总之，电子信息装备成体系需要先期综合论证，抓好顶层设计、统一标准，从而实现系统集成和结构合理。抓好顶层设计，就是要站在军队信息化建设和我军未来作战的高度，通过科学的体系论证，设计电子信息装备建设的发展战略、总体规划和计划框架；就是要立足我军实际，根据未来部队建设的需求，坚持战斗力标准，谋划电子信息装备体系建设的总体构想；就是要瞄准信息化进程和电子信息技术的发展趋势，制定我军电子信息装备发展的总体技术方案、技术结构和标准体系。

3. 论证贯穿和影响电子信息装备全系统全寿命周期

论证处于决策环节，但其影响作用却贯穿电子信息装备建设发展的各个方面。从全局层面看，宏观论证主要担负发展战略、规划计划、体系和体制系列等论证研究任务，直接为电子信息装备建设提供有关方向、目标和整体构成等方面的决策咨询性意见，影响和制约的是事关全局的顶层设计问题。从具体装备型号看，型号论证要围绕型号立项、方案、研制、生产、使用、保障，直至退役报废等各个环节开展研究，直接对装备型号的使命任务、战技指标、技术监管、实验验证和使用保障等重要方面提供咨询性服务，其影响作用贯穿全寿命过程。目前，根据现代高技术条件下装备及论证发展的需要，要求建立装备全系统全过程信息搜集与反馈机制，及时将各种装备信息落实到论证环节中；要求论证不仅需要装备系统担负，也需要作战、训练、使用、保障等系统参与，实行联合论证；这种新情况新要求，也从另一个方面反映了论证与装备全系统全过程之间存在相互联系、相互作用的密切关系。

4．论证为电子信息装备建设提供技术支持

第二次世界大战后，世界主要国家的军事装备建设逐步走向以军事需求为牵引、"打什么仗发展什么装备"的路子，逐步确立了军方的主导地位和作用。特别是在现代信息化条件下，根据国家军事战略要求和现代战争需要来谋划和发展军事装备，已成为普遍共识。近年来，立足国情军情，我军科研机构开始向需求分析、项目监管、实验验证、转化应用和特色研究职能转变，十分明确地表明在武器装备发展建设中，军方要负责提出需求以把住"源头"，要开展项目监管和实验验证以盯住装备实现的"过程"和"关键环节"，进一步凸显了军方的主导地位和作用。从我国实际情况看，军方主导装备建设主要通过两条途径：一是通过行政途径，即依据国家法律和政策规定，军方代表国家并以合同形式向有关工业部门下达任务，军方与工业部门共同对国家负责。二是通过技术途径，即依靠军方专业的技术机构，向工业部门提出完整的军事需求、技术需求和实现途径方面的意见，并对装备实现过程实行全程技术监管、节点验收等。无论是行政途径还是技术途径，都离不开包括论证在内的军方专业技术机构的支持。在军方主导装备建设的过程中，论证的技术支持作用是不可替代的，主要体现在三个方面：一是提供充分的立项支持，要围绕为什么立项、项目的定位和使命任务、项目的初步技术性能要求等提出详细的论证意见，直接影响甚至决定装备项目能否立项；二是提供完整的军方需求，包括军事需求、技术指标需求和实现方案需求等，直接影响甚至决定要发展一个什么样的装备；三是全程为项目监管和验收把关提供技术支持，论证要为项目监管和验收把关提供依据和标准，论证技术人员要按照军方要求参与或组织技术监督和验收把关等技术工作。

1.3.5　电子信息装备体系论证的特点

如前所述，电子信息装备体系论证工作必须坚持以我军信息化建设发展纲要为指导，着眼建设信息化军队、打赢信息化战争的战略需要，以推动电子信息装备科学发展为主题，以加快提升基于信息系统体系作战能力为主线，推进我军电子信息装备体系建设和信息化转型升级为现阶段主要任务，努力构建具有我军特色、反映时代特征、充满发展活力的电子信息装备体系论证体系。

1. 突出需求牵引

需求牵引是促进武器装备发展的基本动力，也是搞好装备论证工作的前提和基础，直接决定着装备论证创新发展的方向和质量效益。坚持需求牵引是电子信息装备体系论证创新发展的主要特点。未来作战是信息化条件下的联合作战，电子信息装备作为联合作战体系形成的黏合剂和作战能力提升的倍增器，因此电子信息装备体系论证的创新发展不能仅限于电子信息装备内部，必须有很强的全局观念和联合作战意识，切实站在全军的角度思考分析问题，着眼陆军、海军、空军、火箭军、战略支援部队等军兵装备体系的互联互通、信息共享，以及联合作战来谋划，努力把联合作战对电子信息装备的能力需求搞清楚。

2. 强化信息主导

新军事变革的实质是要实现信息化，迈向智能化。自从 2001 年美国明确提出要把"工业时代的军事形态转变为信息时代的军事形态"以来，俄、英、法、德、日、印等国也纷纷如法炮制，机械化军事形态快速向信息化军事形态转变，成为不可逆转的世界军事潮流。电子信息装备体系论证的创新发展要积极适应信息化军事变革的深入发展，创新与"建设信息化军队、打赢信息化战争"相适应的论证观念、内容和手段。

牢固树立信息主导的思想观念。观念是行动的指南，强化信息主导首先要强化信息和信息力是构成战斗力最重要因素的观念，强化信息优势是最大军事优势的观念，强化信息技术是最为关键的军事技术的观念，努力使电子信息装备体系论证评估适应世界军事变革的新趋势，适应国防和军队建设的新要求。

调整充实信息主导的论证内容。电子信息装备体系论证坚持信息主导，关键是要将信息化的内容纳入论证的视野。要进一步将信息化的要求渗透到电子信息装备体系论证研究的全领域和全过程。要调整研究论证力量和内容重点，进一步加大电子信息装备的顶层设计、优化电子信息装备体系结构、提高信息化武器装备及新概念电子信息装备的论证力度，积极寻求提升电子信息装备发展的新途径，着力为基于网络信息体系的联合作战能力提升出谋划策。

发展完善信息主导的论证手段。要出高质量和高水平的论证成果，必须有现代化的科研手段和保障条件。信息技术的迅猛发展和广泛应用，为改善装备论证手段提供了强有力的技术支持。要进一步加强体系建模技术、先进分布交互式仿真技术、网络技术、虚拟现实技术、大数据技术等的开发和利用，努力把科技最新成果及时应用于电子信息装备体系论证之中，不断提高电子信息装备体系论证的科技含量和信息化水平。

3．注重创新发展

创新是军队进步发展的动力，也是电子信息装备体系论证发展的动力。电子信息装备体系论证创新发展的关键是要科学发展，着力解决影响电子信息装备体系论证创新发展的体制性障碍、结构性矛盾，促进电子信息装备体系论证在新起点上又好又快地发展。

坚持需要与可能的有机统一。电子信息装备体系论证的改革要有经费投入，有科技条件支撑。要立足国情军情，根据国家经济实力、科学技术和武器装备的发展，确定合适的电子信息装备体系论证的力度和进程，不盲目求快求新。同时，要不等不靠，积极作为，充分挖掘现有条件搞创新、谋发展。

坚持长远规划与梯次跃进的有机统一。电子信息装备体系论证的改革是一项长期任务，不可能一蹴而就。既要目光远大，做长远打算，定长远规划；又要脚踏实地，制定好年度计划，确定好阶段性重点，着力在一些重要领域和关键环节取得新进展，确保年年有增量，通过量的不断积累，逐步完成电子信息装备体系论证创新发展的目标任务。

1.3.6 电子信息装备体系论证的基本原则

根据军事装备建设新形势新使命要求，结合电子信息装备体系的特点规律，电子信息装备体系论证工作必须遵循以下几项基本原则。

1．理论与实践有机统一原则

电子信息装备体系论证工作必须坚持理论与实践有机统一的原则。从理论上讲，电子信息装备体系论证要运用体系论证的理论与方法，大力深化复杂大系统的机理与演化研究，同时要全面考虑电子信息装备的自身特征和特性，将这些特征和特性与电子信息装备的使命任务结合起来，发挥电子信息装备体系的信息主导优势和地位作用，将大力论证的出发点和落脚点与具体作战应用结合起来，切实提高其作战体系的整体效能。

2．体系整体论原则

体系论证不同于单个装备和单个系统的论证，必须坚持从体系的角度，运用体系与体系工程的研究方法来论证电子信息装备体系。电子信息装备体系是全军武器装备体系的重要组成部分，其包含军事信息系统、侦察监视、预警探测、指挥控制、通信网络、导航定位、计算机网络等各类装备，将它们组成高效的装备体系，在复杂的作战环境中合理、便捷地使用是体系论证考虑的基本原则。因此，电子信息装备体系论证要从体系建设高度出发，贯彻结构优化、规模结构合理、作战应用高效的要求，合理确定各类电子信息装备在体系中的能力、结构、交互、应用等需求。

3．效能最优原则

系统（或体系）效能用于衡量一个系统（或体系）完成其任务的整个能力。电子信息装备体系论证要把提高体系的整体效能作为根本目标和基本原则，整体考虑电子信息装备体系的规模、结构、能力组合、应用方式、标准规范等要素，以体系的整体效能最优为目标来优化体系的整体架构。

4．坚持吸收借鉴与自主创新的有机统一

美国在装备论证方面具有很大优势和众多成果，我军要积极吸收借鉴外军的成功经验和技术，提高电子信息装备体系论证的起点和层次，确保论证成果的高质量、高水平和高效益。同时，要加大自主创新、特别是电子信息装备体系论证关键技术和理论的自主创新力度，走中国特色电子信息装备体系论证创新发展之路。

参考文献

[1] 徐步荣. 中国军事百科全书学科分册：电子信息装备[M]. 2 版. 北京：中国大百科全书出版社，2008.

[2] 任连生. 基于信息系统的体系作战能力概论[M]. 北京：军事科学出版社，2009.

[3] 李新明，杨凡德. 电子信息装备体系概论[M]. 北京：国防工业出版社，2014.

[4] 李新明，杨凡德. 电子信息装备体系及基本问题研究[J]. 装备学院学报，2013, 24(6): 1-4.

[5] 高善清. 武器装备论证理论与系统分析[M]. 北京：兵器工业出版社，2001.

[6] 游光荣. 关于提高军事装备论证研究水平的思考[J]. 军事运筹与系统工程，2008, 22(4): 13-18.

[7] 姜忠钦，张明智，张斌，等. 基于仿真的武器装备体系论证关键问题研究[J]. 装备指挥技术学院学报，2009, 20(5): 19-23.

[8] 张胜光，嵇元祥，朱宁龙. 美军电子信息装备发展研究[J]. 信息化研究，2010, 36(4): 5-8.

[9] 赵全仁. 武器装备论证导论[M]. 北京：兵器工业出版社，1997.

[10] 赵卫民，吴勋，孟宪君，等. 武器装备论证学[M]. 北京：兵器工业出版社，2008.

[11] 李明，刘澎. 武器装备发展系统论证方法与应用[M]. 北京：国防工业出版社，2000.

[12] 陈冒银，张芬. 电子信息装备体系论证机构任务分析[J]. 科技信息，2011(10): 532-534.

[13] 张翱. 论证管理与质量评价[M]. 北京：海潮出版社，2005.

[14] 赵峰. 海军武器装备体系论证方法与实践[M]. 北京：国防工业出版社，2016.

[15] 魏继才，崔颢，任庭光，等. 关于武器装备体系论证方法的思考[J]. 系统工程理论与实践，2011, 31(11): 2202-2209.

[16] 赵继广. 电子装备作战试验理论与实践[M]. 北京：国防工业出版社，2018.

第 2 章

电子信息装备体系论证的主要内容和模式

电子信息装备体系除具有一般武器装备体系所特有的体系发展的目的性、体系要素的整体性、体系结构的灵活性、体系功能的多能性、体系过程的复杂性，以及体系运用的高效性之外，其在我军信息化建设发展中特有的地位基础性和应用全局性，决定了电子信息装备体系论证是论证层级更高、论证范围更广、论证层次更多、论证约束更强、论证结论影响更大的基础性、全局性复杂体系工程。开展电子信息装备体系论证工作首先瞄准电子信息装备体系论证的目标，立足于电子信息装备体论证的本质，着力解决好"电子信息装备体系论证应该论证什么、如何开展这类体系层级的武器装备论证工作"两大基础性问题，即确定电子信息装备体系论证的主要内容和模式。

2.1　电子信息装备体系论证的主要内容

电子信息装备体系论证围绕电子信息装备成体系发展，提升电子信息装备体系作战效能，服务"建设信息化军队、打赢信息化战争"的总体目标和要求展开，通常采用自上而下对电子信息装备体系论证目标进行分解，围绕子目标分域分方向开展。根据电子信息装备体系论证主管部门和论证机构所关注的论证领域和方向，形成了诸如针对全军电子信息装备、军兵种电子信息装备、侦察类电子信息装备、预警类电子信息装备、电子信息装备发展战略、电子信息装备规划计划、电子信息装备技术体系等不同形式的电子信息装备体系论证分支，电子信息装备体系论证呈现出多样性和复杂性，加剧了电子信息装备体系论证工作的艰巨性。开展电子信息装备体系论证工作需要抓住电子信息装备体系论证属于高层级体系论证活动的性质，坚持装备体系论证工作的基本原则，按照体系分层、注重协同的思路，一方面聚焦电子信息装备体系全局性的高层次宏观论证，如发展战略等电子信息装备宏观层次的论证；另一方面关注影响和制约体系发展的体系需求、设计、技术、优化和效能等电子信息装备体系局部性的关键环节论证。两个方面的论证虽层次有所不同，但联系密切，前者需要后者强有力的支撑，后者需要前者指明方向和提供需求，通过两者之间的结合共同促进电子信息装备体系论证的科学发展。

2.1.1 电子信息装备宏观论证

电子信息装备宏观论证是电子信息装备体系论证的重要组成部分，主要从电子信息装备建设发展全局高度出发，在充分考量电子信息装备固有属性和体系化特性的基础上，全面、系统地分析电子信息装备建设发展的特点和规律，开展电子信息装备宏观层面的发展战略、体制、规划计划等决策咨询性研究活动。电子信息装备宏观论证需从整体上考虑电子信息装备未来发展的科学性、组织编配的合理性，以及目标达成的可行性，通常包括电子信息装备发展战略论证、电子信息装备体制论证，以及电子信息装备规划计划论证等。

电子信息装备发展战略论证是指根据军事发展战略、军队建设发展规划和对未来战争的科学预测，着眼于电子信息装备发展的远景谋划，从全局筹划和指导未来较长时期内电子信息装备建设方针和策略，基于机械化、信息化、智能化融合发展态势，以满足现实和未来军事需求为牵引，结合电子信息装备的发展现状，综合考虑电子信息装备的科学技术和国家的经济发展水平，对未来电子信息装备建设发展的方针政策、战略目标、方向重点，以及达成这些战略目标的步骤、方法、途径等进行系统分析、设计和评估的决策研究活动。经充分论证形成的电子信息装备发展战略论证报告，报经上级审批后，作为指导电子信息装备建设发展的根本依据。电子信息装备发展战略论证是一项具有很强政策性和目的性的决策活动，是开展电子信息装备体制论证、规划计划论证的前提和基础，也是制定电子信息装备发展各种方针政策的基本依据。

电子信息装备体制论证是指在电子信息装备发展战略的指导下，以提升电子信息装备作战能力为目标，着眼于电子信息装备发展协调配套问题，针对军队在一定时期内各类电子信息装备结构制式化进行综合分析与研究，确定电子信息装备组织结构形式，论证电子信息装备组织结构的科学性、合理性。电子信息装备体制主要包括电子信息装备配套研究、电子信息装备种类数量质量的组合编配、新旧电子信息装备更替、电子信息装备作战适用性和电子信息装备组织结构合理性研究等内容，标志着电子信息装备在一定时期内的发展水平。电子信息装备体制论证是对电子信息装备发展战略的深化，也是电子信息装备规划计划的依据。

电子信息装备规划计划论证是指在确定的电子信息装备发展战略目标和体系制式化结构的基础上，着眼于电子信息装备建设进度安排和资源配置问题，以现实状况为基础，运用科学的手段和方法，对电子信息装备建设的思路、目标，以及具体的发展步骤、重点项目等进行综合论证活动，从而达成进度安排合理、资源配置优化、整体效果最佳的目标。电子信息装备规划计划论证是电子信息装备发展战略论证和体制论证的全面深化和具体化落实。

2.1.2 　电子信息装备体系需求论证

需求论证是指以充分的论据和严密的科学方法，通过逻辑推理的形式，在一定历史时期内为完成可能担负的作战任务，对其涉及的武器装备发展要求问题进行分析，并做出科学结论的过程。需求论证是电子信息装备体系论证的第一论证课题，也是开展电子信息装备体系发展规划和顶层设计等工作的基础和前提。电子信息装备体系需求论证瞄准未来信息化、智能化融合作战需求，聚焦打赢"信息化战争"作战能力，立足军队电子信息装备现实状况和未来发展需要，通过科学的论证方法、严密的论证过程对电子信息装备体系发展战略和应解决的主要问题及相关发展进行充分的逻辑推理和分析，从而达成电子信息装备体系建设发展目标与军事需求的一致，其最终结果应该形成对未来一定时期电子信息装备体系能力的需求构想或方案。

2.1.3 　电子信息装备体系顶层设计

顶层设计是运用系统论的方法，从全局视野和整体高度的角度，对某项任务或某个项目的各方面、各层次、各要素、各参与力量及正反因素进行统筹规划，以集中有效资源，高效、快捷地实现目标，是一项自顶向下的设计过程和科学活动。电子信息装备体系顶层设计是从电子信息装备建设发展全局出发，围绕电子信息装备体系的使命任务，统筹考虑和协调电子信息装备体系各方面、各层次、各要素而进行的总体、全面的规划设计。电子信息装备体系顶层设计指明了方向目标和途径，体现的是"全局视野"和"整体高度",解决的是从需求生成、架构设计到标准规范、体系管理,从信息流向、功能描述到接口定义,通常体现为电子信息装备建设发展方案、图纸、规划、蓝图等。需要说明的是,在实际工作中,电子信息装备体系顶层设计一般采用自顶向下分解与自底向上集成相统一的思路开展,先自顶向下完成系统总体架构、信息架构、服务架构、技术架构等设计,再将分系统的体系结构设计产品集成为大体系的顶层设计成果。

2.1.4 电子信息装备技术体系论证

钱学森曾经指出,"现代科学与技术呈现出相互依赖、相互促进的发展趋势,应当把科学技术作为一个整体系统来研究"。技术体系是描述技术结构和发展演化的规范框架,是构成体系结构的特征实例,是指导一定时期科学技术实践的技术规范。在军事领域,装备技术体系是武器装备建设的重要基础,是推动信息化建设和新军事变革的重要力量,世界主要军事强国高度关注装备技术体系的发展和应用。同样,发展电子信息技术是我军谋求信息优势的基础性战略工程,科学构建电子信息技术体系、规划论证电子信息技术发展战略和路线图对于电子信息装备体系建设具有重要的支撑作用。

2.1.5 电子信息装备体系优化

电子信息装备体系是为完成电子信息特定目标而采取的特定组织形式。电子信息装备体系在建设发展和作战应用过程中可能对组织内的对象单一装备(系统)乃至整体装备体系,开展军事需求、规模结构、战技指标、建设方案、作战应用方案等优化调整,以满足作战需求。在具体的电子信息装备体系优化过程中,需综合利用多种方法对影响电子信息装备的军事、经济、技术、风险等因素进行综合分析,寻找最优方案。首先根据不同的研究对象和要求合理制定目标函数,然后建立一套优化模型。然后各种方案可在计算机上进行仿真推演、对比选优,也可以专家知识、经验和计算机相结合的方式进行优化。其衡量标准通常是效费比高者为优,即在作战效能相同的前提下,费用少者为优,或者在某个经费约束下取得的作战效能大者为优。优化时,应整体考虑,既注意确保完成近期重点、应急任务,又能兼顾长远目标,还能适应多元作战对象、多类作战任务、多种作战样式。这样通过优化得出的结果和结论,能较好地满足作战需求。

2.1.6　电子信息装备体系效能评估

电子信息装备体系效能评估是电子信息装备体系论证过程中必要且重要的环节，也是管理和控制电子信息装备体系论证质量的核心步骤。电子信息装备体系的规模庞大、结构复杂、技术密集，决定了电子信息装备体系效能评估的复杂性和艰巨性。电子信息装备体系效能评估，一般以能力为基础，从单个电子信息装备作战能力评估入手，再到多种电子信息装备构成的系统作战能力评估，最终结合具体的作战场景实现电子信息装备体系综合效能评估。

1．单个装备作战能力评估

对单个装备作战能力评估，可以采取解析法，也可以采取计算机模拟的方法。无论用哪种方法进行评估，都要遵循一定的程序。例如，在用模拟法评估时的程序是：先制定一个作战想定，然后用对抗模拟计算出对敌毁伤的目标数或己方的生存概率，并对计算结果进行分析判断，提出评估结论。

2．系统作战能力评估

实际作战中，利用单一装备独立执行任务的情况极少，大多以多个装备或多种装备编队或集成的形式出现，而且单个装备的作战能力最佳，并不等于编队的作战能力最佳。因此在对单一装备作战能力评估的基础上，认真研究编队或集成后的作战能力，是现代战争对装备发展和作战运用研究的基本要求。评估时，可通过对设计新系统作战能力与现有装备组成的系统进行综合比较的方法，也可通过一定的作战想定，根据具体作战任务分析实际作战能力的大小。

3．装备体系的综合能力评估

在上述评估的基础上，还应进一步评估装备体系的综合能力。可从作战能力和完成任务能力两个不同的角度进行评估。

（1）作战能力。在拟制装备体制和进行装备建设总体规划论证时，通常要在经费、科研生产能力等约束下拟制多个装备能力建设方案，可通过多种形式对比分析这些方案，最终确定装备作战的能力空间。

（2）完成任务能力。将论证中提出的不同装备构成方案放到预定的作战任务中，分析各种方案能否完成任务，以及完成任务的程度和存在什么问题等。

2.2　电子信息装备体系论证的模式

在明晰电子信息装备体系论证的意义和主要内容后，该如何开展电子信息装备论证工作呢？与一般的武器装备论证过程一样，电子信息装备体系论证工作也是依托融入电子信息装备论证人员、论证对象，以及论证工具、论证资源、论证方法等论证要素构成的论证系统来组织实施的。但是，与一般武器装备论证不同的是，电子信息装备体系论证属于高层级的论证工作，是体系层级论证，其论证目标要求更为宏观且抽象，论证工作环节和过程更为复杂，需要来自不同领域、不同专业、不同部门的人员采取多种方式进行高度有效、协同、并行开展。电子信息装备体系论证的特性决定了其论证系统将是一个复杂系统，需采取系统工程的方式构建论证系统，按一定的流程和规范开展论证工作以达成体系论证目标。在长期的武器装备论证实践中，人们对体系论证的客观规律从感性认识向理性认识不断升华，并根据系统的同态性原理，将体系论证过程视为复杂系统，并对该系统的运动、变化与发展过程进行概括和抽象，提炼并形成具备一定普适性的体系论证系统客观活动规律，并固化下来指导武器装备体系论证的实践活动，称之为武器装备体系论证模式。一般来讲，武器装备体系论证模式是在武器装备体系论证实践中，体系论证基本理论、组成结构、基本流程等关键要素经实践验证有效后，固化形成具有一定规范性和示范效应的论证活动规律，也是武器装备体系论证人员开展体系论证所应遵循的最为一般、最为通用的活动规律。

电子信息装备体系论证从属于武器装备体系论证，其论证活动必然符合体系论证活动的一般规律，所关注的核心也是电子信息装备体系论证的基本要素、组成结构、基本流程及其固化后形成的组织模式，即形成所谓的电子信息装备体系论证模式。全面认识电子信息装备体系论证模式对电子信息装备体系论证工作的指导意义，合理划分论证阶段和步骤，明确每个阶段和步骤的要求，规范化、标准化论证活动实践等都具有重要意义。

2.2.1　电子信息装备体系论证的基本流程

在电子信息装备体系论证实践中，根据论证的工作范围、论证对象、论证工具差异、论证信息交互方式、论证途径等形成多种多样的电子信息装备体系论证形式，这些论证形式的步骤、方法经实践检验后固化形成不同的电子信息装备体系论证模式。

    根据电子信息装备体系论证的工作范围，可分为集中式电子信息装备体系论证和分布式电子信息装备体系论证；根据电子信息装备体系论证对象的属性，可分为电子信息装备专门体系论证（自主可控论证）和电子信息装备通用体系论证（如电子对抗装备体系）；根据电子信息装备体系信息交互的方式，又可形成基于论证分工、基于论证流程、基于技术协调、基于论证产品、基于数据等模式；根据电子信息装备论证的视角，又可形成基于任务、基于威胁、基于能力、基于效果等不同的电子信息装备体系论证。总之，电子信息装备体系论证模式随着科学技术的发展和人们对体系论证的实践而不断丰富和完善。

    虽然不同模式下的电子信息装备体系论证过程千差万别，但是所有的论证过程都可以抽象为系统工程过程，都应符合"提出问题、分析问题、提出方案、评估方案和得出结论"的基本论证流程。结合电子信息装备体系论证的特点和规律，可以得到电子信息装备体系论证的基本流程，如图 2-1 所示。

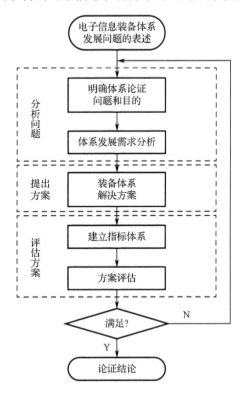

图 2-1　电子信息装备体系论证的基本流程

电子信息体系论证的基本流程包括论证问题的表述、分析问题、提出方案、方案评估、论证结论五个主要步骤，步骤之间既相互独立，又紧密相连，上一步的输出是下一步的输入。其中，分析问题、提出方案和方案评估是一个循环迭代、不断优化的过程，是电子信息装备体系论证的核心环节。

需要指出的是，上述电子信息装备体系论证的基本流程只是给电子信息装备体系论证人员提供了开展体系论证工作的通用流程。在具体的电子信息装备体系论证实践过程中，针对论证问题的性质和层次，采用分析问题的手段和方法有所区别，提出的方案角度和重点也有所不同，方案评估的侧重点不同，得出的论证结论重点也不同。例如，电子信息装备发展战略论证报告是关于电子信息装备发展思路、原则、目标、方向和重点的；电子信息装备体系需求论证报告是关于电子信息装备体系功能需求和性能需求的。但无论是发展战略论证还是需求论证，按照"问题的表述、分析问题、提出方案、评估方案和得出结论"体系论证逻辑步骤和顺序是一致的。

2.2.2　电子信息装备体系论证模式的现状

经过多年实践，电子信息装备研究和论证部门根据各自研究领域及论证范围，开展了大量电子信息装备发展战略、体系结构优化、规划技术等论证工作，形成诸如"区域电子信息系统""综合电子信息系统"等论证成果，在电子信息装备需求分析、顶层设计、技术体制论、军民融合发展和一体化应用等方面积累了经验，固化了一些诸如基于任务、基于威胁、基于能力、基于效果的电子信息装备论证形式，并采用军地联合、多军兵种等方式，利用仿真推演和体系检验等手段，开展了大量电子信息装备体系论证实践。这些电子信息装备体系论证模式的形成与论证工作的成功开展，在提高电子信息装备体系论证质量和层次，加强电子信息装备技术预测、研究和转化应用，促进电子信息装备体系形成战斗力，以及培养科研人才等方面发挥了重要的基础性作用和引导作用，取得了较好的军事经济效益。

与此同时，也必须清醒地认识到，我们对体系论证的研究和认识不够，体系论证基础理论还相对薄弱，武器装备体系论证多借鉴和引用武器装备论证理论、技术和方法。电子信息装备体系论证领域也不例外，明显带有浓厚的武器装备论证色彩，根据电子信息装备体系论证内容的专业方向和所属范围，采取自顶向下的方法，多以任务或课题的方式分别组织电子信息装备相关部门论证本领域方向和所属范围的电子信息装备（系统），再综合集成形成电子信息装备体系论证结果，取得一定成效。对于电子信息装备发展战略、体制论证等层次高、范围广、影响深远、综合性较强的电子信息装备体系论证工作，以任务或课题分散式的协作，呈现出论证纵向深入横向不够的状态，易造成电子信息装备体系论证"专业强、总体弱""自底向上有余，自顶向下不足"的尴尬局面。与其他领域的武器装备体系论证类似，电子信息装备体系论证主要存在以下几个方面的突出问题：

一是对体系论证理论研究还不够深入，尚没有形成面向体系论证的完善理论体系和方法体系。

二是论证机构布局需进一步优化，既需继续强化纵向深入的专业领域论证机构布局，也需超前谋划横向相连的体系总体论证机构统筹。

三是论证质量有待提高，论证是目标明确、论据充分的群体智力活动，论证可追溯、论证结论可复现等能力还有待提高。

四是论证手段有待提升，体系论证工具和平台数量有限，还缺乏基础数据、协同环境和公共流程等支持，论证手段还不高。

五是论证管理水平有待提高，"小作坊"式的体系论证思维还存在，论证管理理念和标准规范需进一步强化。

由此可见，简单套用传统武器装备论证模式已经越来越不能适应像电子信息装备体系论证这类体系层级论证的内在发展需要，需要用创新的精神、发展的眼光、互联网的思维和体系工程理论方法去解决体系论证工作中面临的新情况，大胆创新体系论证思维，夯实体系论证理论，优化体系论证手段方法，注重体系论证验证和应用，推进数字化、网络化、智能化体系论证发展。

2.2.3　电子信息装备体系论证模式的发展

如前所述，电子信息装备体系不同于其他单一领域的武器装备体系，一方面其地位特殊、构成复杂、应用广泛，既涉及全军范围内基础性、全局性的电子信息基础系统，如全军通用信息基础设施，又涉及军兵种遂行作战专业性电子信息装备，如军兵种的电子对抗装备；另一方面电子信息装备研制管理归口，但应用分散到各军兵种，其体系效能最终体现在各军兵种的具体应用。作为此特殊类型的装备体系论证，电子信息装备体系论证在综合考虑论证层级高、论证对象复杂、论证结构层次多、论证交互性强等体系论证静态要求的同时，还需要考虑电子信息装备支撑一体化联合作战体系效能、军兵种作战应用效能及其体系对抗条件下的实战验证等要求，这些工作和

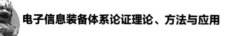

要求仅仅依靠单一论证机构、论证力量难以完全胜任，必须集中多方力量和资源，通力合作，发挥各自优势，提升电子信息装备体系论证效率和论证的可信度。

1. 电子信息装备体系联合论证的概念

联合论证是面临体系论证的现实问题和发展需求，在综合考虑体系论证性质的高层级性、论证目标的宏观性、论证要素的强关联性、论证过程的超复杂性、论证结论的深远影响性，按照系统工程的思路，运用信息技术、网络技术、仿真技术等理论，采用建模仿真、体系对抗、集成研讨等先进论证手段和方法，汇聚论证优势力量、共享论证资源、提高论证效率、提升论证可信度性而提出的新型论证组织方式。其核心内涵是两支或两支以上的论证力量为解决同一论证问题或共同关注的论证问题，共享论证资源、高效协同开展的论证活动组织方式，是解决跨领域、跨部门复杂问题和复杂系统论证问题的有效方式。

根据联合论证提出的出发点和应用方向，我们认为，所谓电子信息装备体系联合论证就是指针对电子信息装备发展建设的重大现实问题，综合运用体系工程的理论、方法和技术，联合电子信息装备相关论证力量，在电子信息装备体系论证实验环境中开展面向全军、跨军兵种/跨部门的电子信息装备发展战略、体系体制、规划计划等电子信息装备宏观论证，以及电子信息装备体系需求分析、结构优化、效能评估、技术发展等电子信息装备体系微观局部论证的研究活动和过程，以提升电子信息装备体系论证的科学性和高效性，从而支撑电子信息装备体系论证工作的科学发展。

需要特别指出的是，本书所提出的电子信息装备宏观论证和微观局部论证只是相对概念，无论是电子信息装备体系的需求论证还是技术发展论证等微观局部论证，都是体系论证高层级论证的不同侧面。

2. 电子信息装备体系联合论证的基本特征

联合论证是适应网信时代互联网思维和网络信息技术发展的论证工作必然趋势，也是提升跨域的复杂系统论证的有效方式，采用联合论证开展体系领域论证业已达成共识。联合论证模式的形成不仅是对论证组织方式的持续改进，更是对论证思想层面的深层变革，对于提高论证效率、提升论证决策的科学性具有重要意义。以电子信息装备体系联合论证为代表的武器装备体系论证具有更鲜明的基本特征：

1）论证要素的系统性

体系联合论证提出的基础是将集论证目标、要求、对象、力量、资源、手段、方法和应用等要素构成的体系论证活动（过程）视为一个典型复杂系统，并按照系统工程的理论和方法，优化论证活动的系统结构，调控论证活动的系统运行，提高论证活动的系统效率和论证结果的科学性，以达成体系论证活动的系统目标，具有较强的系统性。

2）论证力量的协同性

体系联合论证按照"协作共赢"的互联网思维，借助分布式协同论证环境，凝聚论证力量，共享论证资源，集智联合攻关，在提升纵向论证专业深度的同时，更注重加强横向论证协同的强度，并贯穿论证活动的全生命周期，对于改变"专业强、总体弱"的体系论证局面，提升体系论证的效率和可行性具有重要作用。

3）论证过程的透明性

体系联合论证借助现代信息技术发展成果，牵引体系论证中心从论证结论到论证过程转移，采用建模仿真、大数据分析、云计算平台、人工智能等技术方法，构建基于对抗条件下的体系论证和结论验证环境（平台）开展体系论证活动。在论证过程中，注重提升论证活动的透明度，保障论证活动结果的可验证、可追溯、可复现，最终提升论证结论的科学性。

4）论证管理的标准性

体系联合论证的核心是优化体系论证活动的系统结构。方法是联合不同论证力量改变论证组织方式的活动。如何达成真正的联合，除共同的使命感和责任心之外，还需要建立联合论证标准和规范以规划体系论证活动的工程化推进，如联合论证活动的规则制定、利益关系方的利益维护、数据模型交换标准等，标准性是体系论证运维管理的基本要求，也是体系联合论证成败的根本保障。

电子信息装备体系联合论证按照系统思维方法，结合体系论证的特点和规律，借助现代网络和信息技术，强化体系论证活动要素系统性、力量协同性、过程透明化、管理标准化，将论证工作从以论证结果为中心转向以论证过程为中心，提高体系论证的工作效率，提升体系论证结论的科学性，必将把体系论证工作推向新的发展阶段。

3. 电子信息装备体系联合论证的主要阶段

为促进电子信息装备体系的科学发展，电子信息装备体系管理部门组织电子信息装备体系论证机构和电子信息装备相关研究单位，按照联合论证的实验流程，借助数字化、信息化的电子信息装备联合体系论证实验和验证环境，组织开展电子信息装备体系的结构构成、功能定位、数量规模、配比关系、发展战略、应用规划等电子信息装备体系建设与发展论证任务。主要划分为电子信息装备体系论证设计、论证分析、论证实验和论证综合四个阶段。其中，体系论证设计阶段在分析体系论证任务的基础上，重点开展分析体系论证需求、提出体系论证目标、选择合理体系论证方法、设计体系论证流程等各项准备工作；体系论证分析阶段主要开展细化体系论证目标，提出初步的体系论证技术方案和主要战术技术指标，明确体系论证的实验要求等；在体系论证实验阶段根据体系论证方案提出的论证体系要求，按照设计、运行和分析评估的基本程序在联合体系论证实验平台上开展综合实验；体系论证综合阶段的主要工作是汇总研究分析结果，进行综合分析，并综合专家意见，整理形成体系论证报告。

4. 电子信息装备体系联合论证实验流程

基于对抗条件下的仿真实验是研究大型复杂系统，特别是体系研究的主要手段和方法。电子信息装备体系联合论证是为解决电子信息装备建设的重大现实，聚合电子信息装备体系论证相关领域的人才、知识、技术、资源而开展的高层次智力活动。借助电子信息装备仿真系统业已形成的技术、平台和资源优势，有效融入电子信息装备体系论证相关智力、知识，采取联合仿真方式组织开展电子信息装备体系联合论证较为合适。一方面在保护电子信息装备体系论证相关利益方知识产权的基础上，采用仿真接口技术和分布式计算技术，最大限度地利用相关利益方的论证资源，打消彼此的顾虑，提高体系论证工作的可执行性和效率；另一方面通过联合仿真实验形成的大量基于对抗条件的体系论证数据，构建从数据到信息再到知识体系的论证结果体系，提升体系论证结论的科学性和可信性。电子信息装备体系联合论证实验实质上是为解决电子信息装备设计、建设、发展、应用等方面的重大问题，按照一定组织标准、信息标准和管理标准，采取联合仿真论证的方式，组织开展的跨军兵种、跨部门的电子信息装备体系论证活动和过程，是电子信息装备体系联合论证具体组织实施的一种方式。一般来讲，电子信息装备体系联合论证实验在机关的统一组织下，由牵头体系论证单位（简称牵头实验室）发起，由体系论证环节所涉及的其他实验室（简称其他实验室）配合，共同完成电子信息装备体系联合论证任务。电子信息装备体系联合论证实验总体分为准备、实施和评估三个阶段，如图2-2所示。

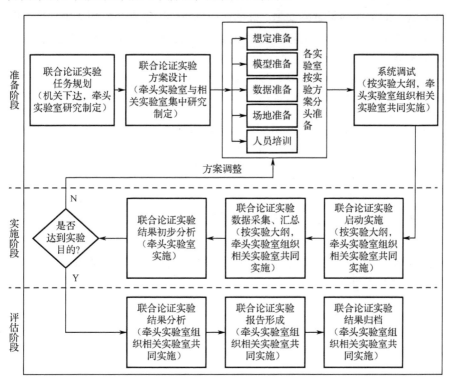

图2-2 电子信息装备体系联合论证实验流程

1）联合论证实验准备阶段

（1）任务规划

- 实验目的：明确联合论证实验的目的，需要达成的电子信息装备体系论证目标。
- 实验内容及要求：明确电子信息装备体系联合论证实验的主要内容及具体要求。
- 任务和分工：明确电子信息装备体系联合论证实验的牵头实验室和参与实验室，以及牵头实验室和参与实验室的初步分工和相关职责。

- 进度要求：明确电子信息装备体系联合论证实验的时间进度要求。
- 组织保障：明确电子信息装备体系联合论证实验的组织保障内容和要求。

（2）方案设计

电子信息装备体系联合论证实验方案设计是对整个联合论证实验活动将要进行的工作制定总体设想，并依次明确具体的技术路线和实施计划。内容包括实验任务分解、实验想定概要设计、实验设计、实施计划制定和实验大纲制定。

- 实验任务分解：根据实验目标，按照实验内容和要求，分解实验任务，明确实验任务的主体和职责。
- 实验想定概要设计：对初始态势、使命任务、战场环境、装备实体、装备实体活动流程和交互进行初步描述。
- 实验设计：建立实验指标，约束实验条件，明确实验方法，选择仿真实验平台。
- 实施计划制定：按照任务进度要求，细化实施计划，明确实验进度安排和要求。
- 实验大纲制定：根据实验目标、军事概念模型和实验要求，拟定本实验任务的大纲。

（3）实验准备

实验准备是指依据电子信息装备体系联合论证实验大纲，进行联合论证实验需要的想定、模型、数据，以及仿真运行环境的准备活动。内容包括想定准备、模型准备、数据准备、场地准备和人员培训等。

- 想定准备：根据实验想定概要设计，细化军事想定，进行仿真想定设计，规定作战实体的初始位置、活动区域，以及要完成的作战任务，形成规范的想定文档。
- 模型准备：参与论证实验评估的单位按照大纲的要求，完成环境模型、装备模型和评估模型等的准备。
- 数据准备：包括装备性能、战场环境、装备使用数据等的准备与校验。
- 场地准备：根据实验规模，做好实验场地、设施的准备，以及实验设备的安装调试。
- 人员培训：按照实验大纲要求，对参加实验的人员进行系统、实验流程、实验内容等方面的专业培训。

- 系统调试：在正式开展各专项论证实验评估前，牵头实验室应组织相关单位完成系统调试，检验实验条件设置的合理性、实验方法的灵活性、软硬系统运行的可靠性、数据接收的正确性、理论研究的充分性、场地保障的可行性等。

2）联合论证实验实施阶段

（1）仿真运行

依据仿真运行控制方案进行联合论证实验运行的管理和控制，一般包括初始化、开始、暂停、继续、运行速率调整、运行步长调整和异常处理等操作。当仿真实验出现异常情况时，牵头实验室应及时组织各相关参试单位协商处理。若实验大纲需要变更，则必须履行变更程序，由牵头实验室确认，并通报其他所有参试单位。

（2）数据收集

联合论证实验系统自动记录仿真实验系统运行的状态数据，自动保存和汇总装备实体的交互数据和战损评估等运行结果数据。

（3）实验结果初步分析

实验结果初步分析是指对实验所得到的各种数据进行处理，并根据实验结果进行初步分析，当初步分析结论不能达到预期实验目的时，需要据此对实验方案进行适当调整。

3）联合论证实验评估阶段

（1）实验结果分析

在论证实验结束后，要分级、分类筛选、归类、校核、汇总论证实验的基础数据、想定数据和运行数据，根据论证实验数据处理策略，对实验数据加以分析。

（2）形成实验报告

牵头实验室和参与实验室共同研讨形成实验结论，并撰写联合论证实验报告。实验报告的主要内容包括：

- 实验名称。
- 实验目的和条件。
- 实验内容。
- 系统框图及其说明。
- 模型、数据清单。
- 实验过程简述。

■ 实验结果与实验误差分析，以及数据处理图表。

■ 实验结论。

■ 改进意见和建议。

（3）实验结果归档

牵头实验室和参与实验室根据任务分工，按要求对实验结果进行整理，联合签字后形成实验数据存档文件，并对存储介质进行说明。

随着电子信息装备体系论证研究的深入，电子信息装备体系论证内容将随着武器装备的发展需求而不断变化。作为一项实践性较强的工作，电子信息装备体系论证的模式也将随着人们对体系论证模式的持续探索不断完善，联合、共享、协同的论证模式将是电子信息装备体系论证发展的方向。

参考文献

[1] 李明. 武器装备发展系统论证方法与应用[M]. 北京：国防工业出版社，2000.

[2] 高善清. 武器装备论证理论与系统分析[M]. 北京：兵器工业出版社，2001.

[3] 全军军事术语管理委员会, 军事科学院. 中国人民解放军军语（2011 版）[M]. 北京：军事科学出版社，2011.

[4] 张明国，邱志明. 宏观论证[M]. 北京：海潮出版社，2005.

[5] 樊延平，郭齐胜. 武器装备联合论证基本问题研究[J]. 装备学院学报，2014, 25(6): 34-37.

[6] 郭齐胜. 基于综合微观分析的装备需求论证研究[J]. 装备指挥技术学院学报，2011, 22(4): 6-9.

[7] 姜忠钦，张明智，张斌，等. 基于仿真的武器装备体系论证关键问题研究[J]. 装备指挥技术学院学报，2009, 20(5): 19-23.

[8] 陈锋. 海军武器装备体系论证方法与实践[M]. 北京：国防工业出版社，2016.

[9] 郭齐胜，李永，仝炳香，等. 结构化装备型号需求论证模式研究[J]. 装甲兵工程学院学报，2009, 23(6): 7-10.

[10] 王侃，王金良，樊延平，等. 基于能力的装备需求论证模式[J]. 装甲兵工程学院学报，2014, 28(3): 6-10.

[11] 尚燕丽. 武器装备论证的标准化方法及其应用[J]. 国防技术基础，2010(10): 3-8.

[12] 裴晋泽. 基于 GJB 9001 C—2017 标准的装备论证产品质量模型研究[J]. 质量与认证，2019(4): 62-64.

[13] 樊延平，郭齐胜. 武器装备联合论证基本问题研究[J]. 装备学院学报，2014, 25(6): 34-37.

[14] 杨峰，汪玉. 武器装备论证机械化与信息化[J]. 国防科技，2008, 29(5): 5-11.

[15] 赵定海，郭齐胜，黄玺瑛. 装备需求论证模式研究[J]. 装备指挥技术学院学报，2009, 20(2): 32-35.

[16] 朱刚，谭贤四，王红，等. 改进 DM2 的联合论证概念建模[J]. 解放军理工大学学报，2014, 15(3): 295-302.

第3章

电子信息装备体系论证的理论基础

　　电子信息装备体系论证是一项理论性与实践性都很强的高层级智力活动，在电子信息装备体系论证过程中，提出和回答任何一个问题，都不是单凭简单的经验或自觉所能解决的，必须以科学理论和现实数据为依据。集电子信息体系论证机构（人员）、论证对象、论证资源、论证方法、论证工具、论证应用为一体的体系论证系统是开展电子信息装备体系论证的基础服务平台，也是一个典型的复杂系统，其构建和运行需要系统工程相关理论的指导，才能得以实现和应用。电子信息装备体系论证固有体系论证属性，体系论证活动的开展需要体系及体系工程的相关理论指导。开展电子信息装备体系理论基础研究，不仅是体系论证新兴领域和服务平台构建的客观需要，也是电子信息装备体系特定领域论证实践的必然要求。

3.1　系统论与系统方法论

　　如前所述，电子信息装备体系论证实质上是一项智力活动，只是该智力活动聚焦电子信息装备体系效能，起着支撑重大决策的作用。体系论证涉及论证机构（人员）、论证对象、论证资源、论证方法、论证工具、论证应用等基本要素，以及科学、高效等基本要求。以什么样的观点看待包含多要素的体系论证？如何协调体系论证基本要素形成一定结构？如何在该结构下协调体系论证环境达成体系论证目标功能？结构化和非结构化问题共存的体系论证该采取什么解决思路、按什么样的步骤和有哪些基本方法手段等。按照一般系统论观点，系统问题和系统现象普适存在，将体系论证问题视为系统问题是正确认知和理解体系论证的科学方法，体系论证系统问题的解决离不开系统论和系统方法论相关理论、方法的支持。

3.1.1　系统论

一般系统论公认由美籍奥地利人、理论生物学家 L. V. 贝塔朗菲（L. V. Bertalanffy）首先提出。1937 年，他第一次提出一般系统的概念，1945 年，他发表了《关于一般系统论》一文，这是系统科学的奠基之作，标志着系统科学的诞生。一般系统论用相互关联的综合性思维取代了分析事物的分散思维，概括了整体性、关联性、动态性、有序性和目的性等系统的共性，突破了以往分析方法的局限性。一般系统理论包括三种：机体系统理论、开放系统理论和动态系统理论，以此阐明和导出适用于一般系统或其子系统的模型、原理和规律，从而确定适用于系统的一般原则，为解决各系统问题提供新的研究方法。一般系统论与同时代的控制论（维纳，1948 年）和信息论（香农，1949）共同促进了系统科学的发展。随着研究的深入，很多著名学者在系统理论研究方面都有所建树，如普利高津的耗散结构理论、哈肯的协同学、托姆的突变理论，以及混沌理论、分形理论、孤立子理论等，这些从科学的不同层面和侧面研究并发展了系统论，为后续系统现象的认知和系统问题的解决奠定了坚实的理论基础。

我国著名科学家钱学森是"两弹一星"功勋元老，他为我国火箭、导弹和航天事业的创建和发展做出了历史性的卓越贡献。20 世纪 40 年代，他敏锐地感觉到，不单在火箭技术领域，在整个工程技术范围内，都存在着被控制或被操纵的系统，因此很有必要用一种纵观全局的方法，来观察和解决问题。1978 年起在钱学森的带领和推动下我国开始对系统科学的各个方面进行研究，钱学森认为系统科学已经具备工程技术与技术科学两个层次，但基础科学层次仍为空白，并于 1981 年将基础科学层次命名为系统学（systematology）。这无疑是中国系统科学界一个重要发展动向。20 世纪 80 年代，钱学森就系统论和系统工程连续发表论文和讲话，并于 1986 年正式提出系统工程与系统科学的体系结构，奠定了我国系统论学说的基础。

20 世纪末，中国系统工程学会许国志组织专家编写了一本《系统科学》（2000 年出版）。该书系统阐述了对各类系统的结构、功能和演化、有普适意义的动力学系统理论（包括分岔、混沌等）、自组织理论、随机性理论，以及简单巨系统、复杂适应系统、开放的复杂巨系统的理论，对信息论、控制论、运筹学、系统工程方法论等系统工程技术也做了简要介绍。

3.1.2 **系统方法论**

20世纪中叶，系统论建立，并逐渐应用到科学技术、经济、管理等多个领域，20世纪六七十年代，传统单一的系统工程和运筹学方法在认知和处理复杂系统，特别是社会系统方面的局限性逐渐被人们所认识。各种系统方法被开发出来，如何认识和用好各种不同的方法，系统方法论及其研究在此背景下应运而生。系统方法论以系统方法（含技术和工具）为研究对象，集中研究系统方法的形成与发展、基本特征、应用及其范围、各种系统方法的关系，以及如何构建选择应用系统，主要包括哲学基础和基本原则，程序步骤或过程，相应的系统方法、技术和工具。一个好的系统方法论应该阐明该方法论的基本特征哲理是什么，与其他方法论有什么异同之处，其特征哲理与过程步骤有什么内在联系，各种系统方法（含技术和工具）如何融入具体过程步骤以使用具体的应用环境和解决具体问题。

系统科学方法是20世纪中叶随着系统论的建立而应用到科学技术、经济、管理等多个领域的科学方法。系统方法论的研究对象就是复杂大系统，需要从整体和相互联系的角度去考虑问题，制定一套处理复杂系统和组织工作的科学方法及程序。系统科学方法就是按照事物本身的系统性，把研究对象放在系统的形式中加以考察、认识和处理的一套方法，即从系统的观点出发，着眼于系统与要素、要素与要素、系统与环境之间相互联系和相互作用的关系中，综合、精确地考察系统，以掌握系统的本质与运动规律，以及能够满意地处理问题的一套方法。它借助运筹学、信息论和计算机技术等现代数学和科学技术使人们对系统的整体性研究成为可操作的科学方法。

1969年，系统工程专家霍尔提出一种系统方法论，为解决大型复杂系统的规划、组织、管理问题提供一种统一的思想方法，并被广泛应用，称为"霍尔三维结构"。其核心是将系统工程活动过程分解为七个阶段和七个步骤，同时考虑完成这些阶段和步骤所需的专业知识和技能。时间维指的是系统工程活动从开始到结束按时间顺序排列的七个阶段；逻辑维指的是时间维的每个阶段内所要进行的工作内容和应该遵循的思维程序，包含七个步骤；知识维指的是为完成这些阶段和步骤所需要的各种专业知识和技能。这种方法论与运筹学、系统动力学和系统分析方法论后来被切克兰德统称为硬系统方法论。硬系统方法论成功应用于工程管理，适用于边界清晰、目标明确的问题，答案是最优的，是一种"优化模式"。

20 世纪 80 年代，系统科学与工程逐渐应用于社会、经济研究领域，硬系统方法论呈现出较大的局限性。英国莱切斯特大学教授切克兰德认为，社会、经济领域的问题是不良结构问题，是软问题，其复杂程度超过人类目前的认知能力，他以硬系统方法论为起点，在解决软问题的过程中对其做出修正，最终创造出更适合人类活动系统运用的软系统方法论。切克兰德提出的软系统方法（SSM），与其他管理控制论（MC）、战略选择发展与分析（SODA）等系统方法论统称为软系统方法论。这类系统方法论比较着重定性、概念模型，不再过分追求最优解，只要能找到可行满意解，甚至使系统有好的改变就可以，并且强调是不断学习的过程，软系统方法论适用于边界模糊、目标不明等具有不良结构的社会和管理问题，不是对问题的最优答复，而是改善现有状态，是一种"学习模式"。

区别于西方系统学界，东方系统学者对系统方法有自己独特的见解。20世纪 90 年代，我国系统科学家钱学森等提出开放复杂巨系统的概念，之后又提出研究开放复杂巨系统的方法论，即从定性到定量综合集成的方法论。该方法论采用自上而下与自下而上相结合的研究路线，人机结合、以人为本的技术路线，实现信息、知识和智慧的综合集成。同时结合信息技术发展、系统学理论和人工智能技术的进展，提出了该方法论的实践形式和组织形式，即包括专家体系、机器体系和知识体系的综合集成研讨厅。在同一时间段，顾基发教授提出"懂物理、明事理、通人理"的系统方法论观点后，于2000 年和朱志昌教授共同提出物理—事理—人理系统方法论。再加上另一些日本和中国其他学者提出的系统方法论，由于具有东方哲学和文化特色，称为东方系统方法论。

3.2　系统工程论与体系工程论

电子信息装备体系论证是高层次的体系论证活动，一方面，体系论证工作需要组织多方面的相关利益方——论证机构的密切配合协同完成"充分论"的任务，该任务的实施者是机构相关人员。一般来说，有人的参与且涉及利益权衡的系统，大多具有复杂系统的基本特征，电子信息装备体系论证需要利益相关机构（人员）的深度参与，也就不难理解体系论证活动是复杂系统的事实。另一方面，体系论证工作需要以事实和数据为依据完成"有力证"的任务，实现"有力证"的关键是以体系论证活动过程为中心而不是以体系论证结论为中心。"有力证"的过程和评价都不能偏离面向体系的论证本质和要求，否则体系论证结论将大大降低可信度，严重影响决策判断。同时"有力证"需要科学的技术方法和手段，无论借助体系论证平台还是采用先进的技术手段都应适应体系研究的环境和生态。达成"充分论"和"有力证"是体系论证的核心，也是提高体系论证结论利用率的关键。要实现"充分论"和"有力证"的体系论证目标，需要系统工程和体系工程相关理论予以指导。

3.2.1 系统工程论

系统工程的萌芽是 20 世纪初的泰勒系统，而"系统工程"一词是由美国贝尔电话公司工作的 E. C. 莫利纳（E. C. Molina）和在丹麦哥本哈根电话公司工作的 A. K. 厄朗（A. K. Erlang）于 20 世纪 40 年代设计电话通信网络时提出的。1975 年，美国科学技术辞典定义系统工程为研究彼此密切联系的许多要素所构成的复杂系统设计的科学。我国在 20 世纪 80 年代开始大力倡导系统思想并科学实践系统工程，尤其钱学森明确指出："系统工程是组织管理系统规划、研究、设计、制造和使用的科学方法，是一种对所有系统都具有普遍意义的科学方法。"1994 年，我国《系统科学大辞典》定义系统工程为一门统筹全局、综合协调研究系统的科学技术，是系统开发、设计、实施和运用的工程技术。随着研究的深入，国内外学者对系统工程的理解和定义越来越准确，目前系统工程的概念内涵可以定义为：系统工程是组织管理系统的技术，它根据系统的总体目标要求，从整体出发，运用综合集成方法把与系统有关的学科理论方法与技术综合集成起来，对系统结构、环境与功能进行总体分析、论证、设计和协调，包括系统设计、建模、仿真、分析、评估与优化，以求得可行的、满意的或最好的系统方案并付诸实施。系统工程根据总体协调的需要，综合应用自然科学和社会科学中有关思想、理论和方法，利用计算机作为工具，对系统的结构、要素、信息和反馈等进行分析、综合、模拟、最优化，以达到最优规划、最优设计、最优管理和最优控制的目的。

系统工程领域采用的方法多种多样，但最经典的就是前面所介绍的"霍尔三维结构"，可以说"霍尔三维结构"既是系统工程方法论，也是系统方法的一个子集。以此为基础，系统工程方法可以分为系统设计、系统分析、系统建模、系统评价、系统优化、系统决策等类别，每个类别中都有很多具体的模型和方法可供工程实践者采用，此处不再一一赘述。

3.2.2　体系工程论

1964 年，B. J. L. Berry 在《城市系统中的城市系统》一文中第一次提到"Systems within Systems"。20 世纪 80 年代以来，特别是 80 年代初至 90 年代初，随着信息技术和网络技术的突飞猛进，以及用户需求的不断增加，系统设计师与工程师们不断构建规模更为庞大、关系更为复杂的"新系统"，以满足用户不断变化发展的新需求。这些"新系统"大多有一个共同点：由多个系统构成，以信息为对象，以网络为载体，通过互联、互通、互操作实现系统间的交互与协同，以完成特定的任务和使命。这些"新系统"称为体系，并被频繁应用于各种社会系统、自然系统、物理系统、信息系统等领域，如工业体系、思想体系、理论体系、作战体系、装备体系等。美国系统科学体系工程协会（SoSECE）主席 W. J. Reckmeyer 认为，体系源于系统科学，是系统科学关于软系统和硬系统研究的综合，是对大规模、超复杂系统的研究。

我国对体系研究的关注始于 20 世纪末，是从军事科研部门研究复杂军事系统开始的。当时，随着信息技术与网络技术的飞速发展，越来越多的军事对抗行动是在信息网络环境中发展与演化的，战争逐渐呈现出"基于信息系统的体系对抗""体系对体系的对抗"形态，在这种形势下，传统系统科学方法面对众多复杂战争系统在信息网络环境中的集成与交互、对抗与演化越来越显得无能为力，时代呼唤体系研究，其概念和研究方法快速被科学家们接受和认可，并在国内形成一个新的研究领域和方向。

体系是目前大多数大规模集成体（包括系统、组织、自然环境、生态体系等）普遍存在的现象。许多学术机构和学者从体系的组成、类型、内涵、领域应用及关键技术等方面进行研究，并提出了众多关于体系的概念，目前其典型的概念与定义约 40 种。顾基发教授很好地总结了体系的定义，并列举了体系与其他系统相比的十大特性：①独立性。组成体系中各系统独立可用。②异构性。组成个体的异构性。③自主性。各系统自主独立。④分布性。各系统分布不同地理位置。⑤演化性。各系统关系复杂且不断演化发展。⑥非线性。整体呈现涌现行为。⑦关联性。各系统影响因素的关联性。⑧自组织。系统能自组织。⑨适应性。环境适应性。⑩模糊性。边界和目标模糊。

本书所研究对象属于军事领域，故体系采用如下定义：体系是指为完成某项任务或履行某种使命，由大量功能上相互独立、具有信息关联性的组分系统组成，并按照特定组织模式和信息交互方式综合集成的复杂大系统。其特性表现为以下几点：

- 组分系统之间相互独立且具有相对完善的功能。
- 组分系统之间相互作用、相互影响，其中，信息交互是主要的相互作用方式。
- 组分系统围绕使命任务协同开展工作，是外在的表现；组分系统的独立性是相对的，是内在的表现。
- 体系的自身发展具有演进特性，随着外部环境的变换而不断发展演进。
- 体系呈现出复杂系统的涌现性，是 1+1>2 的独有整体特性。

一般系统与体系的对比分析见表 3-1。

表 3-1　一般系统与体系的对比分析

特　征	一　般　系　统	体　　系
复杂性	相对简单，某种程度上也具有复杂性	体系结构、优化组合与功能演化的复杂性
整体性	每个部分都是系统不可或缺的组成部分	具有大量组分系统没有的特征和属性，具有 1+1>2 的整体特性
独立性	各部分都有明确边界，不能独自运行	组分系统是独立运行的，保持相对独立性
目标性	目的单一，指向性很强	具有多个目的、多种功能，强调功能要素组合优化，支撑多项任务
层次性	层次结构清晰，边界易于划分	有层次结构，但具有灵活重组的能力，组分系统采用松耦合方式连接

基于此，系统工程与体系工程在研究对象、过程、目的、技术途径、优化设计等方面都有本质不同。例如，系统工程的目的是针对确定的性能指标或需求进行组分系统的开发，而体系工程的目的是针对使命空间和能力空间进行多系统协同交互、相互作用和优化组合的研究。表 3-2 给出了系统工程与体系工程的区别。

表 3-2　系统工程与体系工程的区别

区　别　类　型	系　统　工　程	体　系　工　程
研究对象	单个系统或相对复杂的系统	综合集成的复杂巨系统
研究过程	系统设计、仿真实验、性能实验、指标验证、应用评价等过程	使命任务、需求分析、能力映射、体系要素组合、体系仿真推演、体系评估优化等过程

续表

区 别 类 型	系 统 工 程	体 系 工 程
研究目的	针对确定的性能指标或需求进行系统开发，更强调战技指标的完成情况	针对使命空间和能力空间进行系统的协同交互、相互作用、能力演进、优化方案研究
技术途径	本体论、还原论、系统论	体系工程、复杂性科学、认识论
优化设计	确定的接口集成系统的各个部分以达到最优化的目的	以全局最优的原则，通过协议和标准集成各个组分系统
涌现性	有确定的指标、确定的边界。不强调涌现性	特别强调涌现性，甚至是检验体系优劣的重要指标

　　虽然系统工程与体系工程在诸多方面存在区别，但并不代表它们之间没有关系，尤其是在研究方法层面，两者之间存在本质的联系。系统工程和体系工程的一个重要理论和学科基础是"系统科学"，该学科是钱学森创立并发展起来的，钱学森将系统科学体系分为基础理论层、技术科学层、应用技术层，其中，基础理论层是研究客观世界系统普遍规律的系统学；技术科学层是直接为系统工程提供理论方法的运筹学、控制论、信息论等；应用技术层是系统工程，是直接用来改造客观世界的工程技术。按照这一科学学说，系统工程和体系工程所运用的主要技术方法体系如图 3-1 所示，这些技术方法将在实践的基础上不断继承、发展、创新和提高。

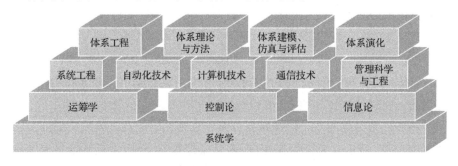

图 3-1　系统工程和体系工程所运用的主要技术方法体系

3.3　电子信息装备体系论证理论体系

　　理论是人们对某一事物特点规律的理性认识与思考，理论体系则是关于该事物知识与理论内容的系统逻辑架构，两者是内容与形式的关系。每个领域都有特定的理论体系，能否形成严密的理论体系是体现该领域成熟程度的重要标志，理论体系的正确与否要看其是否符合客观实际，以及符合实际的程度。

3.3.1　电子信息装备体系论证基本概念

当前在电子信息装备体系论证领域，乃至整个武器装备体系论证领域或多或少都存在有待深入研究的问题，这些问题制约着整体体系论证领域的发展。譬如，怎样认识和理解电子信息装备体系论证？为什么要开展电子信息装备体系论证？究竟什么是电子信息装备体系论证，范围是什么？电子信息装备体系论证有什么特点和规律？如何有效推进电子信息装备体系论证工作？在电子信息装备体系论证工作中可能会面临哪些困难，如何管控并解决好这些困难？应该如何评价电子信息装备体系论证工作的成效？诸如此类的问题，是开展电子信息装备体系论证实践需要解决的问题。

这些问题表面上看较易回答，却极难达成统一、形成共识，这些问题中除涉及"为什么"的问题较易回答外，主要为"是什么、论证什么、如何论证、怎样管、怎么用"五个电子信息装备体系论证的基础性问题，隐含的是电子信息装备体系论证理论研究现实的匮乏性，揭示的是电子信息装备体系论证基础理论研究的迫切性、方向性和重要性。理论与实践作为电子信息装备体系论证工作的双向驱动力，二者地位同样重要且相互促进。由于电子信息装备体系论证问题较为复杂，需要配套的理论较多，迫切需要回答针对电子信息装备体系论证的五个现实性基础问题，按照多维度研究复杂系统的基本思路，可以从"认知维、本体维、方法维、管理维和应用维"探索电子信息装备体系论证理论问题，并力求系统、完备，达成横向上要彼此配套、相互协调，纵向上要上下呼应、前后衔接。

基于以上确立的电子信息装备体系论证理论研究及其体系构建的要求和主体方向，我们认为，所谓电子信息装备体系论证理论就是电子信息装备体系论证机构（论证主体）聚焦电子信息装备体系效能（论证客体）开展"全局性的高层次宏观论证和局部性的关键环节论证"（论证内容）的特点规律的理性认识与思考。电子信息装备体系论证理论体系是关于电子信息装备体系论证问题的系统化理性认识，是对电子信息装备体系论证理论知识化、体系化的结果，是统一电子信息装备体系论证认识和指导电子信息装备体系论证实践的知识体系。电子信息装备体系论证理论及其体系的研究产生于电子信息装备体系论证实践的现实需求，将会给电子信息装备体系论证实践以指导，并受电子信息装备体系论证实践的检验。

1．电子信息装备体系论证理论体系的构建

构建电子信息装备体系论证理论体系具有重要意义，并且对于全面认识、理解、实践电子信息装备体系活动具有重要意义。电子信息装备体系论证理论体系的构建过程就是电子信息装备体系论证理论梳理和总体设计的过程，能够促使电子信息装备体系论证目标更为明确、重难点更为突出、技术手段更为有效、应用效果更加明显。

现阶段围绕体系论证问题展开了卓有成效的研究，形成一批成果，但尚没有形成一套较为全面的体系论证全寿命周期的理论体系。我们认为，电子信息装备体系论证乃至整体武器装备领域体系论证理论体系探索需要在适应信息化智能化作战的需要和崇尚科学文化的氛围中，用科学原理感悟和思考研判武器装备体系的发展趋势、用众创与集智方式探讨武器装备体系建设的发展、用预判和构想验证武器装备体系应用前景的现实背景。

电子信息装备体系论证理论体系的构建应围绕"聚焦提升电子信息装备体系效能的体系论证目标与要求，兼顾军事现实和未来发展需要，在分析和掌握机构协同等体系论证特点规律的基础上，运用逻辑推理和现代信息技术手段，围绕全局性和关键环节等体系论证内容"的体系论证思路和"注重体系论证结论的验证、实际效用"的体系论证要求开展，坚持科学性、系统性、完整性、发展性和统一性等基本原则，着力解决电子信息装备体系论证过程中基本矛盾问题，并将其理论化、系统化。

理论体系该如何建立，国外军方目前尚没有这方面的理论。我军学术界对理论体系框架的设想在认识上还没有完全统一，主要见解大致有两种：一种是按照"内在逻辑"的模式建立理论框架；另一种是按照"学科体系"的模式建立理论框架。

1）按照"内在逻辑"的模式建立理论框架

"内在逻辑"模式主要按照理论内容的内部逻辑关系来构建理论框架。比如，先一般再特殊，先原则再具体，先宏观再微观，先基础再应用等逻辑关系。实践中由于这种模式多以问题为牵引，按照提出具体问题—寻找解决方案—组织论证实验—形成条令法规步骤开展，也称为问题式理论体系构建模式。其最大的优点是以问题为牵引，按照内部逻辑关系构建，理论体系中各部分之间的关系比较顺畅，各部分理论之间的联系比较清晰，减少了理论

的重复论述，便于学习和运用。

对于电子信息装备体系论证而言，其论证过程和要素存在一定的逻辑性。例如，从电子信息装备体系论证全寿命周期的角度，分为"为什么、是什么，论证什么，如何论证，怎么管，怎么用"五个核心问题，"认知维、本体维、方法维、管理维和应用维"存在固有的内在逻辑和对应关系，其中，"为什么、是什么"是开展电子信息装备体系论证理论体系的起点，也是"认知维"理论的核心内容，只有认知达成共识，才可能达到电子信息装备体系论证的目标；"论证什么"是在认知电子信息装备体系论证的基础上，根据电子信息装备体系目标、要求，依据具体的层次（全局性、关键环节、全军、军兵种、领域、专业）等开展电子信息装备体系论证具体内容，确定重点论证的主要内容和主要环节，属于论证本体的理论；"如何论证"是根据具体建设内容和主要环节，采取什么技术、手段、方式等开展电子信息装备体系论证，这个问题包括途径、方法等方面的相关理论；"怎么管"是电子信息装备体系论证的核心环节，重点解决如论证活动组织、运维等方面问题，涉及管理维相关理论；"怎么用"是电子信息装备体系论证的终点，按照服务咨询的思路，重点解决如何用、用的效果等方面问题，涉及应用相关理论。各部分之间的逻辑层次关系如图 3-2 所示。

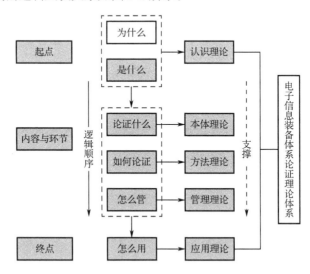

图 3-2　电子信息装备体系论证逻辑层次关系示意图

2）按照"学科体系"的模式建立理论框架

"学科体系"模式按照学科门类对理论内容进行系统化，包括整体结构和层次、学科的设置和分类、各学科之间的关系等，其实质是"学科知识生产和传播中的标准化、结构化和系统化"。由于这种按照学科体系构建的理论体系具有完整的知识体系，层次界定清晰，所以容易达成共识，便于持续建设。

对于电子信息装备体系论证而言，电子信息装备体系论证本身就是一个复杂的系统，它涉及多个学科门类，如在研究"为什么、是什么"问题时，相关的认知理论涉及军事思想、系统科学等；在研究"如何建"问题时，涉及相关的方法途径、管理运维涉及军事装备学、信息技术、军事管理学等，而"怎么用"又涉及具体应用领域相关学科与知识等。电子信息装备体系论证的理论体系构建该归于哪门学科？如何处理学科之间的关系？这些问题这里不再赘述，但它们是未来建立体系论证学科的方向。

2．电子信息装备体系论证理论的主要框架

按照"内在逻辑"模式建立理论体系框架，确定理论体系的具体层次。目前，我军理论体系设计主要有三种观点，对应三种基本框架。

1）四维框架

该框架主要按理论地位和作用层次对理论体系进行设计，细化为"向量维""存量维""变量维""能量维"四个方面。其中，"向量维"是指导理论；"存量维"是基础理论，主要包括认知论和史学论两个方面，是对概念、结构、要素、哲学范畴、历史脉络等的理性认识；"变量维"是应用理论，主要包括保障、管理、军兵种建设等理论；"能量维"是技术理论，主要包括信息技术、网络技术、资源管理技术等理论。

2）三分法

这种观点认为，理论体系架构应由指导理论、基础理论和应用理论三部分构成。其中，指导理论主要指思想，是理论体系的基础，处于统领和支配地位；基础理论主要指总论或概论；应用理论指分类理论或分支理论。

3）两分法

这种观点认为，科学的理论框架应具备下面几点：一是理论框架符合社会科学的基本要求；二是理论框架能够涵盖领域内理论的全部，不能留下空白；三是基本框架的分支应该清晰，不能相互交叉重叠。这种观点认为，理论体系应由基础理论和应用理论两大部分构成。其中，基础理论主要包括本质属性理论、结构理论、环境理论、发展规律、基本原理与运行机制理论和

思想等。应用理论则主要包括军兵种指导原则、构想（思路）、对策理论、途径理论、手段理论等。

三种不同的思维方式决定了不同理论体系的框架，但都认为理论体系应该包括基础理论和应用理论。关于指导理论和技术理论，特别是技术理论归为理论体系争议较大，有人认为，技术理论为实现途径的相关理论，不应归为理论体系，也有人认为，没有技术理论的支撑，理论体系显得空洞，指导意义不强。为便于理解，突出电子信息装备体系论证理论的研究重点，结合电子信息装备涉及众多网络信息技术的特点，按照理论体系层次区分清晰、纵横衔接配套、分支学科完备、便于相互协调和对口运用的原则，在基本保持"两分法"框架的基础上强化电子信息装备体系论证的技术环节，将电子信息装备体系论证理论体系的构成分为三大部分，即电子信息装备体系论证基础理论、电子信息装备体系论证应用理论，以及电子信息装备体系相关学科理论。这些与前面所论述的系统论、系统方法论、系统工程论、体系与体系工程论一起构成指导电子信息装备体系论证工作的理论基础，也是开展体系论证工作的指导思想和理论依据。

3.3.2　电子信息装备体系论证基础理论

基础理论是对军事领域活动本质规律的揭示，是最本质、最核心、最关键要素的理论概括，是在总体和宏观上对军事领域活动及其指导规律进行科学归纳和系统梳理的产物，它所反映和揭示的是军事领域活动最本质、最核心、最关键的问题，带有一般性质和公共需求。不同领域对基础理论有不同的解释，具体内容也不尽相同。有的基础理论包括指导思想、概念、结构、要素、哲学范畴、历史脉络等；有的包括本质属性、结构、环境、发展、基本原理、运行机制和指导思想等；还有的包括概念、特征、规律、原则、力量、资源理论等。

体系论证作为一门新兴的复杂学科，需要站在更高层次，放眼于更大范围，同时运用更新的观念和思想，揭示和认识体系论证领域的内在规律及与其相关领域的本质联系，只有这样才能使电子信息装备体系论证的基础理论不断发展和完善。

电子信息装备体系论证基础理论是对电子信息装备体系论证活动本质规律的揭示，是电子信息装备体系最本质、最核心、最关键要素的理论概括，是在总体和宏观上对电子信息装备体系论证活动及其指导规律进行科学归纳和系统梳理的产物，它所反映和揭示的是电子信息装备体系论证活动最本质、最核心、最关键的问题，带有一般性质和公共需求，对电子信息装备体系论证各种实践活动和各分支学科理论研究具有普遍指导意义。针对"为什么，是什么，论证什么，如何论证，怎么管，怎么用"电子信息装备体系论证五大公共性的主要问题，按照"认知、本体、途径、管理、应用"五个维度，构成 5×5 电子信息装备体系论证的基础核心要素矩阵，见表 3-3。

表 3-3　电子信息装备体系论证理论的核心要素

主要问题	认知维	本体维	途径维	管理维	应用维
为什么、是什么	*				
论证什么		*			
如何论证			*		
怎么管				*	
怎么用					*

电子信息装备体系论证基础理论的主要研究范畴是电子信息装备体系论证的军事背景与需求，电子信息装备体系的概念、性质与特点，电子信息装备体系论证的研究对象和研究范围，电子信息装备体系论证的地位、作用与主要任务，电子信息装备体系论证的指导思想、基本方针政策，电子信息装备体系论证的工作组织与实施，电子信息装备体系论证的模式与关键技术，电子信息装备体系论证的应用方向等。其构成主要有以下几个方面：

（1）现状与军事需求

主要研究国内外体系论证的现状、存在的问题、电子信息装备体系论证如何适应当前和未来作战需求、体系对抗下的电子信息装备体系要求，以及开展电子信息装备体系论证的必要性和现实意义。

（2）基本概念和性质

主要对电子信息装备体系论证的含义、范围和主要类型，以及体系论证中所解决的各种基本问题的本质属性等进行的系统解释和科学论述，重点阐述电子信息装备体系论证的概念内涵、目的、特点、地位与作用、对象与范围、分类、性质等。

（3）原理和原则

按照体系论证高层体系要求，结合电子信息装备体系全局性、基础地位和作用，主要对电子信息装备体系论证所遵循的指导思想、基本原理、基础原则、政策方针等进行表述。

（4）程序和要求

根据电子信息装备体系论证的主要任务、论证内容和基本性质，对电子信息装备体系论证的基本过程、主要阶段划分、组织实施、任务完成标志和评估等应当遵循的原则、要求、标准规范进行科学论证。

（5）发展史

研究电子信息装备体系论证产生、形成与发展的主要特点及演变规律。通过系统的研究和总结，为电子信息装备体系论证理论研究和实践活动提供历史经验，并预测电子信息装备体系论证未来的发展趋势，明确电子信息装备体系论证的发展方向和目标，引导电子信息装备体系论证工作的新发展。

（6）基本方法

适合电子信息装备体系论证的基本方法主要包括逻辑分析法、作战仿真法、系统分析法、专家评估方法等，每种方法都有其支撑的基础理论，如基于逻辑分析的电子信息装备体系论证就是运用逻辑理论，按照提出问题、分析研究问题和解决问题的体系论证过程。电子信息装备体系发展战略、体制、规划计划的决策方案是在逻辑理论指导下运用各种不同方法推导得出的。

（7）应用前景

主要研究电子信息装备体系论证的应用前景，探索体系论证结论如何支撑决策咨询活动，如何提升体系论证结论的应用效率等。

3.3.3 电子信息装备体系论证应用理论

应用理论是基础理论的具体化，所揭示的是军事活动某一领域、某一方面和某一环节所适用的规律，对某一特定军事领域信息活动的实践起着具体指导作用。

电子信息装备应用理论是电子信息装备体系论证基础理论的具体化，主要回答网络信息体系"怎样管、怎么用"的问题，包括分域论证、管理运维、作战应用三个方面的理论问题，所揭示的是电子信息装备体系论证活动分域领域、管理运维和应用环节适用的规律，对信息支援和信息作战活动实践起着具体的指导作用，主要包括指挥、动员、优势、作战、管理、安全、保障、训练、应用效能评估等内容。

电子信息装备体系论证应用理论以军种、领域、方向电子信息装备体系为核心，突出怎样管、怎么用两个方面的问题，主要包括分域体系论证理论、管理理论和运用理论。其中，分域体系论证理论主要结合军兵种、领域、方向电子信息装备建设的现状和特点，从战略、战役、战术作战层级等不同作战层次，开展针对不同军兵种、领域、方向电子信息装备体系论证的目标、任务、途径、平台等方面的研究，指导具体该军兵种、领域、方向建设实践；管理理论主要从多维度研究电子信息装备体系论证中包括人员管理、计划管理、经费管理、安全管理等的全寿命周期管理；运用理论主要结合战略、战役、战术等不同层次、不同范围、不同作战方向、不同作战任务等具体应用理论。

需要指出的是，电子信息装备体系应用的研究范围较广、跨度较大，既包括全军电子信息装备体系论证的发展战略，又包括某一军兵种某一作战方向某一作战任务某一专业领域的电子信息装备体系论证，既涉及宏观的作战背景又涉及微观的作战场景，涉及信息支援作战和独立遂行作战两个应用维度，关系具体作战对手和作战能力指标，这里不再赘述。

3.3.4　电子信息装备体系论证相关理论

从电子信息装备体系论证概论的提出、目标的确定、性质的阐述、地位作用的分析、论证内容的确定、论证模式的研究，以及充分性、必要性的论证要求等，表明电子信息装备体系论证涉及系统学、论证学、装备学、信息学、决策学、运筹学、预测学等诸多学科，这些学科相关理论和知识有效支撑着对电子信息体系论证活动的认知、理解、实践和应用等环节的开展，深刻影响着电子信息装备体系论证工作顺利开展和结论的科学性。这里对相关的一些主要学科进行介绍。

1. 军事学

军事学也称为军事科学，是反映战争和国防等军事活动的本质与规律，是指导战争准备与实施及平时国家防卫的科学，具有指导军事实践、引领军事变革等重要作用，并对国家政治、经济、外交、科技和文化等领域产生重要影响。军事学科设置若干个科学门类，每个门类又设置若干个分支学科，每个军事学各学科及相应的分支学科构成较为完善的军事科学体系。如 2011版的《军语》中指出：中国军事科学体系包括军事思想、军事历史、战略学、战役学、战术学、军队领导学、国防建设学、军队建设学、军队政治工作学、军事后勤学、军事装备学、军事法学、军事技术学、国际军事学 14 个学科。电子信息装备体系论证属于军事领域的高层次装备论证活动，离不开诸如军事思想、战略学、军队建设学、军事装备学等学科相关理论和研究成果的支撑，为电子信息装备体系论证战略目标的选择、军事需求分析等提供必须遵循的指导思想和基本依据。此外，电子信息装备体系论证的开展工作需要军事装备学、军事技术学提供思路、方法和技术手段等。

2. 信息学

信息学是研究信息及其运动规律的科学，是信息时代的标志性科学。钟义信教授在其《信息科学原理》专著中定义：信息科学是以信息为研究对象、以全部信息运动过程的规律为研究内容、以信息科学方法论为主要研究方法、以扩展人的信息功能为研究目标的一门科学，并进一步给出信息科学两个重要层次的研究对象，即本体论信息（事物自己呈现的信息，与认知主体无关）和认知论信息（认知主体表达事物的信息，是认知主体与事物客体之间的关系），涉及信息获取、传递、处理、应用各个环节，包含计算机技术、信息处理技术、人工智能技术、控制技术、自动化技术等。信息科学关于本体论信息理论对于关注电子信息装备体系论证活动过程"自己"的信息，提高体系论证过程透明性，以及提高体系论证效果具有重要意义，同时借助认知论信息理论更易强化电子信息装备体系论证管理部门与体系论证实施者之间的沟通，以达成体系论证结论真正发挥服务决策咨询的目标。正如钱学森在给张锡纯回信中指出"信息学，那是专门研究系统成员之间的信息网络建立和优化"。此外，电子信息装备本身与信息技术领域强关联，信息技术为电子信息装备体系论证工作提供了途径、手段和方法，并贯穿体系论证的整个过程。这里就不再一一举例了。

3. 运筹学

运筹学是在实行管理的领域，运用数学方法，对需要管理的问题统筹规划，然后做出决策的应用科学。运筹学作为一门现代科学，是在第二次世界大战期间解决如何合理地规划或优化使用现有武器系统问题时产生的。研究的运筹问题主要包括规划问题、排队问题、对策问题、决策问题、库存问题、搜索问题等。归结为一句话：一切运筹问题都是目标、条件和决策三者之间构成的系统。古语"运筹帷幄，决胜于千里之外"，电子信息装备体系论证活动作为复杂系统，需要对该活动的组织、安排进行运筹。事实上，在电子信息装备体系论证实践过程中，常常会面临当前体系论证人力、物力、财力条件十分有限，但又需要在规定时间内高效完成论证任务，如何统筹资源、协调人员显得十分重要。运筹学理论和方法对于体系论证活动方案的形成、调整、优化具有重要指导意义，特别是处理体系论证过程中出现的各类应急情况时更凸显运筹能力的重要性。

4．决策学

决策学是研究决策规律的一门科学，包括决策的概念、程序、方法和组织等，决策学与运筹学、系统工程学、社会心理学、技术经济学密切相关。狭义的决策指的是在几种行为方案中做出抉择；广义的决策还包括在做出最后抉择前所进行的一切活动，主要包括决策者、方案、结局、价值和偏好五大要素。决策的过程是一个反复分析、比较、综合并最后做出抉择的优化过程，决策的结果是对各种矛盾、各种因素相互权衡而最后平衡的结果。目前，较为成熟的决策技术有确定性决策技术、风险型决策技术、不确定性决策技术、多目标决策技术和竞争型决策技术等。决策存在于我们生活中的方方面面，正如美国经济学家哈伯特·西蒙认为的那样，管理就是决策。电子信息装备体系论证中存在的方方面面的管理、不同阶段目标的确定、形形色色方案的选择等需要决策学理论和技术以支撑，权衡利弊，最后做出决策。

5．预测科学

预测学是研究人们运用科学的理论和方法对未来进行预测的一门科学。科学的预测是建立在客观事物发展规律基础上的科学判断，是基于事实在已有信息熵的逻辑推理的结果。预测所研究的领域极其广泛，按其功能可分为四种类型：①直观型预测，如专家预测法、头脑风暴法、未来脚本法等。②规范型预测，如关联树法、网络技术和模拟法等。③探索型预测，如历史类比法、趋势外推法、生长曲线法等。④反馈型预测，这是综合运用规范型和探索型两种预测方法，并使两种类型的预测方法共处于一个不断反馈系统中的一种预测。电子信息装备体系论证中关于发展战略论证本身就具有预测的内涵，只是论证中强化了对该预测的结果提供充分论据和严格检验。同时，针对具体电子信息装备体系论证的内容也需要大量预测学理论和技术以支撑。

6．标准化科学

标准化科学主要解决关于研究、学习、掌握、运用标准化原理及方法问题，核心是在技术层面制定规范和实施规范，是典型的综合性应用学科。标准化科学具有多重属性和一体多面特征，具有哲学上的方法论属性、法学上的规范性、社会学上的契约性、工学上的技术性及管理学上的工具性。标准化的简化、统一、协同、优化四大功能原理广泛用于社会、经济、军事、政治领域。电子信息装备体系论证是在体系论证规程基础上有序开展的活动，需在标准化科学理论指导下制定体系论证规程、实施体系论证规程，并评估体系论证规程的执行情况，以达成统一、协同体系论证机构间步调。同时，在体系论证过程中涉及大量论证软/硬件环境、数据模型需要统一。标准化工作对保障沟通顺畅，避免出现不必要的重复或错误，提高体系论证工作的质量和效率，保障体系论证科学化、规范化具有重要意义。

参考文献

[1] 贝塔朗菲. 一般系统论：基础、发展和应用[M]. 林康义，魏宏森，译. 北京：清华大学出版社，1987.

[2] BERRY B J L. Cities as systems within systems of cities[D]. Papers of Regional Sciences Association, 1964, 13(1): 146-163.

[3] 顾基发. 系统工程新发展：体系[J]. 科技导报，2018, 36(20): 10-19.

[4] 许国印. 系统科学[M]. 上海：上海科技教育出版社，2000.

[5] 顾基发，唐锡晋. 物理—事理—人理系统方法论：理论与应用[M]. 上海：上海科技教育出版社，2006.

[6] 上海交通大学. 智慧的钥匙：钱学森论系统科学[M]. 上海：上海交通大学出版社，2005.

[7] 薛慧锋，张骏. 现代系统工程导论[M]. 北京：国防工业出版社，2006.

[8] 中国科学技术协会. 2009—2010 系统科学与系统工程学科发展报告[M]. 北京：中国科学技术出版社，2010.

[9] 熊伟. 网络信息体系导论[M]. 北京：国防工业出版社，2019.

[10] EISNER H, MARCINIAK J, MCMILLAN R. Computer-aided system of systems engineering[P]. Proceedings of the IEEE International Conference on Systems, Man and Cybernetics, 1991.

[11] MAIER M W. Architecting principles for systems-of-systems[J]. System Engineering, 1998, 1(4): 267-284.

[12] 李新明，杨凡德. 电子信息装备体系概论[M]. 北京：国防工业出版社，2014.

[13] 杨凡德，陈冒银. 体系工程指南[M]. 北京：国防工业出版社，2010.

[14] 张维明. 体系工程理论与方法[M]. 北京：科学出版社，2010.

[15] 苗东升. 系统科学精要[M]. 4 版. 北京：中国人民大学出版社，2016.

[16] 阳东升. 体系工程原理与技术[M]. 北京：国防工业出版社，2013.

[17] 钱学森，宋健. 工程控制论：上下册[M]. 北京：科学出版社，2011.

[18] 汪应洛. 系统工程[M]. 北京：机械工业出版社，2020.

[19] 高善清. 武器装备论证理论与系统分析[M]. 北京：兵器工业出版社，2001.

[20] 钱学森. 创建系统学：新世纪版[M]. 上海：上海交通大学出版社，2007.

[21] 于景元. 钱学森系统科学思想和系统科学体系[J]. 科学决策，2014(12): 2-22.

[22] 陈冒银，张芬. 电子信息装备体系论证机构任务分析[J]. 科技信息，2011(10): 532-534.

[23] 李长海，田晓春，张清华. 基于霍尔三维结构的装备保障演习集成化管理初探[J]. 装备学院学报，2012, 23(6): 41-44.

[24] 钟义信. 信息科学原理[M]. 5 版. 北京：北京邮电大学出版社，2013.

[25] 白思俊. 系统工程导论[M]. 北京：中国电力出版社，2018.

[26] 许钦祥. 加快标准化学科、课程、教材建设[J]. 中国标准化，2020(7): 29-30.

[27] 李上，刘波林. 标准化学科知识体系构建研究[J]. 中国标准化，2013(8): 42-46.

[28] 李力钢，徐光明. 关于军事装备学理论体系构成的思考[J]. 国防大学学报，2010, 249(5): 82-84.

[29] 牟显明. 构建联合作战理论体系的思考[J]. 国防大学学报，2017, 337(3): 41-44.

[30] 王锐华，战晓书. 军事系统科学学科建设与发展[J]. 军事运筹与系统工程，2018(3): 77-80.

[31] 李新明，杨凡德. 电子信息装备体系及基本问题研究[J]. 装备学院学报，2013, 24(6): 1-4.

[32] 赵卫民. 武器装备论证学[M]. 北京：兵器工业出版社，2008.

[33] 贾俊秀，刘爱军，李华. 系统工程学[M]. 西安：西安电子科技大学出版社，2014.

方　法　篇

第4章

电子信息装备宏观论证方法

在理论篇中，将电子信息装备体系论证的主要内容分为宏观论证、需求论证、顶层设计、技术体系论证、优化方案论证、效能评估等。每个论证内容都可以采用一种或几种方法来开展论证工作。一般来讲，电子信息装备体系论证采用如图 4-1 所示的方法。本篇将重点对需求分析方法、体系结构方法、系统建模仿真方法、技术体系论证方法、体系评估方法展开论述。

本章首先介绍宏观论证方法。武器装备宏观论证作为武器装备论证的主要类型之一，主要针对武器装备建设发展的宏观目标开展系统分析、设计和评估活动。该类武器装备的论证研究，一方面，以武器装备的发展战略、体制方案、规划计划等为主要论证对象，论证对象的地位层次高、目标宏大、影响深远，具有宏观事物特性；另一方面，论证活动涉及国内外许多复杂因素，不仅有技术上的问题，而且涉及政治、军事、经济、社会、外交等问题，需要多机构、多专业人员，采用多种方法及手段，多次征询意见综合形成论证结论服务决策活动，具有较强的综合性。武器装备宏观论证也常称为武器装备宏观综合论证，主要包括武器装备发展战略论证、体制论证和规划计划论证。

电子信息装备是全军武器装备的重要组成部分，以信息作战装备和信息保障装备固化于作战装备体制、保障装备体制中（《军语》（2011 版）将装备体制分为作战装备体制和保障装备体制两大类），并发挥着越来越大的作用。目前，电子信息装备成体系发展业已达成共识，体系化已经成为衡量电子信息装备总体筹划、建设发展、作战应用、管理运维等基本标准，电子信息装备宏观论证是体系思维的电子信息装备宏观论证，是电子信息装备体系论证的具体形式，属于电子信息装备体系论证范畴。

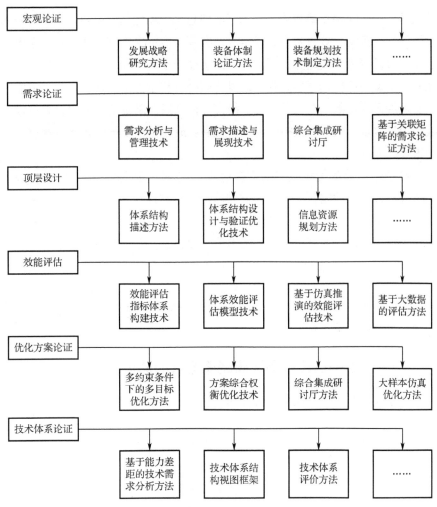

图 4-1　电子信息装备体系论证方法

4.1　电子信息装备发展战略论证

电子信息装备发展战略是从全局上筹划和指导未来较长时期内电子信息装备建设的方针和策略，包括电子信息装备建设的方针政策、战略目标、方向重点等，是制定电子信息装备体制和电子信息装备建设规划计划的基本依据。

电子信息装备发展战略论证，简言之就是以充分的论据和科学的方法，拟制电子信息装备发展战略的活动过程。具体来讲，电子信息装备发展战略论证是依据新时期军事战略方针、军队信息化智能化建设规划，以及对未来发展的科学预测，针对未来战场需求及我军作战的原则与方法，并结合电子信息装备发展现状和趋势，考虑国家经济能力及科学技术发展的可能性，以充分的论据和严密的科学方法，通过逻辑推理和定性定量分析，对电子信息装备发展所进行的宏观决策研究。经充分论证后而制定的电子信息装备发展战略论证报告，按程序报相关部门审批后，成为全军电子信息装备发展建设的指导性文件。

电子信息装备发展战略论证是对未来较长一段时间内电子信息装备发展的方针政策、战略目标、方向重点等进行超前谋划，具有很强的政策性、目的性、超前性；同时，电子信息装备发展战略论证具有宏观特性，需综合考虑政治、经济、军事、装备、技术等多种因素，涵盖不同层次电子信息装备领域方向，包含需求分析、验证评估等论证环节，决定了电子信息装备体系具有极强的复杂性和需要全面的系统性。此外，电子信息装备发展战略论证考虑的时间跨度通常为 20 年甚至更长，增加了电子信息装备发展战略论证的不确定性和风险性。

4.1.1　电子信息装备发展战略论证的地位作用

电子信息装备发展战略论证作为电子信息装备宏观论证的首要阶段，也是电子信息装备体系科学论证形成的阶段，是开展电子信息装备体系体制和电子信息装备规划论证的前提和基础。电子信息装备发展战略论证结论，一旦被决策采纳具有指导全军范围各军兵种专业领域方向的电子信息装备建设和发展方向，并促进其电子信息装备体系的形成。同时，电子信息装备发展战略论证结论反馈到武器装备发展战略研究，经与其他领域武器装备发展战略协调后，有助于共同促进形成武器装备发展总战略。

（1）指导电子信息装备发展方向，促进电子信息装备体系形成

电子信息装备发展战略从最高层次上解决电子信息装备发展的长远保密和建设发展问题，以历史发展的阶段性标志来描绘电子信息装备的发展目标和水平。电子信息装备发展战略论证形成的电子信息装备发展目标、规模、水平、结构、比例、先后顺序等重大发展方略，对未来一定时期内电子信息装备发展方向重点和体系化发展具有重要的指导作用。

（2）为电子信息装备体制和规划计划论证提供依据

按照军队改革"军委管总、军种主建、战区主战"的分工布局，以及改

革后新的编制体制，电子信息装备发展战略论证的过程一般为：由军委主管装备机关适时提出电子信息装备发展的原则要求，各军兵种、战区有关部门根据总的原则要求，经充分论证，负责对分管的电子信息装备发展方向重点提出意见和建议，然后进行全面综合，制定出全军电子信息装备重点发展方向，报经军委相关部门审批后，即成为部队电子信息装备建设的指导方针和制定电子信息装备体制系列的依据。电子信息装备发展战略确定后，电子信息装备建设的一系列重大方针政策和原则都将得到明确，相关政策性措施得以出台，使电子信息装备体制和规划计划工作有了基本依据，各项电子信息装备建设发展有序开展。具体如图 4-2 所示。

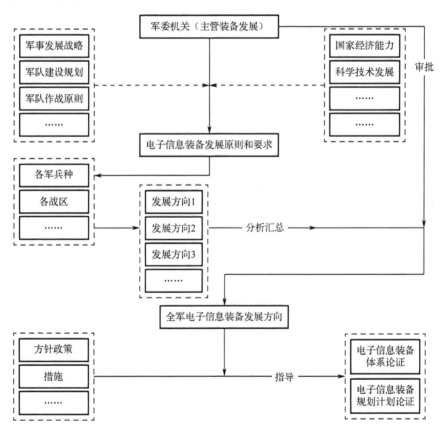

图 4-2　电子信息装备发展战略论证过程示意图

4.1.2　电子信息装备发展战略论证的主要内容

电子信息装备发展战略论证应从保障国家安全利益出发，突出前瞻性、指导性和创新性，以军事需求为牵引，以未来经济潜力、科学技术发展为推动力，以科研、生产能力为基础，借鉴外军电子信息装备发展的经验，进行充分的必要性和可行性研究，正确处理需要与可能的矛盾，统筹提出电子信息装备发展建设的总体目标、方向重点，以及相应的实施途径和对策措施。根据《武器装备发展战略论证通用要求》（GJB 5283—2004）要求，电子信息装备发展战略论证的内容一般包括七个方面：需求分析、发展条件分析、借鉴因素分析、电子信息装备发展战略设想、电子信息装备体系构成与作战能力、电子信息装备发展战略综合评估、实现电子信息装备发展战略的对策与措施。

需要特别说明的是，《武器装备发展战略论证通用要求》（GJB 5283—2004）对武器装备发展论证的相关术语、依据和要求、主要内容、成果形式和文本格式等做了十分详尽的标准规范，也是电子信息装备发展战略论证工作的基本依据。

1. 需求分析

需求分析是电子信息装备发展论证的基本内容和首要环节，主要通过一定的程序、方法，以战略环境分析为出发点，依据国家军事信息化智能化战略，针对主要对手对我国的威胁，通过研究完成军队的使命任务、对抗主要对手所必须具备的军事信息支援和信息作战能力，提出电子信息装备与技术发展的军事需求。军事需求是电子信息装备发展战略的全局性要求与安排的基本依据。其主要应突出以下七个方面：

一是安全环境分析。安全环境分析应考虑国内、国际两个方面。其中，国际安全环境分析主要是以世界战略格局对我国的威胁和安全环境可能造成的影响为重点而进行的宏观预测分析，其目的是研究国际环境发展对我国国家安全的影响，从总体上为电子信息装备发展需求分析提出指导方向和远景目标。其主要内容包括：①世界政治、经济、军事、科技等的发展趋势及相互制约关系；②世界战略格局、新军事变革的特点及发展趋势；③世界军事强国的强权政治和霸权主义，以及世界大国集团军事同盟或军事合作对世界和平的影响和威胁；④经济全球化、区域经济一体化的发展特点和国际经济的新变化对世界战略格局的影响；⑤其他方面，如民族、宗教矛盾，人权斗争，领土权益和资源争夺，以及其他历史问题造成的危机对世界和平的影响等。在分析国际安全环境的基础上，还应进一步分析国家安全环境，主要包括：①世界军事斗争发展对我国安全的影响；②世界强权政治、霸权主义和敌对势力给我国安全带来的危害；③周边国家边境争端对我国安全的影响；④国内恐怖主义、宗教极端主义和民族分裂主义与国外敌对势力相勾结给我国安全带来的威胁等。

不同历史时期和发展阶段，针对不同的国际和国内环境，对电子信息装备发展战略论证的要求不完全一样，安全环境分析的内容也会有所变化，在进行具体论证时可根据具体情况，对分析研究的内容和重点适当增减。

二是军事威胁分析。军事威胁分析是安全环境分析预测和判断的基础，进一步分析造成的现实或潜在的威胁，主要内容包括：①世界军事强国军事战略、军事力量、装备发展与调整对我国安全构成的战略威胁；②周边国家与地区军事战略、军事力量、装备发展与调整对我国安全构成的威胁；③综合分析各种不安定因素，阐明在未来一定时期内可能面临的现实和潜在的威胁，确定在未来一定时期内面临的主要和潜在作战对象；④主要作战对象的兵力结构、部署和作战能力。

三是未来战场的主要特征和作战样式分析，主要内容包括：①未来主要作战对象和军事大国的作战理论、作战方针及发展趋势；②未来战争的特点、战场特征、战场规模与地域；③未来战争的样式或形态、作战方向；④未来高新技术和新概念武器运用情况及战争的特点。

四是外军电子信息装备发展趋势分析，主要内容包括：①外军电子信息装备体系建设发展趋势；②外军电子信息装备及其相关科学技术的发展趋势；③外军国防科技发展战略和新概念武器的发展与可能应用情况。

五是我军的作战任务和作战环境，主要内容包括：①未来我军可能面临的基本作战任务；②我军各类电子信息装备在未来战争中的地位、作用及其战术技术性能，战斗编成与数量，战役战术运用和战斗行动特点；③未来作战环境对电子信息装备发展的要求，包括在陆、海、空、天、电（网）各领域敌我对抗过程中可能遇到的自然环境、诱发环境、电磁信号环境和其他特殊环境等。

六是我军电子信息装备发展现状和差距，主要内容包括：①现有电子信息装备的基本体系结构（包括品种、系列、配套等）的完善程度和存在的主要问题；②新、旧装备的数量、质量和编配情况；③现有电子信息装备的主要战术技术性能、整体作战效能及与未来作战要求、作战环境的适应程度；④现有电子信息装备与未来作战对象的电子信息装备相比存在的主要差距；

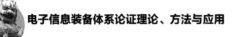

⑤现有电子信息装备与世界先进电子信息装备相比存在的主要差距。

七是电子信息装备能力发展需求，主要指在上述分析的基础上，从电子信息装备发展战略全局和满足未来作战需要出发，提出电子信息装备未来发展能力需求构想。其主要内容是为适应未来战争需求和作战目的，为完成信息支援和信息作战两个方面的作战任务，需要重点发展的和着重增强的电子信息装备能力。

2．发展条件分析

发展条件分析是分析制约电子信息装备发展的各种因素，以便采取切实可行的对策。制约电子信息装备发展涉及政治、经济、军事、科技多种因素。比如，以美国为首的西方霸权国家对我国电子信息产业的封锁，对华为、中兴等高科技公司的制裁，这就是政治因素。

科技条件分析的主要内容包括：①相关高新技术的开发研究（含关键技术的预研和开发）和可能被应用的情况；②相关科技队伍的构成、科研能力、工业技术水平，以及自行研制、生产新型电子信息装备的能力；③电子信息装备的设计、实验、试制、生产技术及重要设备、设施的现状与发展前景；④电子信息装备引进、技术引进的可能性，合作研制的可能性和方式，引进后对我军电子信息装备发展的影响和实现国产化的可能前景。

经济条件分析的主要内容包括：①预测我国未来经济发展趋势，估算在一定时期内可能获得的电子信息装备发展建设和使用维修经费；②估算实现电子信息装备未来发展目标实际所需要的费用。

3．借鉴因素分析

借鉴因素分析是总结电子信息装备发展过程中，在指导思想、方针政策、管理体制、法规制度及科研工作本身等方面的成功与失败、经验和教训，提高对电子信息装备发展的认识和理解，减少或避免失误，少走弯路。

一是外军电子信息装备发展经验与教训，主要内容包括：①电子信息装备发展战略指导思想和方针、政策及可借鉴的内容；②电子信息装备发展决策机制和行之有效的管理方法；③高新技术发展、重大课题预先研究工作的指导思想和措施；④重大型号研制与改进的成败与得失。

二是我军电子信息装备发展经验与教训，主要内容包括：①电子信息装备发展的主要成就与问题；②电子信息装备管理的经验与教训；③重大型号研制的经验和教训；④重大电子信息装备预研、研制、使用、保障等方面的经验与教训；⑤电子信息装备引进、技术引进与合作研制的经验与教训；⑥电子信息装备发展投资政策的经验与教训。

4．电子信息装备发展战略设想

电子信息装备发展战略设想是对电子信息装备发展论证预期成果的描述和要求，反映了电子信息装备发展战略的制定者和执行者实施该战略的意愿，表达了制定和实施电子信息装备发展战略的基本目的和最高的价值判断标准。

（1）指导思想是指电子信息装备发展应贯彻的战略指导思想、有关方针政策、针对的主要作战对象、战争类型和规模、主要作战方向和地区，以及其他应遵循的宗旨等。

（2）发展原则是指在电子信息装备发展过程中，对电子信息装备体系的构成与优化、质量与数量、当前与长远、研制与改进、自研与引进、重点与一般、主战装备与保障装备、新装备与老装备，以及关键技术的预先研究与储备等各种关系的处理应遵循的基本准则。

（3）发展思路的主要内容包括：电子信息装备体系建设的步骤；电子信息装备发展的途径和方法；电子信息装备发展重点的思考和选择；电子信息装备建设整体质量的控制措施；电子信息装备发展策略及其他有关问题。

（4）发展方向的主要内容包括：电子信息装备在未来战场上的适应能力；电子信息装备应用高新技术的趋势；电子信息装备发展的水平与特征，如自动化、信息化、智能化和综合集成化等。

（5）发展目标的主要内容包括：电子信息装备要达到的总体结构和规模；电子信息装备发展的总体技术水平和主要战术技术性能；电子信息装备的总体作战效能和威慑能力；电子信息装备的科研与生产能力。

（6）发展重点的主要内容包括：在一定时期内能体现电子信息装备发展的总体水平；在未来战争中占有突出地位且在我军电子信息装备建设中最薄弱、需要优先发展的电子信息装备类别、品种和系列；对增强作战能力有重大作用，需要摆在突出位置的重大研制型号；重要的"撒手锏"装备；补缺、配套和增强整体作战能力所急需的重要型号；对电子信息装备发展有重大技术带动作用的新型号或新概念电子信息装备。

（7）发展展望的主要内容包括：瞄准世界军事高科技发展前沿，提出对电子信息装备发展有重大影响和应跟踪研究的前沿技术；瞄准电子信息装备发展方向的重点，提出在原理、结构或杀伤机理等方面有重大创新的新概念武器技术；瞄准预期发展的重点电子信息装备型号，提出为研制工作提供技术支撑，以缩短电子信息装备研制周期、降低电子信息装备研制风险的关键技术预先研究课题；为改进重大现役电子信息装备的性能，提出实用的技术成果，以保证现役电子信息装备改造得以顺利实施。

5．电子信息装备体系的构成与作战能力

为适应网络化信息化智能化的作战需求，电子信息装备成体系发展成为电子信息装备发展的必然要求。电子信息装备发展战略论证必须在体系思维的指导下，综合考虑电子信息装备体系设计和体系应用效能。

电子信息装备体系的构成：包括电子信息装备的类别、品种、系列、配套等，并明确实施的阶段划分及各阶段要达到的目标。

电子信息装备体系的作战能力：针对未来作战对象，在可能的作战地区和作战方向上，提出电子信息装备体系建成后的支撑一体化联合作战能力和各军兵种独立开展信息作战能力。

6．电子信息装备发展战略综合评估

电子信息装备发展战略综合评估是指对论证中提出的电子信息装备发展战略方案，应从体系作战能力和总体技术水平等方面进行评估。通过评估，适当调整方案，实现逐步优化，包括电子信息装备总体作战能力评估和电子信息装备总体技术水平评估。

电子信息装备总体作战能力评估：依据电子信息装备体系的结构和功能，采用定性与定量相结合的系统分析方法，建立评估模型，用于衡量电子信息装备体系的完备、协调程度及其作战能力的提高程度。

电子信息装备总体技术水平评估：①高新技术含量与实现可行性评估，即根据预期发展的电子信息装备对高新技术的运用情况，综合评估电子信息装备高新技术含量，并根据经济潜力和未来科学技术的发展水平，综合评估其实现的可能性。②与主要作战对象电子信息装备总体性能分析对比，即运用评估模型，对电子信息装备发展战略各阶段目标、总的目标完成后与主要作战对象相应时期内电子信息装备总体性能进行计算和统计分析，得出各自的电子信息装备总体性能指数，并进行对比评估。③与世界主要军事强国进

行电子信息装备总体性能分析对比，即运用评估模型，对电子信息装备发展战略各阶段目标、总的目标完成后与世界主要军事强国相应时期内电子信息装备总体性能进行计算分析，得出各自的电子信息装备总体性能指数，并进行对比评估。

7. 实现电子信息装备发展战略的对策与措施

在经过体系评估和发展战略方案确定后，还应提出为实现电子信息装备发展战略目标所应采取的具体对策和措施，这是实现电子信息装备发展目标、落实发展重点和确立发展途径的有效保证。其主要内容包括：组织领导及运行管理方法（包括电子信息装备发展决策和管理的规范化、法制化、科学化）；电子信息装备发展论证基础研究、研制、实验手段和技术基础的建设；科技发展的政策；高新技术跟踪与应用的研究；型号研制与装备使用；资源分配与投资政策；科技队伍建设；装备和技术的引进办法。

4.2　电子信息装备体制论证

对于"装备体制"一词，各军事组织的解释不一，做法和内容也不尽相同，如在前华约，装备体制是指完成一定战斗任务的各种武器装备的总和；而在北约，装备体制是指武器系统本身的各种武器和配套器材的总和。

我军装备体制是指一定时期内军队各类武器装备体系结构制式化的规定，包括军队已列编和拟列编装备的种类、名称、定型（鉴定）时间、编配对象、退役时间、配套和替代关系等。分为战斗装备体制、保障装备体制，也可根据需要拟制专项装备体制，是装备科研立项，编制装备建设计划，指导装备通用化、系列化、组合化建设及编配部队装备和组织配套建设的主要依据（《军语》2011 版）。我军装备体制强化了装备体系的有效时间（一定时期内）、存在范围（军队各类武器装备的体系结构）、装备体制的工作性（制式化）及作用等。

电子信息装备体制论证是在电子信息装备发展战略目标确定的前提下，研究和确定电子信息装备总体结构形式，是对电子信息装备发展战略论证的深化，反映了一定时期内的电子信息装备体系制式化结构和发展水平。电子信息装备发展体制是在发展战略方向、重点研究的基础上，根据客观现实条件进行综合论证后提出的，一经颁布实施，即成为制定电子信息装备发展规划计划和新型武器装备研制、现役型号改进，以及生产、采购、部队编配的依据，也是开展作战使用的重要依据。从某种意义上讲，电子信息装备体制论证过程就是一定时期内军队各类电子信息装备体系论证过程，其论证结论就是在特定时间范围内军队电子信息装备体制。电子信息装备体制同发展战略层次结构划分一样，也包括全军电子信息装备体制系列、军兵种级电子信息装备体制系列和领域方向专业的电子信息装备体制系列。在电子信息装备体制系列论证中，一般要先进行电子信息装备发展方向的重点研究，经批准的发展方向重点研究报告就是电子信息装备体制系列论证的依据。

4.2.1　电子信息装备体制论证的地位作用

《中国人民解放军装备条例》明确指出，"装备体制主要规范军队已列编装备的种类、型号、作战使命、主要性能指标、编配对象、配套和替代关系等内容"，反映了不同类型武器装备自身最佳的排列形式，是各军兵种提出各自武器装备分系统发展规划、计划、预算和型号论证的重要依据。电子信息装备体制论证形成的电子信息装备体制系列构成方案，是各军种、领域、方向电子信息装备工作的重要法规和根本依据。

1）电子信息装备建设计划和经费安排的依据

电子信息装备体制规定了现计划期内的电子信息装备项目，明确列装单位及装备间的配套替代关系，为旧装备退役报废计划和新装备采购经费预算等提供法规依据。

2）电子信息装备研制和部队装备编配的依据

电子信息装备体制以制度化的形式固化了装备需求，明确了装备品种、类别、数量的编配，为装备预研、新型号研制和型号改进提供了依据，为部队装备编配和调整提供了依据。

3）促使电子信息装备建设标准化发展

电子信息装备体制以制度形式把各类电子信息装备的配套关系和替代方案体现在电子信息装备体制方案中，为未来新型电子信息装备的配套建设指明了方向，提高了电子信息装备的通用化、系列化、组合化程度，促进了电子信息装备建设标准化发展。

4.2.2　电子信息装备体制论证的主要内容

电子信息装备体制论证在以提高电子信息装备整体作战能力为目标的

前提下，主要解决电子信息装备组织结构的适用性、科学性、合理性等问题，其主要任务是围绕电子信息装备体系结构优化和建立科学的装备体制，以提高体系对抗能力为目标，经过充分的调查研究和系统分析，为了一定时期内完成某一作战任务和电子信息装备自身发展，提出电子信息装备体制构成方案，并按规定编写论证报告和相应的论证文件。电子信息装备论证的主要内容包括作战需求分析、制约因素分析、拟制电子信息装备体制方案、方案权衡优化与可行性分析、提出实现电子信息装备体制方案的对策和措施。

1. 作战需求分析

具体内容可考虑以下几个方面。

军事威胁分析：从总体思路上讲，军事威胁分析与电子信息装备发展战略论证基本相同，只是更强调整体能力形成对装备发展提出的需求，并且内容要求更具体、更详细，可在此基础上进一步展开和细化。

作战任务分析：作战任务是提出电子信息装备需求的重要依据，需进行全面分析。其主要内容包括全军一体化联合支援作战任务、各军兵种信息支援任务、信息作战任务和典型电子信息装备任务。

体系对抗能力分析：针对未来战争的特点，提高体系对抗能力，是确定电子信息装备体制的主要目的，应进行认真分析。其主要内容包括：信息支援能力、信息作战能力、综合保障能力等，能力要求具有时代性和层次性特征，论证中应根据不同历史时期的实际需要进行详细分析，如情报能力，可分为侦察、收集、融合、传输、应用能力等，侦察能力又可细分为侦察范围、侦察手段、目标分辨率、情报获取质量与时效性等。

电子信息装备体制现状分析：分析电子信息装备体制现状是找出差距和薄弱环节、明确今后目标、制定科学电子信息装备体制的依据。主要内容有电子信息装备的类别及特点、现有电子信息装备技术水平及满足未来信息化智能化战争要求的程度等。

电子信息装备发展趋势分析：分析电子信息装备发展趋势的目的是明确方向，确定正确的目标。其主要内容包括：电子信息装备总体发展趋势；各军兵种电子信息装备发展趋势；电子信息装备技术发展趋势；新概念武器的研制与开发。

国外电子信息装备结构情况分析：分析国外特别是发达国家电子信息装备的发展历史和装备体系结构的组成特点，总结经验教训。其主要内容包括：

电子信息装备主要构成（类别、品种及系列）、结构特点及主要技术指标；电子信息装备的编配原则与层次；总体战技水平与能力；电子信息装备结构建设中的经验教训和发展趋势等。

电子信息装备体制发展需求构想：在上述分析的基础上，根据未来作战需求和现行实际情况，提出电子信息装备体制发展需求构想。其主要内容包括：电子信息装备总体发展构想；电子信息装备体系能力构想；电子信息装备结构及优化构想。

2. 制约因素分析

对装备科研与研制能力、经费支撑能力和政策外部环境等制约因素要进行全面、科学、准确的分析评估，确保电子信息装备体制能够按照计划快速、稳定地发展。这些制约因素分析的具体内容如下：

（1）电子信息装备科研与研制能力，主要内容包括：预测相关关键技术未来取得突破性进展的可能性、达到的实际水平和所需要的时间；分析电子信息装备的设计、试制、实验、生产等技术水平和重要设备设施的现状；分析科技人才建设情况和研制能力；分析电子信息装备技术引进或合作的可能性、途径；分析电子信息装备自主可控现状、前景及其影响等。

（2）电子信息装备经费支撑能力，主要内容包括：预测在一定时期内可能获得的电子信息装备投资费；估算完善装备体制、维持装备状态、发展新型电子信息装备所需的经费；评估装备体制建设经费与预算经费的关系，提出可行性分析意见。

（3）其他制约因素，包括国际关系、外交政策、环境保护、部队建设发展水平等。

3. 拟制电子信息装备体制方案

在进行综合分析的基础上，根据不同的前提条件，针对作战任务和自身发展需要，提出不同的电子信息装备体制方案。一般应包括下列内容：电子信息装备总体构成设想；电子信息装备的类别、品种及型号系列；电子信息装备编配层次及新老装备之间的替代关系；电子信息装备标准体制要求；对所提出的方案进行综合评价。

电子信息装备体制系列方案提出后，根据目标任务和使用特点，结合部队的实际情况制定电子信息装备编制方案，然后选择合适的评价方法，建立相应的评价模型，对编制方案进行综合评价和分析比较，并根据实际情况进行必要的调整和重新评价，直到满意为止。

4. 方案权衡优化与可行性分析

电子信息装备体制方案权衡优化的主要内容包括：主要进攻型电子信息装备与防御型电子信息装备的权衡优化；重点装备与一般装备的权衡优化；部门或单位之间的权衡优化；规模与质量的权衡优化；威慑能力与实战要求的权衡优化。

电子信息装备的可行性分析是指对构成电子信息装备体制的各类电子信息装备从经济、技术、周期等方面逐项进行可行性分析。

通过可行性分析、权衡优化和综合评价后，在诸多方案中选择一个比较符合实际的方案，并根据评价情况进行修改和补充完善，最后确定正式的电子信息装备体制方案，经评审后上报。

5. 提出实现电子信息装备体制方案的对策和措施

根据以往电子信息装备体制执行中存在的问题提出相应的政策措施和建议，同时为实现电子信息装备体制方案的顺利实施，提出采取的主要对策和措施。其主要内容包括：强化组织领导体制；完善标准规范；强化基础研究；研制实验平台和较强关键技术攻关基础的建设；制定激励措施政策；注重技术跟踪与应用研究；强化队伍的建设；国际交流等。

4.3 电子信息装备规划计划论证

从本质上讲，规划和计划基本上是一样的，都是为了实现组织系统的目标，根据任务和内外条件的预测分析与筹划所制定的未来行动方案。规划是对中长期目标的确定，而计划是对近期目标的安排，规划决定计划的方向、任务和主要内容，是制定计划的依据。

装备建设规划是依据装备发展战略和装备体制，结合军事需求和经费、技术可能，制定的装备建设的中长期目标，包括装备预先研究、研制、维修、调配和退役、报废等内容，分为装备建设五年规划、装备建设十年规划等，是装备建设的基本依据。装备建设计划是落实装备建设规划的具体安排，包括装备预先研究计划、研制计划、实验计划、购置计划、调配计划、维修计划、退役计划和报废计划等，通常按年度编制，必要时可跨年度制定。

电子信息装备规划计划论证是在电子信息装备发展战略目标和体制确定的前提下，研究电子信息装备建设进度安排和资源分配问题，确定出具体的发展步骤和重点项目，是科学地运用现有条件，用最短时间实现电子信息装备发展目标的论证研究工作，是电子信息装备发展战略和装备体制论证的全面展开、全面深化和具体落实，也是电子信息装备体系目标达成的关键环节。

4.3.1 电子信息装备规划计划论证的地位作用

我军同世界各国军队一样，历来重视武器装备建设的规划和计划工作，对每个时期规划、计划的制定，都组织有关人员进行充分分析、论证和研究，为武器装备规划、计划工作提供充分的科学决策依据，以确保装备建设规划、计划决策的科学性和可行性。电子信息装备规划计划论证的作用主要体现在以下三个方面。

1）贴近现实，提高电子信息装备建设的目的性

电子信息装备规划计划的制定，提出了电子信息装备的发展方向和规模，落实了达成目标的具体途径和措施，规定了进度和时间安排，使电子信息装备建设有了明确的方向、目标和依据，避免了建设的盲目性和不均衡性，促进了电子信息装备体系的形成。

2）促进电子信息装备建设工作的协调发展

电子信息装备建设涉及军队建设的方方面面，需协调发展和同步进行。装备规划计划制定后，使战场建设、兵力部署、编制调整、人员培训、工程建设、后勤和技术保障等工作有了依据，提高了电子信息装备建设的系统性，促进了电子信息装备建设工作的协同性，提高了建设效率。

3）促进电子信息装备建设科学化、标准化发展

电子信息装备规划计划中所预定的装备建设目标、基本任务和各项指标及提出的进度要求和实施方案等都很明确具体、经费充足，按照工程要求，标准化推进，提高规划计划的执行效率。

4.3.2 电子信息装备规划计划论证的主要内容

1. 需求与制约因素分析

电子信息装备规划计划论证的要求与发展战略论证的内容基本相同，只是更为具体。具体内容可参照 4.1.2 节的内容，这里不再赘述。

2．拟制规划纲要

在需求与制约分析的前提下，结合电子信息装备体制所确定的装备体制系列方案，拟制电子信息装备规划计划的总体战略，明确指导思想、发展目标、主要内容及组织管理等。

3．拟制电子信息装备研制计划

拟制规划纲要指导下提出并论证电子信息装备研制项目，对项目进行综合平衡，提出实现项目计划的对策与措施。

电子信息装备研制计划项目一般包括新研制项目、现有装备重大改进项目和接转项目，以及预研课题，并制定项目计划的对策和措施。

4．提出电子信息装备发展规划计划方案

根据研制计划，提出电子信息装备规划计划方案，并进行多方案选优，形成需求方案与可能方案。

需求方案：满足军事需求的发展建设方案，并提出装备生产和经费保障能力需求意见。

可能方案：综合考虑装备生产（引进）和经费约束，经努力能够基本满足军事需求的发展建设方案。其中，装备经费通常根据国民经济发展和国防投入增长预测，按上一个五年计划增长比例测算并适当倾斜，生产能力按设计生产能力测算。主要规划计划方案包括以下方面。

1）电子信息装备发展建设规划方案

依据电子信息装备发展战略和装备体制，从经费保障、技术水平和生产能力等方面进行综合分析和权衡优化，确定电子信息装备发展建设需求和可能的规划方案。其内容主要包括：电子信息装备发展的重点方向及重点项目；全军（各军兵种、各领域方向专业）电子信息装备经费需求、生产能力需求和购置数量预测；规划落实后，全军电子信息装备能够达到的总体规模和结构。

2）电子信息装备发展建设五年计划方案

依据上一期电子信息装备发展建设规划和装备体制的要求，从经费保障和生产能力等方面进行综合分析和权衡优化，确定电子信息装备发展建设中期计划方案。其内容主要包括：拟安排、拟完成、拟购置、拟保障、拟退役和消耗、拟维修的装备五年计划；计划落实后全军和军兵种的电子信息装备

能够达到的规模和结构。

3）中长期专项规划方案

电子信息装备发展建设中长期专项规划是根据专项任务或专项经费拟制的装备发展建设方案。其内容主要包括：型号研制专项、预先研究专项、技术基础专项、维修专项等。

4）电子信息装备发展建设年度计划方案

依据电子信息装备发展建设规划、装备体制和电子信息装备发展建设中长期规划，按照年度经费指标和生产能力，经综合分析和权衡优化，形成电子信息装备发展建设年度计划方案。其主要内容包括：预先研究类、型号研制类、装备购置类、退役消耗类、装备维修类、保障类、技术基础类年度计划方案等。

5. 进行方案综合评估

根据提出的电子信息装备发展规划计划方案，开展技术水平和基本能力评估，选择最优方案，提出发展建议。

技术水平评估：从总体技术水平和重点项目技术水平两个方面进行评估，评估时既要同发达国家比较，又要与现实作战对象的技术水平进行比较。

基本能力评估：根据电子信息装备总体规模和体系结构，采用定性和定量相结合的方法，评估电子信息装备作战能力和体系对抗能力，主要从信息作战能力、信息支援能力、综合保障能力三个方面开展。

电子信息装备宏观论证从电子信息装备发展战略论证开始，经过体制论证阶段，再到建设规划计划论证，各阶段环环相扣、逐步求精，是对电子信息装备建设发展问题从顶层谋划到具体实施的全面、闭环活动过程。从以上分析中可以看出，三种类型的电子信息装备宏观论证，虽然侧重点有所不同，但都按照论证的全寿命周期从需求入手，分析相关因素，借鉴经验和教学，提出构想或方案。开展电子信息装备宏观论证工作时按照《武器装备发展战略论证通用要求》（GJB 5283—2004），详细情况可参考国内相关研究学者李明、高善清、张明国、赵卫民、杨建军等编写的《武器装备发展系统论证方法与应用》《武器装备论证理论与系统分析》《宏观论证（武器装备规范化论证丛书)》《武器装备论证学》《武器装备发展论证》等著作，并结合具体论证情况进行裁剪组织实施。

需要特别指出的是，电子信息装备宏观论证从某种意义上讲也是电子信息装备论证过程，有效支持了电子信息装备体系设计、固化、实现。其中，电子信息装备体系发展论证在体系化思维指导下形成了未来 20 年各层次的电子信息装备体系设计成果；电子信息装备体系体制论证根据发展战略形成各类电子信息装备体系设计成果，根据军队情况采取制度化方式，固化了一定时期军队各类电子信息装备体系具体的结构形态；电子信息装备规划计划论证根据固化的电子信息装备体系结构形态，从时间和进度上保障电子信息装备体系在军队建设中的应用。电子信息装备宏观论证虽从电子信息装备论证出发，但体现的是不同阶段的电子信息装备体系论证过程，是电子信息装备体系论证的具体形式，将促进电子信息装备的体系化发展。

参考文献

[1] 李明，刘澎. 武器装备发展系统论证方法与应用[M]. 北京：国防工业出版社，2000.

[2] 张明国. 宏观综合论证[M]. 北京：海潮出版社，2005.

[3] 赵卫民. 武器装备论证学[M]. 北京：兵器工业出版社，2008.

[4] 杨建军，龙光正，赵保军. 武器装备发展论证[M]. 北京：国防工业出版社，2009.

[5] 雷亮. 装备发展战略思维[M]. 北京：军事科学出版社，2013.

[6] 施门松. 论海军装备发展宏观论证一体化[M]. 北京：中国人民解放军海军装备研究院，2005.

[7] 吴集，沈雪石. 国防科技发展战略研究中的定性定量分析方法及应用研究[J]. 国防技术基础，2010(3): 33-37.

[8] 游光荣，谭跃进. 论武器装备体系研究的需求[J]. 军事运筹与系统工程，2012, 26(04): 15-18, 57.

[9] 贝塔朗菲. 一般系统论——基础、发展和应用[M]. 林康义，魏宏森，译. 北京：清华大学出版社，1987.

[10] 吴坚，郭齐胜，董志明，等. 面向武器装备需求论证的作战任务体系生成技术[M]. 北京：国防工业出版社，2015.

第5章

电子信息装备体系需求论证方法

在武器装备论证领域，需求论证在内涵上有广义与狭义之分。广义的需求论证等同于武器装备论证，以需求分析为起始点，以满足需求为落脚点；狭义的需求论证主要聚焦于需求分析和生成本身，从装备体系的使命任务出发，按照作战任务需求分析、作战能力需求分析、装备体系需求分析和装备型号需求分析等几个阶段，完成关键需求方案的获取、分析、生成、映射和评估。本章以电子信息装备体系为具体的论证对象，阐述其需求论证目标与内容、需求论证机制、需求描述规范，以及论证流程和技术框架。

5.1 电子信息装备体系需求论证的目标与内容

5.1.1 电子信息装备体系需求论证的基本内涵

1. 需求

IEEE 对需求的定义：解决用户问题或达到系统目标所需要的条件；为满足一个协约、标准、规格或其他正式文档，系统或系统组件所需要满足和具备的条件或能力。这个定义分别从使用者和开发者两个方面描述了需求的内涵。对于使用者而言，需求是系统满足使用者要求的属性、功能、性能等特征；对于开发者来说，需求是系统应具备的行为、能力、属性等特征，是设计和开发系统的输入。

2. 需求论证

需求论证是一个认知过程，即科学地分析出使用者对系统的能力、功能、性能、属性等要求，并为开发者提供规范的文档化描述。电子信息装备体系需求论证主要关注三个问题：一是必要性论证，从价值角度分析"是否需要这个系统"的问题；二是特征性论证，在解决"是否需要"问题的前提下，从能力、功能、性能、属性等方面分析"需要什么样的系统"的问题；三是可行性论证，从技术可行性、经济可行性及建设周期等方面分析"需要的系统是否可实现"的问题。

在武器装备需求论证中，生成的需求解决方案一般包括装备解决方案和非装备解决方案。本书重点关注电子信息装备体系需求论证中装备体系的能力、功能、性能等需求生成问题，不包括非装备解决方案的论证。

3. 需求工程

所谓需求工程，是指应用已证实有效的技术、方法进行需求分析，确定用户需求，帮助分析人员理解问题并定义目标系统的所有外部特征的一门科学。军事需求工程是需求工程技术在军事领域的具体应用，是在军事背景和作战场景下，从完成使命任务、达成作战目标的角度出发，运用工程化方法手段分析体系的使命、任务、能力、功能、性能等外部特征，解决需求牵引问题。

电子信息装备体系需求工程是军事需求工程的子集，以电子信息装备体系为论证对象，采用军事需求工程方法、技术和手段，分析确定使命任务对电子信息装备体系所有外部特征的要求，并采用规范化的描述方法，系统刻画电子信息装备体系的行为特征和相关约束，为体系设计和建设提供依据。

5.1.2　电子信息装备体系需求论证的主要内容

根据相关参考文献对 C4ISR 系统军事需求内容的定义，本书将电子信息装备体系需求分为使命任务需求、任务能力需求、装备体系需求三个部分（见表 5-1）。

表 5-1　电子信息装备体系需求层次

层　　次	领　　域	业务承担者	需 求 内 容
使命任务需求	问题域	高层作战部门、SME	作战样式和面临的使命
任务能力需求	问题域	SME、概念建模人员	任务能力清单
装备体系需求	解域	技术人员	体系的外部特征、内容组成结构、内外部关系，以及量化的功能性能要求

注：SME 为主题专家，即 Subject Matter Expert。

（1）使命任务需求：在国家安全形势和军事战略方针的指导下，在分析电子信息装备体系作战运用环境和使命任务的基础上，明确电子信息装备体系的顶层任务目标和能力需求。

（2）任务能力需求：根据电子信息装备体系的使命需求，分解形成电子信息装备体系的作战任务清单，并映射形成支撑作战任务完成的能力需求清单。

（3）装备体系需求：依据能力需求清单，从能力实现的角度，分析电子信息装备体系的外部特征、内容组成结构、内外部关系，以及量化的功能性能要求。

使命任务需求和任务能力需求属于问题域（Problem Domain，PD），装备体系需求属于解域（Solution Domain，SD）。

5.1.3　电子信息装备体系需求论证的基本方法

需求论证是一个由问题域到解域的逐步展开和递进的过程，需要合适的方法学支撑。随着体系工程理论和体系结构方法的不断成熟和发展，更具可操作性的工程化需求论证方法不断出现，为电子信息装备体系需求论证提供了有益的借鉴和参考。常用的需求论证方法包括以下几种。

1．基于体系工程的需求论证方法

目前，体系工程方法已经成为开展武器装备体系需求论证工作的重要支撑。以美军"联合能力集成与开发系统"（Joint Capabilities Integration and Development System，JCIDS）为代表，形成了一套面向武器装备体系需求论证的工程化技术框架和指导需求论证的理论、方法、技术、模型、规范等，一般采用瀑布式模型，按照作战概念设计、任务需求分析、能力需求分析、体系需求分析、体系结构优化设计等几个阶段实施，可有效提升武器装备体系需求论证的系统性、科学性和前瞻性。

2．基于体系结构的多视图需求论证方法

体系结构方法是一种基于多视图思想的体系顶层设计和分析方法，运用体系结构框架作为指导原则和指南。在美国提出将国防部体系结构框架（DoDAF）用于指导美军武器装备体系建设并取得巨大成功之后，体系结构方法被世界各国借鉴或采用，成为各国设计和开发武器装备体系遵循的事实

标准。针对电子信息装备体系需求覆盖领域广、对象复杂，以及涉及人员类型众多等特点，运用多视图思想，从不同人员的视角分析对电子信息装备体系作战、能力、服务、系统、技术等不同方面的需求，构建需求映射模型，准确获取、提炼体系的建设需求，并采用不同的体系结构框架产品分别对各类需求进行可理解的、标准化的描述，架起不同领域之间的沟通桥梁。

3. 作战概念牵引的需求论证方法

作战概念是基于体系使命任务和作战环境设计的作战样式和行动方案，是武器装备体系设计和建设的顶层输入。作战概念牵引的需求论证方法是以满足作战任务对武器装备体系能力的需求为目标，在使命需求获取的基础上，对使命任务进行分解，并建立起作战概念模型，形成作战概念模型库，再为每项作战概念规划满足作战目标要求的作战能力，遵循"作战概念—作战能力—装备体系—核心技术"的需求论证思路，从需求牵引角度论证提出对装备体系的各项要求，从能力支撑角度论证装备体系对作战需求的满足程度。

5.2 电子信息装备体系需求论证机制

5.2.1 需求论证指导理论

需求是当前推动部队发展和装备建设的重要牵引，"基于威胁""基于效果""基于能力"是当前需求论证工作的重要指导理论。

（1）基于威胁的需求论证理论。其目标具有明显的针对性和指向性，从己方面临的主要军事威胁出发，以应对威胁挑战、保护己方国家和军事安全为目标，构建典型的对抗想定，通过场景化的力量对比分析，找出己方的短板弱项，提出作战能力需求规划，牵引装备体系的建设发展。

（2）基于效果的需求论证理论。其主要思路是按照"预期战略目的—所需作战效果—作战行动集合—能力需求集合"的顺序，首先确定总体战略目标，其次确定达成战略目标所需要实现的作战效果及支撑作战效果的作战行动集合，最后建模评估并优选行动方案，提出作战能力集合，牵引装备体系的建设发展。

（3）基于能力的需求论证理论。该理论是"基于威胁"和"基于效果"的需求论证理论的结合，其综合考虑军事威胁、作战效果和装备全寿命运用的整体能力要求，重点关注"战争将以何种方式进行"，是从"基于威胁"向

"基于能力"的转变，从传统局部作战需求生成转向聚焦整体作战能力生成。

随着战场信息化和力量对抗体系化特征的更加凸显，"基于能力、面向体系"的作战需求论证理论可以应对多样化的常规战争威胁和非常规威胁，更加注重长远利益，前瞻性和逻辑性更强，符合一体化联合作战发展的基本要求，是当前和未来一段时间内作战需求研究的基本指导理论。

美军通过构建需求生成系统，形成了比较规范的装备需求生成机制。2003 年以前，美军长期利用需求生成系统（Requirement Generation System，RGS）确定军事需求，以军种为主导提出武器装备发展需求，实现了"自下而上"的军事需求生成程序，但是由于机制和需求分析方法的原因，美国国防部对全军作战需求统筹力度不够，造成各军种武器装备之间重复建设，无法满足未来一体化联合作战需要。

美国国防部于 2003 年制定并颁发了参联会主席指令 3170.01 系列文件，提出以国防部为主导的、"自上而下"的联合能力集成与开发系统（JCIDS），取代过去以军种为主导的"自下而上"的需求生成系统，如图 5-1 所示。

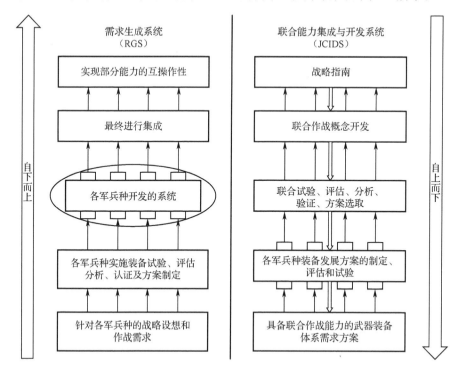

图 5-1　美军两种需求生成机制对比

2005 年，美国国防部进一步完善了联合能力集成与开发系统，更加突出联合能力需求的管理，确保装备"生而联合"。该系统贯彻了一种基于能力的方法和程序，通过美国参联会、各军种，以及国防部长办公厅的合作，应用多种有效、可行的分析方法和技术生成一体化联合作战所需要的各种能力，从而充分实现了各军种之间的互联互通和互操作性。

JCIDS 分析过程由功能领域分析（Functional Area Analysis，FAA）、功能需求分析（Functional Needs Analysis，FNA）、功能解决方案分析（Functional Solutions Analysis，FSA）和事后独立分析（Post Independent Analysis，PIA）四个结构化步骤组成。在联合概念体系的指导下，采用基于能力的需求分析方法，分析能力需求与能力差距，给出覆盖联合条令、机构、训练、装备、领导和培训、人员及设施（DOTMLPF）全领域的联合能力开发方案，如图 5-2 所示。

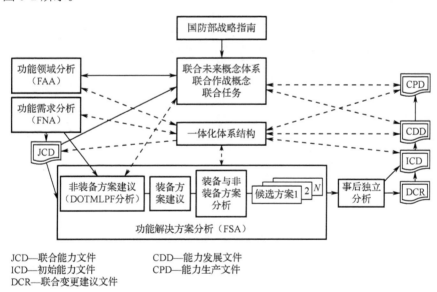

JCD—联合能力文件　　　　CDD—能力发展文件
ICD—初始能力文件　　　　CPD—能力生产文件
DCR—联合变更建议文件

图 5-2　联合能力集成与开发系统分析过程

5.2.2　电子信息装备体系需求论证的主要环节

需求论证是极为复杂的思维过程，科学的需求生成，并不是需求分析人员主观想象的产物，而是要遵循一定的客观发展过程，按照一定模式，经过必要的程序逐步提炼出来的。

电子信息装备体系需求论证的基本框架是需求生成所采用的基本思想

和方式，是一种成型的、能供需求论证人员直观参考运用的完整框架，能够有效指导需求论证人员在理解和分析需求时，确定需要分析的主要内容及其相互关系，界定需求分析的主要步骤或层次。在需求生成的过程中应尽可能遵循需求工程的生命周期模型，如图 5-3 所示。

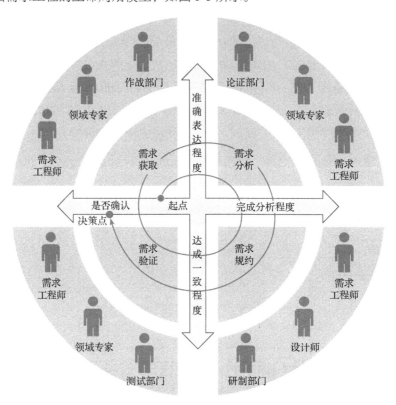

图 5-3　需求工程的生命周期模型

参考联合能力需求生成机制，提出"概念牵引、面向任务、基于能力"的作战部门与装备部门协调一致的需求生成模式。

（1）"概念牵引"强调需求生成必须以使命任务和作战概念为基点。

（2）"面向任务"强调电子信息装备体系需要完成的多样化作战任务。

（3）"基于能力"强调的是电子信息装备体系应具备的能力。

电子信息装备体系需求论证一般分为需求分析和需求审查两个阶段，如图 5-4 所示。需求分析阶段的主要任务是形成电子信息装备体系需求方案，需求审查阶段的主要任务是针对形成的需求方案进行审核确认。这两个阶段形成一个闭环，反复迭代，直到形成的需求方案通过审核确认为止。

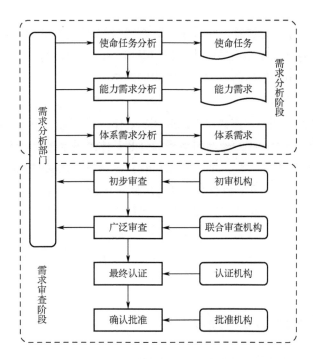

图 5-4　电子信息装备体系需求论证的主要阶段

在上述两个阶段中，涉及两种类型的流程，一种是业务流程，主要反映电子信息装备体系需求生成过程中涉及的环节、部门、职责、关系（包括协调关系和时序关系）等要素，是需求生成的工作流；另一种是技术流程，主要体现电子信息装备体系需求生成过程中作战概念—作战任务—作战能力—体系需求等要素之间的映射关系和映射过程，是需求生成的信息流。

在需求生成过程中，业务流程牵引技术流程，技术流程支撑业务流程核心环节的实现。

（1）业务流程环节。

在业务流程环节，强调作战部门与装备部门协调一致，作战部门提需求，装备部门搞发展，装备部门与作战部门有机结合，"自上而下和自下而上"相结合的需求生成的管理模式。具体步骤如下：

① 采用"自上而下"模式，由联合需求审查委员会依据作战概念进行顶层设计，提出电子信息装备体系任务需求和能力需求，由作战部门、装备部门、研究机构有关人员组成的需求生成机构提出体系需求。

② 采用"自下而上"模式，由需求生成机构根据各自领域的应用实践和发展前景，提出对电子信息装备体系任务需求或能力需求的修改建议和新

的装备发展需求。这种需求生成模式具有很强的系统协调性和整体联动性，既可以强化需求生成的顶层设计和统筹谋划，又能兼顾装备应用实践和技术推动力，实现电子信息装备体系需求生成的统一。

（2）技术流程环节。

在技术流程环节，按照作战任务需求、作战能力需求、装备体系需求分别从任务域、能力域和装备域对电子信息装备体系需求进行描述。主要内容是建立作战任务需求、作战能力需求与装备体系需求之间的关联关系，确立"国家利益是什么—国家利益面临什么威胁—作战概念是什么—打什么仗—需要什么样的军事能力—可能具备什么样的经济和技术条件—应发展什么样的武器装备体系—采取什么样的措施"是确保作战任务需求、作战能力需求和装备体系需求一致性的关键，也是提高电子信息装备体系需求科学性的重要支撑。

5.3 需求分析规范描述

5.3.1 使命任务分析规范化描述

使命任务分析主要是指根据电子信息装备体系作战使命，着眼于体系对抗，分析该作战体系可能的作战环境和潜在的作战对手，进而提出作战体系的具体行动构想方案，并从作战节点、作战节点信息交互、作战组织、作战活动、作战规则和作战过程时序关系等几个方面进行详细分析，从而生成以作战任务清单、作战节点集合、作战节点信息交互矩阵等为核心的电子信息装备体系军事需求。使命任务分析功能模型如图 5-5 所示。

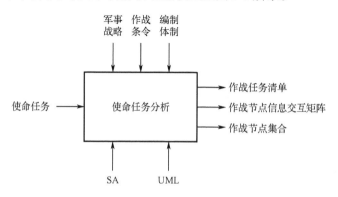

图 5-5　使命任务分析功能模型

1）基本功能

根据电子信息装备体系使命任务，分析获得作战体系的作战节点集合、作战节点信息交互矩阵和作战任务清单，从而详细刻画装备发展的作战需求。

2）输入内容

输入内容包括我军的国家军事战略、军队作战理论、军队力量组成、武器装备体系和装备使命任务，以及国际军事形势和潜在对手的军事力量组成及部署等。

3）输出内容

输出内容主要包括以电子信息装备体系为核心的作战体系的作战节点集合、作战节点关系集合、作战节点信息交互矩阵和作战任务清单。

4）模型约束

使命任务分析必须要反映国家军事战略、作战指挥理论、武器装备发展现实和未来战争的发展趋势，突出装备使用的典型性，兼顾装备使用的普遍性，体现作战要素的联合性。

5.3.2　能力需求分析规范化描述

能力需求分析主要根据作战任务需求，通过作战任务与作战能力的映射分析，得到电子信息装备体系的作战能力需求，作为分析装备体系解决方案的输入，明确电子信息装备体系的能力需求清单和能力指标。能力需求分析模型如图 5-6 所示。

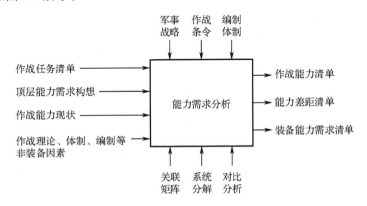

图 5-6　能力需求分析模型

1）基本功能

根据使命任务分析中明确的作战任务清单和顶层能力需求构想，采用关联矩阵、系统分解、对比分析等方法,分析各项作战任务对作战能力的需求,并形成作战能力清单。在此基础上,比较分析能力需求与能力现状之间的差距,构建电子信息装备体系待发展装备的能力指标清单。

2)输入内容

输入内容为作战任务清单、顶层能力需求构想、作战能力现状,以及与作战直接相关的作战理论、编制、体制等。

3)输出内容

输出内容主要包括完成特定作战任务的作战能力清单、能力差距清单和装备能力需求清单。

4)模型约束

与使命任务分析的模型约束和要求一致。

5.3.3 装备体系需求分析规范化描述

电子信息装备体系需求分析是指为了满足作战能力需求,以消除能力差距为目标,分析、设计电子信息装备体系应包含的要素和各要素间的内在联系,以及体系应具有的功能、性能和技术约束。装备体系需求分析模型如图 5-7 所示。

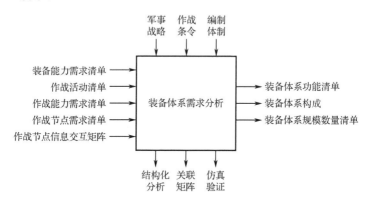

图 5-7　装备体系需求分析模型

1)基本功能

根据装备能力需求清单、作战能力需求清单和作战能力差距等,采用结构化分析、关联矩阵和仿真验证等手段,在军事战略、作战条令和编制体制的约束下,分析特定使命任务要求下电子信息装备体系的功能清单、构成及规模数量清单等。

2）输入内容

输入内容为装备能力需求清单、作战能力需求清单和作战能力差距等。

3）输出内容

输出内容为特定使命任务要求下电子信息装备体系的功能清单、构成，以及规模数量清单等。

4）模型约束

与使命任务分析的模型约束和要求一致。

5.3.4 装备型号需求分析规范化描述

装备型号需求分析的主要对象领域是装备域，并通过功能域（使命任务）和需求域（能力需求）反映装备型号的动态行为特征，涉及装备作战运用、结构组成、指标设计等内容。装备型号需求分析模型如图 5-8 所示。

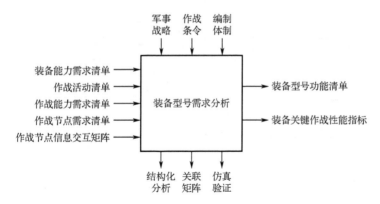

图 5-8 装备型号需求分析模型

1）基本功能

根据使命任务分析提出的作战任务清单，根据能力需求分析提出的能力差距清单及装备能力需求清单，考虑体系作战的功能要求和结构约束，提出装备型号的功能划分和结构组成，并以此为基础提出装备型号的关键作战性能指标，为进一步开展电子信息装备型号战术技术性能指标论证奠定基础。

2）输入内容

输入内容为装备能力需求清单、作战活动清单、作战能力需求清单、作战节点需求清单和作战节点信息交互矩阵。

3）输出内容

输出内容为装备型号的功能清单及关键作战性能指标。

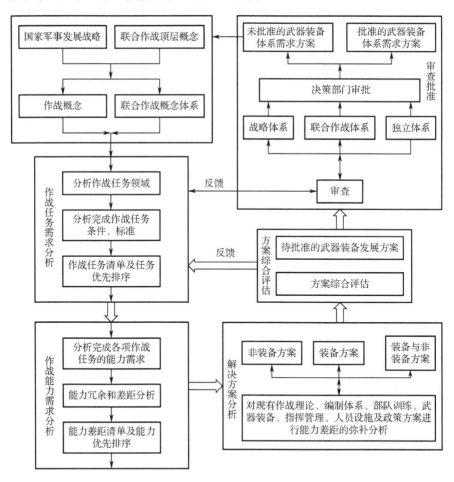

4）模型约束

与使命任务分析的模型约束和要求一致。

5.4 电子信息装备体系需求论证的一般程序

在开展电子信息装备体系需求论证过程中，既要借鉴国外在本领域先进的经验和做法，又要结合我军现状和实际情况，兼顾未来的建设发展需求和当前的紧迫作战任务。电子信息装备体系需求论证的一般程序包括作战概念分析、作战任务需求分析、作战能力需求分析、解决方案分析、方案综合评估和审查批准六个主要阶段，如图 5-9 所示。

图 5-9 电子信息装备体系需求生成程序

要发挥军事需求对电子信息装备体系建设的牵引作用，将宏观的军事需求转化为对电子信息装备体系建设的具体指导上。电子信息装备体系需求生成程序具有层次性，其本质是逐层细化、逐层影射的过程，最终实现宏观军事需求向具体装备型号需求的转化。电子信息装备体系需求论证是一个循环的反复迭代过程，以此来实现体系需求的螺旋式增量开发。

5.5　电子信息装备体系需求论证的技术框架

　　以作战概念设计为牵引，结合电子信息装备体系作战任务需求分析、作战能力需求分析、作战需求评估优化和装备体系需求分析等几个方面，明确不同方面的研究目标及其相互关系，建立电子信息装备体系需求论证的总体技术框架，如图 5-10 所示。

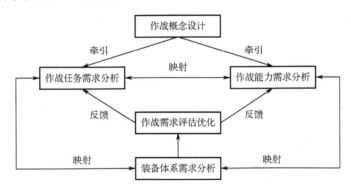

图 5-10　电子信息装备体系需求论证的总体技术框架

　　（1）以电子信息装备体系作战概念设计为起点，分析得到电子信息装备体系作战的使命。

　　（2）分析生成满足作战使命要求的关键任务需求清单，并提出任务指标体系。

　　（3）通过任务—能力映射，生成电子信息装备体系作战能力需求清单，并分析现有能力与所需能力的差距，形成电子信息装备体系作战能力需求方案。

　　（4）基于能力需求分析结论，生成符合结构合理、要素完备、关系协调、总体匹配等一系列要求的体系需求方案（体系需求方案包括非装备解决方案和装备解决方案，本书的研究范围仅限于装备论证问题，以下不做特殊说明的情况下，体系需求方案均指装备解决方案）。

　　运用 IDEF0 分析建模方法，分析各个需求活动的输入（I）、输出（O）、控制（C）、机制（M）等各要素，建立电子信息装备体系需求论证 ICOM 图，如图 5-11 所示。

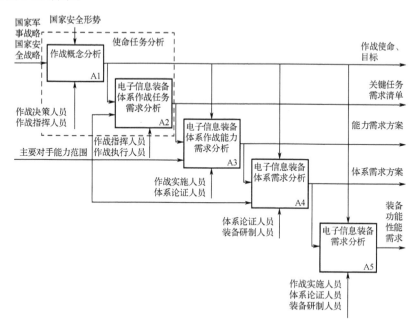

图 5-11　电子信息装备体系需求论证 ICOM 图

5.5.1　作战概念分析

电子信息装备体系作战概念分析是指站在国家安全的高度，在联合作战的背景下，确定电子信息装备体系作战的战略指导方针，明确电子信息装备体系作战的使命。电子信息装备体系作战概念分析活动模型如图 5-12 所示。

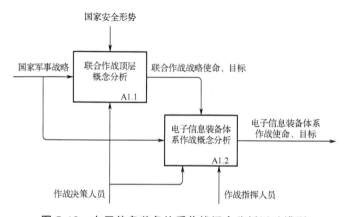

图 5-12　电子信息装备体系作战概念分析活动模型

在技术实现上，采用模型驱动的电子信息装备体系作战概念设计技术，通过对任务背景、运用方式、能力需求和装备需求的宏观设计，形成对电子信息装备体系作战样式的整体描绘，基本框架如图 5-13 所示。

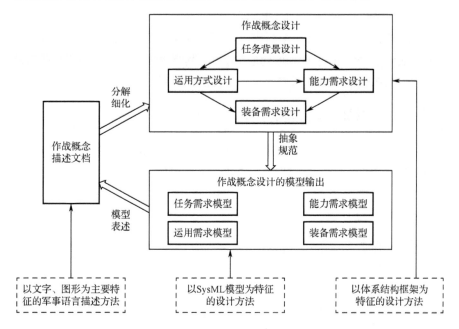

图 5-13　模型驱动的电子信息装备体系作战概念设计技术框架

作战概念是一种用文字或图形说明联合作战指挥员对于一次军事行动或一系列军事行动设想或意图的描述。本书认为作战概念可分为应急作战概念、近期作战概念、中远期作战概念。应急作战概念描述了战略、战役、战术指挥官如何组织并运用兵力，解决目前急迫的军事问题。近期作战概念描述了战略、战役、战术指挥官如何在近期（从现在到未来 5 年或 8 年）组织并运用兵力，解决可能出现的军事问题。中远期作战概念描述了战略、战役、战术指挥官如何在中远期（未来 8～20 年）组织实施联合作战。作战概念设计将生成多种作战任务或多种军事能力，这些任务或能力将用于电子信息装备体系需求论证，以确定作战任务需求、作战能力差距、重复及其潜在的作战理论、编制体制、部队训练、武器装备、指挥管理、人员设施与政策解决方案。

作战概念分析，从广义上讲可以指作战概念开发的全过程，从狭义上讲指依据作战概念分析完成作战概念所要执行的任务和所要具备的能力的过程。在电子信息装备体系需求论证程序中，作战概念分析指狭义的作战概念分析。它的输入是电子信息装备体系要完成的作战概念和联合作战概念体系，输出是所要执行的作战任务清单。如果依据应急作战概念进行分析，其结果应当是明确的应急作战任务；如果依据近期作战概念进行分析，其结果应当是多样化的作战任务，牵引出的是完成多样化作战任务所需的作战能力体系；如果依据中远期作战概念进行分析，其结果应当是未来的作战能力需求构想，牵引出的是武器装备体系建设发展的目标。

5.5.2 作战任务需求分析

作战任务需求分析主要解决"完成哪些任务、如何完成任务"的问题，旨在明确完成预期作战使命的作战任务、条件和标准，形成作战任务清单，包括确定作战使命任务分解、作战活动分析、作战组织关系分析等内容。具体流程如图 5-14 所示。

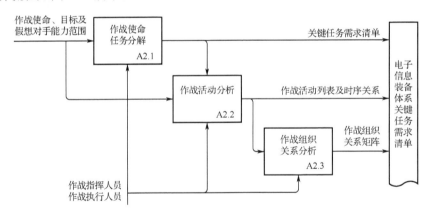

图 5-14 电子信息装备体系作战任务需求生成活动模型

（1）作战使命任务分解。根据电子信息装备体系作战使命任务及假想对手的能力范围等，分析未来时间节点上可以完成作战使命的具体作战任务及其典型作战样式。

（2）作战活动分析。依据作战任务和作战样式，制定作战行动方案，描述作战行动之间的动态执行过程。

（3）作战组织关系分析。对作战任务之间的信息流关系进行分析，确定作战单元的组织结构关系。

在实现方面，采用体系结构设计方法，按照使命—任务—活动逐层细化分解的方法，将作战使命用作战活动、作战节点、角色、信息进行分析和规范，具体流程如图 5-15 所示。

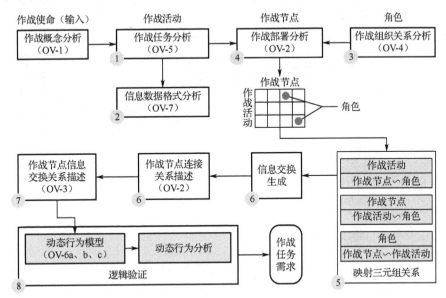

图 5-15　基于体系结构技术的任务需求生成流程

5.5.3　作战能力需求分析

作战能力需求分析以作战任务需求分析中确定的任务为依据，在给定的条件和标准下，确定完成作战任务的能力需求，通过评估现有的和计划的作战系统能力，得出能力差距清单。通过作战能力需求分析，找出缺陷，寻求解决途径。

作战能力需求生成是解决"完成作战任务目标参战人员和装备/系统必须具备什么样的能力"的问题，以作战任务需求分析中确定的电子信息装备体系作战任务为依据，结合假想对手的作战能力范围，确定完成作战任务的能力需求，形成作战能力清单。这个过程也可以理解为作战任务到作战能力的映射过程。具体包括作战任务—能力分解、作战能力指标分析和作战能力排序等活动。将参战人员的能力做理想化处理，作战能力仅考虑装备/系统层面的能力，需求生成活动模型如图 5-16 所示。

电子信息装备体系涉及大量高新技术，作战环境比较复杂，武器系统的功能性能和作战条件都在很大程度上影响作战能力的发挥，因此作战能力需求生成需要综合考虑作战部门、论证部门和研制部门的意见。

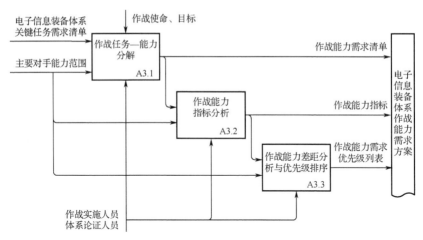

图 5-16　电子信息装备体系作战能力需求生成活动模型

5.5.4　装备体系需求分析

装备体系需求分析是解决"如何构建物质/非物质保障,确保提供有效装备体系作战能力,用于完成作战任务、达成作战使命"的问题。在作战使命任务指导下,以能力需求方案为输入,以消除能力差距为目标,对可能的装备体系发展方案和编制、体制、政策等改革方案进行分析与评估,得出体系的功能、性能和技术约束,提出满足作战能力需求的体系建设方案。具体内容包括非装备方案分析、装备方案分析、需求方案评估,活动模型如图5-17所示。依据作战能力需求分析确定的一种或多种能力差距,通过综合分析找

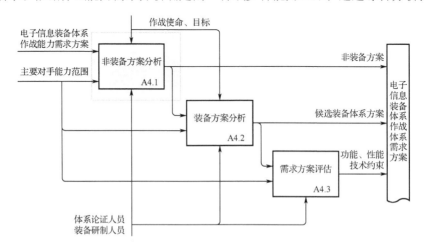

图 5-17　电子信息装备体系作战体系需求生成活动模型

出各种可能弥补能力差距的非装备方案、装备方案，以及装备和非装备方案的组合方案。

5.5.5　需求方案评估优化

需求方案评估优化采用包括面向使命任务的电子信息装备体系作战能力需求满足度评估和基于电子信息装备仿真的作战需求方案评估两种方法。

面向使命任务的电子信息装备体系作战能力需求满足度评估以电子信息装备体系作战的使命任务为依据，通过使命任务的分解提出作战能力需求，进而分析电子信息装备体系作战固有作战能力满足其使命任务作战能力需求的程度，突出电子信息装备体系作战的编组配置和作战运用对作战能力的影响，其分析框架如图 5-18 所示。

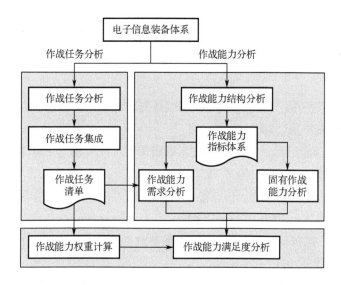

图 5-18　面向使命任务的电子信息装备体系能力需求满足度分析框架

基于电子信息装备仿真的作战需求方案评估，需要在对抗条件下，以具体想定的作战环境和兵力编成为背景开展评估分析。该评估方法不仅能够再现评估中的战斗实施过程，还可以通过参数设定分析不同装备、不同性能指标对作战效能的影响，其基本框架如图 5-19 所示。

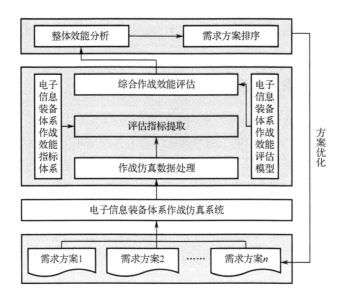

图 5-19　基于电子信息装备体系作战仿真的作战需求方案评估框架

参考文献

[1] 张猛，郭齐胜，王晓丹，等. 武器装备需求论证基本概念研究[J]. 装甲兵工程学院学报，2011, 25(6): 1-5.

[2] 廖福钊，路友荣，马云. 军事信息系统需求工程现状与发展[J]. 指挥信息系统与技术，2013(10): 6-11.

[3] 邓鹏华，毕义明，姜志平，等. C4ISR 系统军事需求开发方法研究[J]. 现代防御技术，2009, 37(3): 57-63.

[4] 杨克巍，赵青松，谭跃进，等. 体系需求工程技术与方法[M]. 北京：科学出版社，2011.

[5] 陈文英，张兵志，谭跃进，等. 基于体系工程的武器装备体系需求论证[J]. 系统工程与电子技术，2012, 34(12): 2479-2484.

[6] 王智学，陈国友，陈剑，等. 指挥信息系统需求工程方法[M]. 北京：国防工业出版社，2012.

[7] 闫小伟，李承延，冯占林. 军事电子信息系统能力需求分析概述[J]. 现代防御技术，2012, 40(4): 12-16, 31.

[8] 郭齐胜，杨秀月，赵东波，等. 陆军武器装备需求生成机制创新[J]. 装甲兵工程学院学报，2008(2): 1-5.

[9] 姚延军，王红，谭贤四，等. DoDAF V2.0 在军事信息系统建设中的应用分析[J]. 空军雷达学院学报，2012, 26(2): 115-118, 123.

[10] 孙兵成，熊焕宇，郑刚. 基于 DOD 2.0 的军事信息系统需求分析方法[J]. 兵工自动化，2012, 31(8): 6-9.

[11] 张英，王智学，刘晓明，等. 面向服务的 C4ISR 系统能力需求分析与建模方法[J]. 解放军理工大学学报：自然科学版，2012, 13(3): 276-281.

[12] 郭齐胜，董志明，樊延平，等. 装备需求论证工程化理论与技术[M]. 北京：国防工业出版社，2016.

[13] 郭齐胜，樊延平，穆歌，等. 装备需求论证理论与方法[M]. 北京：电子工业出版社，2017.

[14] 杨东昌，马永忠，宋科. 武器装备体系需求论证研究[J]. 中国设备工程，2021(12): 250-251.

第6章

电子信息装备体系结构论证方法

电子信息装备体系的结构不仅包括软件、硬件等物理部件，还包括数据、活动、人员等逻辑部件，部件之间的关系包括层次关系、布局关系、边界关系、接口关系等。电子信息装备体系结构设计是体系论证的重要组成部分，是对电子信息装备体系的作战使命任务、作战流程、组成结构、功能结构及其技术发展要求的体系化论证。本章围绕体系论证目标，详细阐述电子信息装备体系结构论证及其分析方法，为电子信息装备体系顶层设计提供技术支撑。

6.1　体系结构论证方法概述

6.1.1　体系结构的概念

体系结构，也称体系架构。架构（architecture）表示系统的组成单元及其相互关系，以及指导系统设计和发展的原则与指南。体系结构的概念最早源于建筑领域，表示建筑物本身的一些样式、建筑结构等。计算机和信息系统产生之后，将体系结构的概念引入信息系统和计算机、系统工程领域。

在系统工程领域，体系结构方法是为解决大型复杂系统建设而出现的一个新的研究领域，它的主要目的是描述清楚大型复杂系统的组成单元、各单元之间的关系及制约它们的原则和指南，以供系统决策人员、系统分析人员、系统设计人员、系统实施人员，以及系统部署人员进行交流与沟通，为系统集成、信息共享提供基础和依据。

在军事领域，体系结构研究是随着现代作战理念和 C4ISR 系统的不断发展而提出的。海湾战争以来，美军逐渐认识到推进 C4ISR 系统之间的互联互通互操作、实现一体化联合作战是取得战场胜利的关键。美国国防部首先提出体系结构的概念，以及体系结构框架，以此指导美国国防部各军兵种的建设和发展。此外，英国、澳大利亚、挪威等国家的军事部门也先后将体系结构技术应用于军事领域。各国多年的实践证明，作为系统顶层设计的一个重要组成部分，体系结构设计的质量是保证军事信息系统之间可集成、可互操作的关键。体系结构技术对提高军事系统的作战能力和实现一体化联合作战有较强的推动作用。

目前，随着体系结构技术应用的不断深入，其作用也从解决信息系统的互操作性、提升信息系统的集成能力等方面，逐渐扩展到支撑军事信息系统和武器装备体系的需求论证、规划计划、立项论证及研制建设等不同阶段的活动。

6.1.2　美军体系结构论证方法的发展历程

体系结构方法和技术是对用于规范体系结构设计的体系结构框架，用于开发体系结构产品的体系结构设计工具、知识库及相关参考资源，以及用于验证评估体系结构产品的体系结构评估工具等相关技术的统称。体系结构技术已成为美军进行武器装备体系顶层设计和装备论证的重要手段，并日益展现出显著的优点和巨大的潜力，有力地支持了军队转型和信息化武器装备体系的建设。为了构建适应 21 世纪战争需要的武器装备体系，一些发达国家和地区的军队也纷纷仿效美军的做法，开展体系结构技术研究，推动了体系结构技术方法理论研究和应用实践的不断深入，体系结构设计工具、数据模型、知识库等也在不断发展和完善。随着信息技术的广泛应用，美军已将体系结构技术的适用范围从 C4ISR 领域扩展到国防部的各个任务领域，将其作为构建一体化武器装备体系、实现转型的重要技术手段，不断完善体系结构的开发规范，大力推进体系结构的开发进程，加快研制体系结构的开发工具，积极探索提高体系结构开发效率和质量的方法和手段。体系结构技术已经成为美军验证和评估新的作战概念、进行军事能力分析、制定投资决策、分析系统互操作性、拟制作战规划的重要手段和依据。

20 世纪 90 年代之前，美国各军种、国防部各局独立而分散建设各种 C4ISR 系统，不同部门采用不同的方法描述系统的体系结构，缺乏统一术语、标准和规范，致使大多数系统无法集成和互操作。海湾战争后，美军开始规范体系结构设计方法，于 1996 年 6 月、1997 年 12 月相继颁布《C4ISR 体系结构框架》1.0 版和 2.0 版（以下简称《框架》），在军事领域率先提出 C4ISR 体系结构设计指南。1998 年 2 月，美国国防部体系结构协调委员会颁布行政命令，要求在国防部内推广使用《框架》2.0 版。在推广过程中，不断反馈和总结实际体系结构设计经验，为进一步修改《框架》提供依据。

进入 21 世纪后，一方面，美国针对威胁环境的重大变化，提出基于能力的装备规划思路；另一方面，随着武器装备信息化水平的不断提高，武器装备体系的复杂程度日益增加。这些都迫切需要建立一种新的方法，全面、系统地评估既有的系统和新部署的系统，确定所需的联合作战能力，提出和验证作战需求，全方位、同步考虑条令、组织、训练、物资、领导、教育、人员和设备的发展。多年的应用实践证明，《框架》规定的体系结构设计方法，是厘清复杂巨系统相互关系、解决信息系统互操作性、提高系统建设效率的行之有效的方法。因此，美国国防部以《框架》为基础，于2004 年 11 月颁布了《国防部体系结构框架》1.0 版，将这一方法扩展到所有军事领域。

随着新军事变革的深入发展，美军将网络中心战（NCW）确定为信息时代联合作战的新的作战样式。为了适应网络中心战的发展，美国国防部于2004 年 4 月颁布了《国防部体系结构框架》1.5 版。该框架虽然是一个过渡版本，但提出了一些创新概念和新思想，更加明确要以数据为中心开展体系结构设计。

2009 年 5 月，美国国防部制定颁布《国防部体系结构框架》2.0 版，这是面向网络中心环境的正式版。该版本将促进美国国防部向联合能力集成与开发系统、基于能力的规划与分析、投资组合管理、面向服务的结构、战略企业规划、系统采办、网络中心化等方面的根本转变，提供一种以数据为中心的方法，使体系结构直接与国防部核心业务流程的任务效能和目标建立联系。DoDAF2.0 由原有 DoDAF1.5 的 4 个视图（作战视图、系统和服务视图、技术标准视图、全视图）转变为 8 个特定的视角（全视角、能力视角、数据和信息视角、作战视角、项目视角、服务视角、标准视角、系统视角），每个视角包含多个视图模型，共计 52 个，采用视角描述的方式，使得不同决策人员能从不同立场、观点和角度对体系结构进行观察、分析与研究。后续美国国防部发布了 DoD 体系结构框架 2.01 版和 2.02 版，其核心思想与 2.0版基本一致。

6.1.3　体系结构开发的一般流程

按照体系结构框架确定的基本原则和具体规则，体系结构开发的步骤如图 6-1 所示，一般分为 6 个步骤。在开发体系结构的 6 个步骤中，前 4 个步骤基本上是确定体系结构的用途和目的，确定体系结构描述的范围、运行的背景、环境条件和其他条件，确定体系结构需要拥有的信息，以及要构建的视图与产品。使用部门和用户在这 4 个步骤中起着决定性作用，当然也要求体系结构开发人员的参与。后面两个步骤基本上是开发符合需求的体系结构产品，主要由体系结构开发人员来完成。各步骤完成的工作如下。

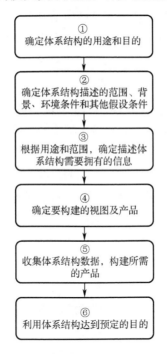

图 6-1　体系结构开发的六个步骤

第一步：确定体系结构的用途和目的。不管是支持投资决策、需求审定、系统采办、互操作性鉴定、作战评估还是其他用途，体系结构描述都应根据设定的用途来构建。在开始描述体系结构之前，用户必须尽可能明确、详尽地描述期望利用体系结构解决与回答的问题，以及用户关心的问题和基本观点。此外，用户还应当给出期望完成分析的用途。因为分析的用途将对构建什么样的产品和如何构建这些产品产生影响。这种以用户需求为焦点的体系结构开发方法，有助于取得高效率，并使最终形成的体系结构的详细程度合适，更符合需求。

第二步：确定体系结构描述的范围、运行的背景、环境条件和其他条件。体系结构的描述范围包括使命、活动、组织机构、时间跨度、合适的细度；环境条件包括作战想定、态势、地理范围、经费数额，以及在特定的时间跨度内专业技术的可用性和能力；其他条件包括计划管理因素、分析体系结构可用的资源、专家，以及必不可少的体系结构数据的可用性。

第三步：根据用途和范围，确定描述体系结构需要拥有的信息。其核心是确定满足体系结构目的必须拥有的信息。如果忽略了有关信息，体系结构描述将没有用处；如果不必要的信息被包括进来，则在给定的时间跨度内，利用可以得到的资源，就可能无法如期完成体系结构开发工作，还可能会由于描述了过多的繁文缛节而混淆和干扰了主要工作。这一步的中心工作是预测体系结构描述的未来用途，在有限资源约束的情况下，构建一个适应未来需要的可剪裁、可扩展和可重用的体系结构。体系结构的度量标准是一体化体系结构描述的一个关键问题，在这一步骤的初期就应当考虑这个问题。开发者要保证作战视图、系统视图和技术标准视图具有能够标识的度量指标，以便准确地确定需要构建的产品、产品的细度，以及产品应当具有的属性。度量既可以是定量的，也可以是定性的。如果开发者不能确定度量指标，那么对高级决策者而言，体系结构的最终结果就没有太大意义。

第四步：确定要构建的视图及产品。依据从第一步到第三步获得的信息，可给出不同用途的体系结构产品，从而可以确定需要构建哪几种产品，以及构建这些产品必须获得什么样的体系结构数据。

第五步：收集体系结构数据，构建所需的产品。收集体系结构所必需的基本数据，阐明数据之间的相互关联和组合关系，构建每个体系结构产品。为促进与其他体系结构的集成，所开发的体系结构应当与已有的体系结构相兼容。如果体系结构描述需要做一些剪裁，则剪裁应当尽可能有效。这一步骤的核心是确保构建的产品相互一致，并能适当地综合集成。

第六步：利用体系结构达到预定的目的。体系结构是根据用户确定的目的和用途构建出来的。体系结构描述的最终目标是支持投资决策、需求的确定、系统的开发与采办、互操作性鉴定、作战评估等，但体系结构本身并不能给出结论或答案。因此，必须进行人工分析，或尽可能进行自动化分析，但不描述如何完成这些分析工作。

6.2 基于多视图的体系结构设计与论证方法

体系结构设计以获得体系结构产品集为目的，为描述体系结构提供方法和详细的过程。体系结构设计方法是体系结构设计的技术手段，是指导体系结构设计的基本活动。DoDAF（Department of Defence Architecture Framework）虽然提出了设计符合该框架的体系结构的若干指导原则和基本步骤，但并没有为实现体系结构、设计体系结构产品提供具体的方法和详细过程。因此，在进行体系结构产品设计时需要根据实际情况灵活选择体系结构的开发工具和实现方法。

一个复杂系统或事物的体系结构，必须用一种适当的形式进行表述，这种表述称为体系结构描述，这些形式包括图、表、文字等。采用单一的模型或视图不能全面描述体系结构，需要多种视图来描述，每种视图强调不同的特征和属性。所谓视图，就是从某个视角看待同一事物。从不同的视角对系统进行建模，形成不同的视图，各自集中表现系统的某个特定方面。将这些视图结合起来，可以产生一个整体的、全面的系统模型体系。基于多视图的体系描述与设计是指根据系统风险承担者的关注内容，从不同的视角描述系统体系结构，构成多视图的体系结构描述，以形成对体系结构全面、整体的描述和设计。

多视图军事应用示意图如图 6-2 所示，在军事作战体系中，不同人员的关注点不一样，如决策人员和管理人员关注高层作战概貌，作战人员关注作战信息流程，技术人员关注系统实现等，通过从作战、系统、技术等多角度描述，使得决策人员、管理人员、作战人员、技术人员等不同层次的人员从不同角度对系统及其作战应用有一个统一认识和理解，方便相互交流，形成系统设计指导。

在多视图体系结构设计领域，目前具备理论和技术支持的方法主要有结构化方法、面向对象方法和基于活动的方法。结构化方法以过程为中心，从系统必须执行的功能或活动出发，运用 IDEF0 语言建立系统的过程模型和功能模型，构建系统的物理体系结构和功能体系结构，然后进行验证，整个过程以数据流为主线，设计详细，层次分明，适合需求较明确的应用领域。面向对象方法是一种自底向上归纳和自顶向下分解相结合的方法，采用 UML 语言，从作战概念出发建立系统的用例图和顺序图，并对顺序图进行扩展，建立系统的类图和状态图，对系统功能和对象进行分解，得到系统的物理实体及功能实体，构建各对象状态转移图，然后进行一致性检验和评价。随着美国体系结构和体系结构设计方法的发展，Steven J.Ring 等人提出了基于活动的方法 ABM（Action-Based Method），基于活动的方法围绕人（people）、过程（process）、产品（product）三个方面，从系统需要执行怎样的活动及系统功能如何支持作战活动（how）、完成作战活动及达到相应的系统功能需要哪些信息和数据的支持（what）、活动和系统功能分布在哪儿（where）、活动的执行者及过程是什么（who）等角度来设计体系结构。ABM 的特点是：以数据为中心来设计体系结构产品，支持不同产品之间的交叉，并且能够自动生成一部分体系结构产品，着重从作战和系统等方面来对体系结构进行建模。三种体系结构设计方法的比较如表 6-1 所示，这三种方法的具体介绍见相关文献。

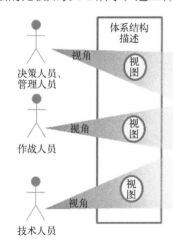

图 6-2　多视图军事应用示意图

表 6-1　体系结构设计方法比较

比 较 项 目	结构化方法	面向对象方法	基于活动的方法
适用范围	数据类型简单的系统	复杂系统	数据关系复杂的系统
理论来源	系统工程	软件工程	系统工程与 DoDAF 框架相结合
普及程度	普及	普及	新型
描述模型	功能（过程）模型、数据模型、规则模型、动态模型、数据字典等	用例图、类图、对象图、状态图、活动图、顺序图、合作图、配置图等	作战活动模型、作战节点描述图、组织关系图、信息交换矩阵等作战视图；系统功能图、系统接口描述图、数据交换矩阵等系统视图

比 较 项 目	结构化方法	面向对象方法	基于活动的方法
开发思路	自上而下	自底向上归纳和自顶向下分解相结合	自顶向下，且上下兼顾
可理解性	好	好	好
可重用性	差	较好	好
可执行模型	不含，可转化	不含，可转化	不含，可转化

6.3　体系结构视图建模方法

6.3.1　基于 IDEF 的建模方法

IDEF 的基本概念是在 20 世纪 70 年代提出的结构化分析方法的基础上发展起来的。结构化分析方法在许多应用问题中起了很好的作用。在减少项目开发费用和系统中的错误、促进交流的一致性及加强管理等方面产生了效益。1981 年美国空军公布的 ICAM 工程中用了名为"IDEF"的方法。IDEF 是 ICAM definition method 的缩写，后来被称为 integration definition method。

1. IDEF0 建模方法

IDEF0 建模方法的基本思想是结构化分析方法，能同时表达系统的活动（用盒子表示）和数据流（用箭头表示）及它们之间的联系。对于新系统来说，IDEF0 能描述新系统的功能及需求，进而表达一个符合需求及能完成功能的实现。对于已有系统，IDEF0 能分析应用系统的工作目的、完成的功能及记录实现的机制。

IDEF0 建模方法采用图形化及结构化的方式描述一个系统中的活动、功能，以及它们之间的限制、关系、相关信息与对象。IDEF0 采用由全局到局部、由粗到细逐步展开的建模过程，以自顶向下逐层细化分解的方式来构造模型，其主要活动、功能在顶层说明，然后分解得到逐层有明确范围的细节表示，各个模型在内部是一致的，定义的第一个活动就是描述系统本身的活动——上下文活动（context）。一个父活动可以分解成若干子活动，这些子活动组合成原来的父活动。如图 6-3 所示，A-0 层：在此阶层清楚地定义该模型的主题和范围，是该模型的最高层级。A-1 层：将 A-0 层级更进一步展开，并且针对 A-0 层级的主题和范围明显地描述出设计者所要表达的观点。

A-2 层：对 A-1 层所展开的某项过程活动做出更详细的分解，更充分地描述此活动。

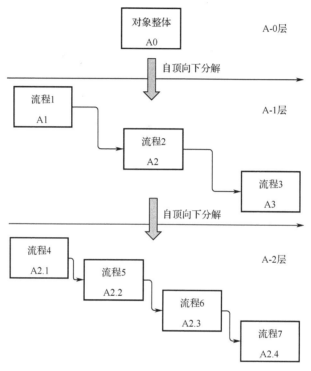

图 6-3　IDEF0 建模过程

IDEF0 的基本组件包括两个方面：活动和流向。

（1）活动（或功能模块）：描述系统内部的执行单元，可以是一个活动、一个功能过程或一个功能部件等。箭头用于连接系统中各活动，表示输入（input）、控制（control）、输出（output）和机制（mechanisms）。输入是实行或完成特定活动所需的资源，输出是经由活动处理或修正后的产出，控制是活动所需的条件限制，机制是完成活动所需的工具，如图 6-4 所示。输入箭头与输出箭头表示活动进行的是什么（what），控制箭头表示为何这么做（why），而机制箭头表示如何做（how）。一个过程实际上是活动的联合体，某一个活动的输出可以是另一个活动的输入、控制或机制。如图 6-5 所示，活动 B 有一个输入和两个控制条件，产生一个输出，而活动 B 的这个输出构成活动 C 的控制条件。

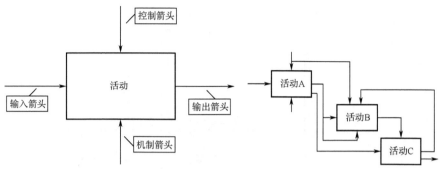

图 6-4　活动及输入和输出　　　　　图 6-5　活动间的关系

（2）流向：描述系统内部执行单元的数据联系，在图中用箭头连线表示。它可以是从某一活动到另一活动的数据流，也可以是从系统外部过程到系统中某个活动的控制流。常见的流向包括输入流（表示输入本活动的数据）、输出流（表示本活动输出的数据）、控制流（表示执行本活动必须遵循的规则、条件、方法和要领等，控制管理或规定活动如何执行、什么时候执行，以及如果活动被执行则产生哪些输出）、机制流（表示执行或参与本活动的外部要素）和调用流（表示本活动执行流程的内部转移，类似于程序调用）。

图 6-6 所示为天基预警探测系统 IDEF0 建模示例。

2．IDEF1X 建模方法

IDEF1X 是一种信息建模方法，通过概念模式对现实世界的事物进行抽象描述，建立信息模型（语义数据模型），并设计信息的存储方式，能够反映从现实世界事物到物理数据存储映射的中间状态，理解现实世界的信息需求。用 IDEF1X 模型对数据结构进行建模有利于体系结构在数据上保持一致性，美国国防部体系结构框架中的核心体系结构数据模型是采用 IDEF1X 模型表示的。IDEF1X 模型包括三个要素，即实体、联系和属性，如图 6-7 所示。

（1）实体。IDEF1X 中主要的模型概念是数据实体。一个实体表示一个现实和抽象事物的集合，且具有相同的属性或特征。实体分为两类：独立标识符实体和从属标识符实体。独立标识符实体指由本身的属性能唯一确定标识的实体，否则为从属标识符实体。每个实体必须使用唯一的实体名，其可以有一个或多个属性，属性可以是它自身所具有的或通过一个联系而继承得到的，并且应有一个或多个能唯一标识实体每一个实例的属性。

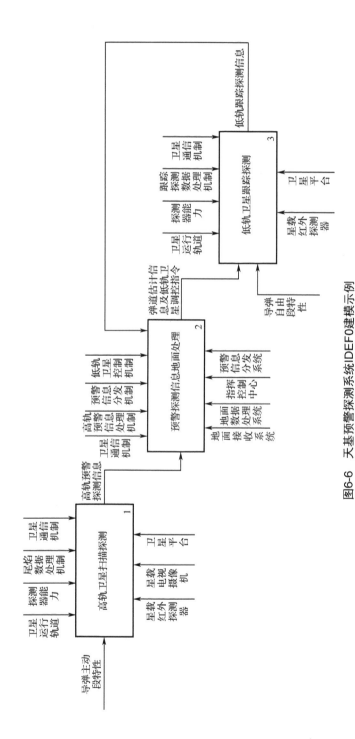

图6-6 天基预警探测系统IDEF0建模示例

（2）属性：属性表示实体的特征或性质，在 IDEF1X 模型中，属性是与具体实体相联系的，如图 6-8 所示。一个实体必须具有一个属性或属性组，其值唯一确定该实体的每个实例，这个属性或属性组就构成了该实体的主关键字（Primary Key），简称主键，其他为候选关键字（Candidate Key）。如果一个实体的属性是从其父实体的属性继承而来的，这些继承属性则称为外来关键字（Foreign Key），简称外键。外键可以作为子实体的主键、候选关键字及非键属性（通常作为主键）。

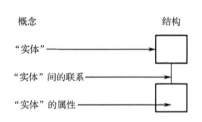

图 6-7 基本模型化概念　　图 6-8 属性在实体中的表示

（3）联系。实体之间存在的作用关系即为联系，两个实体之间的联系是父子关系，子实体将继承父实体的属性。实体之间的联系包括连接联系和分类联系。连接联系分为两种：确定联系和非确定联系。确定联系指子实体的实例是通过它与父实体的联系来确定的，即子实体的存在与否依赖于父实体，如图 6-9 所示。非确定联系指子实体的实例不是通过它与父实体的联系来确定的，即子实体的存在与否不依赖于父实体。

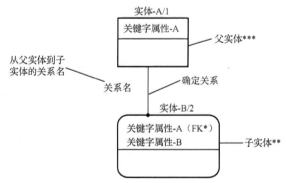

注：* 外键FK（Foreign Key）。
** 可标定联系中的子实体总是一个从属标识符实体。
*** 父实体可以是独立实体，也可以是从属实体，若是从属实体，则它必定从属于其他实体。

图 6-9 实体之间的联系

图 6-10 所示为天基预警探测系统 IDEF1X 建模示例。

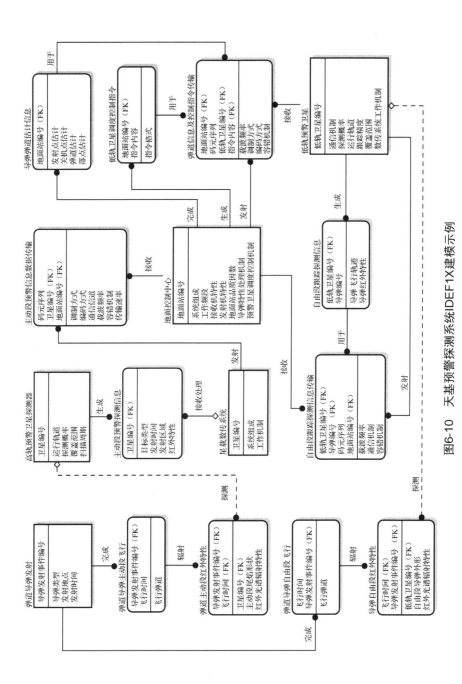

图6-10 天基预警探测系统IDEF1X建模示例

6.3.2　基于 UML 的建模方法

统一建模语言（Unified Modeling Language，UML）最早属于软件工程领域的面向对象设计建模方法，利用 UML 中的用例图、对象图、活动图、顺序图、包图等图形化模型对各类信息系统进行统一的需求建模、功能建模、结构建模和流程建模，用于指导系统实现人员（程序员）后续对系统的开发实现，便于系统利益攸关方对系统形成统一的认识理解和高效交流。将基于 UML 的建模方法应用于系统工程和体系工程领域，实际上是利用 UML 的各类图形化模型从多个视角对体系进行全面描述与设计，即用用例图表示体系的功能需求；用类图描述体系的结构组成；用状态图、活动图、顺序图和协作图等描述体系的内部行为和信息流程，并对各类模型进行细化分解。基于 UML 的建模方法方便根据不同的需求扩展体系内容，确定模型粒度，确定体系的装备构成和装备的应用方式，从而探讨不同体系配置满足需求的情况，因此可以利用 UML 对电子信息装备体系结构进行建模，作为对电子信息装备体系进行建模分析的手段之一。

UML 从不同的视角为系统架构建模，形成系统的不同视图，其建模机制可以分为静态建模机制和动态建模机制两大类。

1．UML 的静态建模机制

静态建模机制是 UML 建模的基础，UML 的静态建模机制包括用例图、类图、对象图、包图、构件图、配置图和部署图等。

1）用例图

用例图，即用例模型，描述的是系统相关的各类角色（利益攸关方）所理解或所期望的系统功能。用例模型用于需求分析阶段，它的建立是系统开发者和用户反复讨论的结果，表明了系统开发者和用户对需求规格达成的共识。在 UML 中，一个用例模型由若干个用例图描述，用例图的基本组成是用例、角色和系统，主要元素是用例和角色。

用例用于描述系统的功能，也就是从外部用户的角度观察系统应支持的功能。用例是对系统功能的宏观描述，能帮助设计与分析人员理解系统的功能与目标，系统中的每个用例代表系统所具有的基本功能。角色是与系统进行交互的外部实体，可以是系统用户，也可以是与系统交互的其他系统或物理实体装备。系统边界线以内的区域（用例的活动区域）抽象表示系统能够实现的所有基本功能。图 6-11 为某装备体系的用例模型，描述体系相关的多个用户对体系应该支持的功能需求。

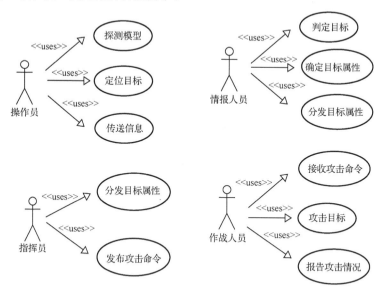

图 6-11　某装备体系的用例模型

2）类图、对象图和包图

类图和对象图是基于 UML 的面向对象设计建模的核心概念。对象为客观世界的实体映射，具有相同、类似属性的对象可构成一个类。类、对象和它们之间的联系是面向对象技术中最基本的元素。在 UML 中，类和对象模型分别由类图和对象图表示，用于描述系统的结构。

类图描述类和类之间的静态关系，表示系统中各对象之间交换信息的类型和结构，还可描述系统的行为属性。当类图中存在多个类时，类与类之间的关系可以用连线表示。类图的另一种表示方法是用类的具体对象代替类，这种表示方法称为对象图。图 6-12 为某装备体系的类图模型。

对象图可以用于描述体系（系统）在某个特定时间点上的对象及对象间的关系，分析特定对象的需求。包是一种组合机制，包图通过对象、类等元素分组描述元素之间的接口关系。通过创建包图，可以分析体系内各系统间的耦合关系，进而帮助分析人员描述系统划分和组成结构。

3）构件图、配置图、部署图

构件图描述的是系统各组成单元之间的连接关系或依赖关系。配置图描述的是系统的物理拓扑结构及其软硬件的逻辑映射关系。部署图描述的是系统部署后运行的拓扑结构和通信路径、节点上运行的系统构件、系统构件包含的逻辑单元（对象、类）等。

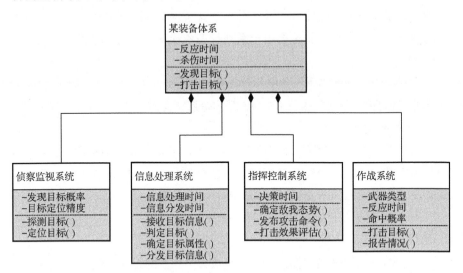

图 6-12　某装备体系的类图模型

2．UML 的动态建模机制

UML 的动态建模机制主要包括消息、状态图、顺序图、协作图和活动图等。

1）消息

面向对象技术中，对象间的交互是通过在对象间传递消息完成的。消息的图形用带有箭头的线段将消息的发送者和接收者联系起来，箭头的类型表示消息的类型。消息的种类有简单消息、同步消息和异步消息三类。其中，简单消息表示普通的控制流，表示不同对象间消息按时间传递的流程；同步消息表示嵌套的用于调用的控制流，调用者发出消息后必须等待消息返回，消息返回以后调用者才可继续执行自己的操作；异步消息表示并发的异步控制流，当调用者发出消息后不用等待消息的返回即可继续执行自己的操作。

在电子信息装备体系的描述设计中，各实体对象间的交互是通过传递信息完成的，实际上是通过 UML 中的顺序图、协作图、状态图、活动图等来体现实体对象间的通信和信息交互传递的。

2）状态图

状态图用来描述一个装备体系中某特定对象的状态集合、引起状态转移的事件，以及状态的变迁。运用状态图可以描述体系任务中某一对象在其生命周期内的行为变化，状态图由一系列状态和状态之间的转移事件构成。

3）顺序图

顺序图用来描述体系任务中各对象间的动态交互关系，着重体现对象间传递各种信息的时间顺序。图 6-13 为天基预警系统支援反导作战事件的顺序图。

4）协作图

协作图用于描述相互合作对象间的交互和连接关系。虽然顺序图和协作图都用来描述对象间的交互关系，但侧重点并不一样。顺序图强调交互的时间顺序，协作图则强调交互对象间的静态链接关系。

图 6-14 为天基预警系统支援反导作战的协作图。

5）活动图

活动图可以用来描述操作（类的方法）中完成的工作，也可以描述用例和对象内部的工作过程。活动图是由状态图变化而来的，它们各自用于不同的目的。状态图依据对象状态变化来捕捉活动的结果，活动图的主要目的是描述动作（将要执行的工作或活动）及对象状态变化的结果。活动图中一个活动结束后将立即进入下一个活动，而在状态图中状态的变迁可能需要由事件触发。

图 6-15 为天基预警系统支援反导作战的活动图。

3．UML 建模过程

基于 UML 的建模是一种自底向上归纳和自顶向下分解相结合的体系设计与建模方法。首先，根据装备体系对象特点分析其使命任务和作战概念想定，通过用例图建立顶层概念模型和功能需求模型（可以对用例图进行不同粒度的细化描述），描述体系各攸关方对体系功能的宏观想法，从而确定电子信息装备体系的总体需求，作为建模分析的基础；其次，根据体系功能需求，分析抽取体系中的各对象实体和类，采用类图、对象图等模型描述体系的静态结构、各类信息需求，以及对象（类）之间的关系，用于支撑各项功能需求的实现；再次，在以上静态建模机制的基础上，以描述面向使命任务和作战想定中各分系统的动态行为为目标，通过建立顺序图、协作图、状态图和活动图等动态模型，描述体系的信息流程、作战活动过程和典型作战事

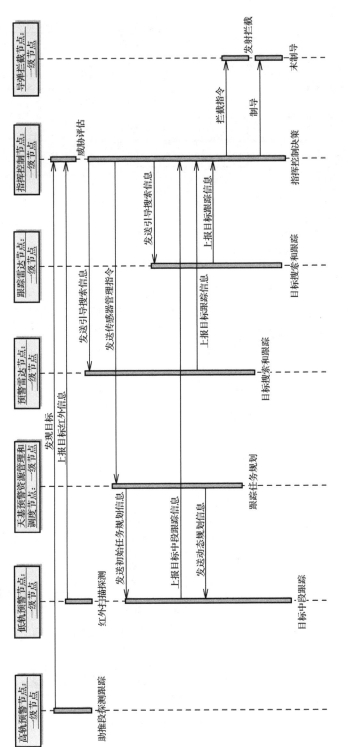

图6-13　天基预警系统支援反导作战事件的顺序图

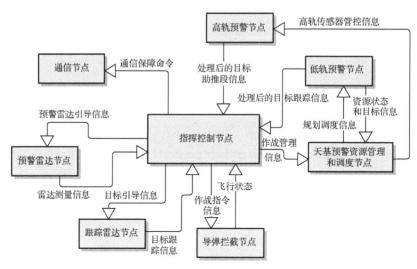

图 6-14 天基预警系统支援反导作战的协作图

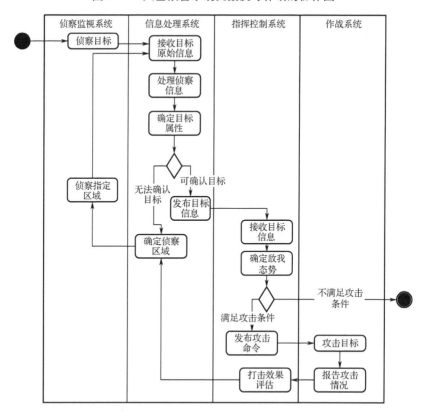

图 6-15 天基预警系统支援反导作战的活动图

件的流转等，说明典型想定下体系是如何完成使命任务的；接着，针对已建立的静态模型开展模型语法层面的一致性验证，针对已建立的动态模型开展语义层面的一致性验证，并从整体上对所有模型进行语义层面的合理性和有效性验证，对模型进行修改、扩充和完善，确保所建立的模型之间协调一致、符合体系的总体需求和作战任务要求；最后，依据需求模型建立体系需求满足度的评估模型，得出装备体系具体的性能指标和效能指标，并通过迭代得到满足需求的电子信息装备体系结构模型，如图 6-16 所示。

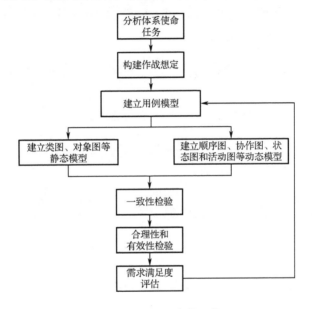

图 6-16 UML 建模过程

6.3.3 基于 SysML 的建模方法

SysML 是一种以 UML 为基础的系统建模语言（System Modeling Language，SysML），用于系统工程中面向领域对象的可视化建模，是软件工程中 UML 的扩展，并与之兼容，支持对包括硬件和软件在内的复杂系统的需求分析、系统设计、验证校验等。SysML 建模工具包含结构（系统层次、互连）、行为（基于功能的行为和基于状态的行为）、属性（参数模型、时间变量属性）、需求（需求层次、可追溯性）、验证（测试用例、验证结果）五个部分的内容。

SysML 在国外应用广泛，比如，美国乔治梅森大学（George Mason University）利用 SysML 对 TacSat3 成功地进行了建模，乔治亚理工学院

（Georgia Institute of Technology）利用 SysML 对 FireSat 卫星进行了建模。通过建模，得到系统可执行模型，从而得到系统的相关参数，为系统方案设计提供了可信支撑。

SysML 具有很好的兼容性，与其他建模语言和标准存在联系，图 6-17 给出了 SysML 建模标准和其他建模标准之间的关系。SysML 能很好地支持复杂系统建模，其建模过程遵守标准，如 CMMI 过程标准。对于复杂系统的体系结构框架，要遵循体系结构框架的标准，如 DoDAF。对于体系结构建模和仿真，要使用的方法包括 SysML、IDEF 和 HLA 等，这些不同的建模仿真方法遵循数据交互标准进行交互。

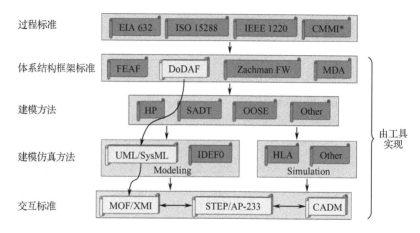

图 6-17　SysML 建模标准和其他建模标准之间的关系

利用 SysML，可以得到电子信息装备体系的可视化描述模型，开发过程如图 6-18 所示。

在图 6-18 中，参数图是 SysML 的一个核心模型，主要包括参数评估、性能、可靠性、物理特征等。SysML 参数图中的关键术语包括：

■ 约束（constraint）：方程的模拟（如 F=m*a），约束块（constraint block）是对该方程的定义，可以复用。

■ 参数（parameter）：方程（约束）的变量。

■ 值属性（value property）：环境、系统或其组件的量化特征，如系统或其组件的质量。系统体系结构模型和其组件的基本属性在 SysML 模型中表示为值属性。

通过参数图，按照图 6-19 所示的过程，可以得到系统的可执行模型。

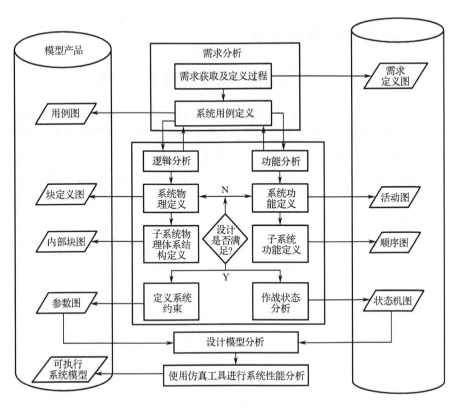

图 6-18　SysML 模型开发过程

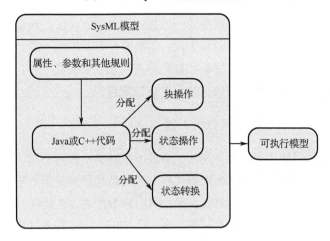

图 6-19　得到可执行模型的过程图

6.4 体系结构分析技术

6.4.1 基于 IDEF3 的体系结构流程分析方法

在当前体系结构框架下设计体系结构模型通常描述的是系统静态信息或动态信息的静态表示，如作战活动模型和服务过程演化描述模型，这些模型不能提供信息在什么条件下产生，以及信息是如何接收和发送的这类具体细节，很难对系统之间的交互作用等动态行为进行分析。动态可执行模型可以定义信息接收、产生发送的条件，反映随时间变化的活动、行为的信息交换，以及活动和角色之间的动态交互。通过可执行模型的运行进行性能评估，并对在作战环境中的资源转化为功能的效率进行评价。可执行模型中的执行规则描述行为单元之间的执行、调用关系，以及与静态模型产品之间的数据流关系。

体系结构仿真验证分析指使用体系结构的仿真工具，将可执行模型在执行规则的约束下动态运行，清晰、可视化地表现系统相关的信息流和数据流，根据统计数据分析体系结构的时间、资源利用及可靠性等特性，分析结果对体系结构评价提供依据，最终为定量决策提供支持。采用适当的体系结构工具软件进行体系结构的仿真，可以自动或半自动化地获取体系结构模型涉及的分析数据，并支持体系结构模型运行机制的可视化，使掩藏在静态模型下的动态机制可以清晰、生动地表现出来，从而能够达到以下体系结构分析的目的：①验证体系结构模型自身的一致性；②动态、可视化地显示作战概念和作战规则，并对其进行验证和优化；③检验一个系统或一项功能对整个作战行动的贡献大小；④资源分配和瓶颈分析；⑤成本效益分析；⑥验证过程模型是否合理地满足系统需求，并且实现既定目标。

1. 基于 IDEF3 的流程分析方法

IDEF3 采用图形化的语言描述，通过一些基本元素的不同组合来描述系统的动态过程，可以满足描述任务过程时序关系和逻辑关系的需要，通过对行为单元的属性定义，能够对任务事件进行详细描述，包括任务事件的时间与任务执行概率、任务事件的子事件等。用 IDEF3 描述任务过程的优点是简单、快速和描述性好。IDEF3 过程流描述语言的基本语法元素有下列几种：①行为单元（Unit of Behavior，UoB）；②交汇点（Junction）；③连接（Link）；④参照物（Referent）；⑤细化说明（Elaboration）；⑥分解（Decomposition）。

如图 6-20 所示，行为单元用于描述一个组织或一个复杂系统中的过程或活动；连接是把 IDEF3 的图形符号组合在一起的黏结剂，可以阐明一些约束条件和各成分之间的关系，包括时间、逻辑、因果关系等。过程活动间的逻辑关系通过交汇点来描述，交汇点可以表示多股过程流的汇总或分发。通过 IDEF3 可以记录状态和事件之间的关系、过程中产生的数据，以及可以确定资源在流程中的作用。

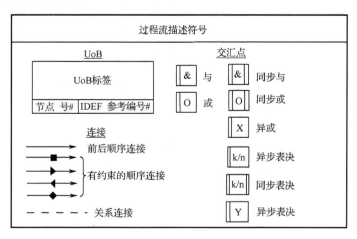

图 6-20 IDEF3 基本语法元素

用于流程建模仿真的 IDEF3 有两种视图：以过程为中心的进程流图（Process Flow Network Diagram，PFN）和以对象为中心的对象状态转移网图（Object State Transition Network Diagram，OSTN）。进程流图可以用于体系结构框架中作战规则模型（OV-6a）的建模，对象状态转移网图可以用于作战状态转换描述（OV-6b）的建模。体系结构流程仿真的基本原理如图 6-21 所示，以 IDEF3 元素建立仿真的可执行模型，包括流程模型、资源模型、时间模型和组织模型，通过交汇点和连接模块等执行规则，建立完整的作战规则模型 OV-6a，可执行模型的相关对象及内部关系在图 6-21（a）显示，以统计学为基础收集和记录仿真数据，分析时间、资源利用等指标，以优化仿真模型。

（1）流程模型。流程是仿真执行的核心，它通过活动、子活动、连接弧及各种连接节点来描述业务过程中各任务之间的依赖关系。Telelogic SA 中把 IDEF3 的建模元素 UoB 分为四种仿真类型：事件、过程、结果和保持。事件表示流程的开始，过程是组成流程的基本类型，结果表示流程的结束，保持表示流程中的缓冲、延迟等概念。在仿真中，表示流程开始的事件可以

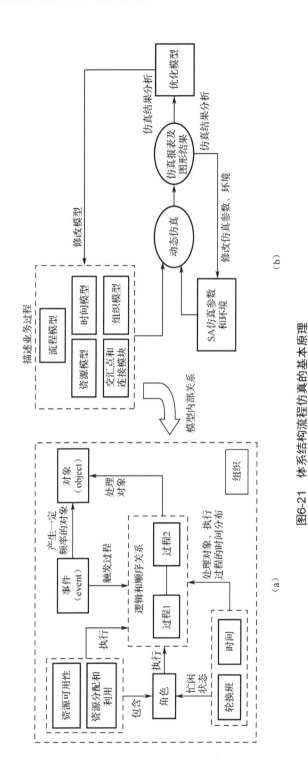

图6-21　体系结构流程仿真的基本原理

产生于整个流程中所要处理的对象，是对象作用于流程模型的第一个活动。对象是流程模型执行的驱动力，是外界数据和信息的进入口，在流程仿真过程中，需要确定对象产生的规律和数量，并通过计算机模拟产生。从流程仿真原理图中可以看出，对象在流程中流过，在过程上进行处理，最后在结果表示的流程处结束。过程主要负责处理事件产生的对象，处理对象的时间由事件模型描述，过程的执行者由角色描述，处理对象需要的资源由资源模型描述，过程之间的关系由交汇点和连接模块描述。在流程中的每个过程都可以细化，定义下一级子流程图，当对象进入该过程的时候，也就是进入了子流程的处理，从子流程流出后，又进入下一个过程的处理，直到结束。

（2）资源模型。资源模型表示与流程相关的资源信息，包含一定数量的具有相同功能的资源实体，例如，执行活动的角色，或作战节点上的装备实体，它们被按照一定的排队规则分配给活动。当出现多个活动同时请求占用某个资源的情况时，就会出现排队现象。资源模型包括资源可用性模型（同一时间完成工作有多少资源可用）和资源分配使用模型（完成一项工作需要分配多少资源）。资源模型的建立可用于分析资源利用率。

（3）组织模型。组织模型主要定义与流程模型虚拟执行有关的组织信息。

（4）时间模型。人员的活动和设备的使用遵循一定的工作时间，即工作和休息的组合，如果某活动在一个时间段内被执行，而某个角色资源在这个时间段内休息，则这个角色不能被这个过程所利用。只有在时间表所定义的时间范围内，资源才是可用的，活动才能被执行。时间模型和资源模型共同驱动流程模型。

（5）交汇点和连接模块。在 SA 中，输出型的交汇点类型有异或、与、或三种，如表 6-2 所示，行为单元之间的关系一般采用 IDEF3 元素中的前后顺序连接来表示。

表 6-2 交汇点属性描述

类 型	属 性	描 述
XOR（异或）	probability	作为输出的 XOR，会有多个分支，每个分支占一个百分比，这些分支的总和是 100%。假设一个分支是 30%，另外一个是 70%，则 SA 会随机在 0~1 之间产生一个随机数，如果随机数小于 0.3，那么就会选择 30% probability 的分支出去
	object type	每种 object type 只能流向一个分支

续表

类　型	属　性	描　述
XOR（异或）	attribute	每个分支最多对应两种属性的比较条件
	shortest queue	排队少的对象通过
	time in model	根据时间模型给出的条件，判断对象流向哪个分支
AND（与）	probability/object type/attribute/shortest queue/time in model	这些属性都无效 每个分支无条件发送一个 object
OR（或）	probability	类似于 XOR，不同分支可能同时都有输出
	object type	在 OR 里无效
	attribute	每个分支都会比较到
	shortest queue	在 OR 里无效
	time in model	在模型中超过指定时间的对象将流向满足条件的分支

2．典型体系结构流程验证分析

1）流程验证模型

运用基于 IDEF3 的体系结构流程仿真方法，在作战活动模型 OV-5、组织关系图 OV-4、作战节点连接描述图 OV-2 等模型的基础上，建立作战规则模型 OV-6a，对反导预警的流程、特定假设条件下的行为规则进行验证分析。

方案 1：预警卫星支援下的反导作战。图 6-22 是以 IDEF3 为基础建立的作战规则模型 OV-6a，描述了反导作战的流程。预警卫星探测导弹的助推段的信息，引导预警机和地面雷达搜索，预警机和地面雷达搜索对导弹进行跟踪定位，经过数据融合处理和指挥决策，对导弹进行拦截，评估导弹是否被拦截，如果未被拦截再判断是否有足够时间进行第二次拦截，并进行数据统计。

作战规则模型中包含三个组织：

（1）敌导弹组织。根据实际情况模拟产生相应的来袭弹道导弹的信息，描述敌方导弹的生存状态。

（2）信息获取和指控模块。描述我方对敌方导弹的探测跟踪过程，对信息进行融合处理，生成统一的战场态势信息，并根据态势信息进行指挥决策过程。

（3）拦截模块。描述反导系统对敌方导弹的拦截过程及其拦截效果反馈。OV-6a 模型中代表过程的行为单元有预警卫星探测、引导搜索、被动段跟踪定位、数据融合处理、指挥、反导系统拦截、战果评估、第二次拦截和次数

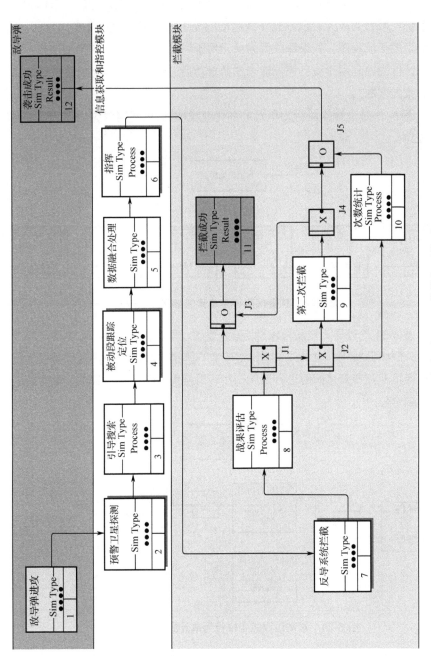

图6-22 方案1中OV-6a作战规则模型

统计，用白色方框表示。其中，预警卫星探测、被动段跟踪定位、指挥和反导系统拦截行为单元可以根据作战活动模型中的叶子活动转换成 IDEF3 规则模型的子流程图。战果评估行为单元用于评估对敌方导弹的拦截情况，次数统计行为单元用于统计第一次未拦截成功后，由于时间短而无法进行第二次拦截的次数。

图 6-23 是预警探测行为单元的细化流程规则，由早期预警活动分解模型而建立。

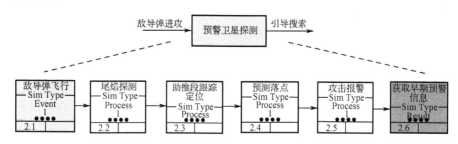

图 6-23 预警探测行为单元的细化流程规则

图 6-24 是对导弹被动段跟踪定位行为单元的细化流程规则，由跟踪作战活动分解模型转化为 IDEF3 模型。对于敌方弹道导弹的自由段由预警机和地面远程早期预警雷达同时进行跟踪，然后由搜索跟踪雷达对其进行更为精确的跟踪定位。

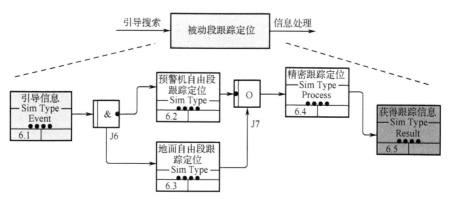

图 6-24 被动段跟踪定位行为单元的细化流程规则

图 6-25 是作战规则模型中指挥行为单元的细化流程规则。在 OV-5 中的传感器管控叶子活动并没有建立在 IDEF3 流程中，而是体现在 OV-6a 作战规则主流程的引导搜索行为单元上。指挥过程中，在同时完成拟定作战计划、

制定装备保障和通信保障等作战保障计划后，下达拦截作战指令。

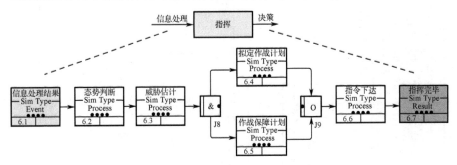

图 6-25　指挥行为单元的细化流程规则

图 6-26 是作战规则模型中反导系统拦截行为单元的细化流程规则，由 OV-5 中导弹拦截作战活动分解模型转化为 IDEF3 模型。

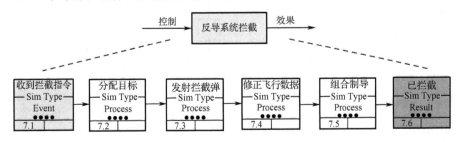

图 6-26　反导系统拦截行为单元的细化流程规则

方案 2：无天基预警信息支援下的反导作战。在没有天基预警卫星信息支援条件下，由预警机和早期远程预警雷达提供早期预警信息，传输到指控中心，由指控中心引导搜索跟踪雷达等进行跟踪定位，经过数据融合处理和指挥决策，对导弹进行拦截。与方案 1 相比，在方案 2 中由于没有天基信息支援，因此对于敌方弹道导弹的主动段无法探测和跟踪，得到的预警时间短，执行其他行为单元需要花费更多时间，如图 6-27 所示。引导搜索行为单元是由指控中心在获取预警机和地面早期预警信息的情况下对跟踪雷达发出的指令，对导弹目标进行跟踪。其他行为单元与方案 1 的规则相同，指挥和反导系统拦截行为单元的子流程也相同，只是预警时间不同，相应的时间参数不一样。

2）模型参数计算和设定

对作战规则模型的作战想定可做如下设定：敌方弹道导弹射程为 1000km，从发射开始，整个弹道的运行时间 T 窗口服从正态分布 Normal(500,10)，其中，

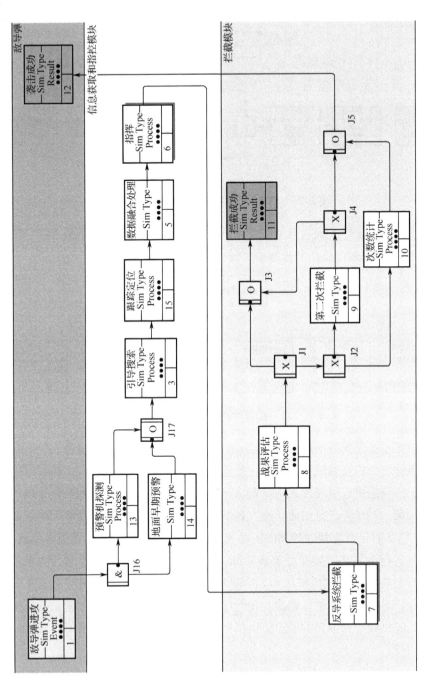

图6-27　方案2中的OV-6a作战规则模型

500 为期望值，10 为方差，时间单位为秒。如果敌方弹道导弹是在 T_1 时刻发射的，那么弹道导弹对目标攻击的时间基本确定，即为 $T_1 + T$，服从正态分布 Normal($500 + T_1, 10$)。定义时间 t 为

$$t = t_1 + t_2 + t_3 + t_4$$

式中，t_1 为探测系统对目标的探测和跟踪时间；t_2 为信息处理时间；t_3 为指挥决策时间；t_4 为导弹系统响应和拦截时间；t_1、t_2、t_3、t_4 包括相关的系统内部和系统之间的信息传输时间。

在本想定中，假定探测系统能保证有足够时间进行第一次拦截，考虑导弹拦截系统本身的响应时间和拦截过程的时间，同时为保证对弹道导弹在其弹道飞行过程中进行拦截，因此要使在第一次拦截未成功的情况下有效实施第二次拦截，则必须使得作战时间小于某一值 τ，称之为反导系统对该导弹的拦截时间窗口，且 $\tau < T$，否则无法组织对弹道导弹的第二次拦截。如图 6-28 所示，在图（a）中，$t < \tau$，反导系统有足够时间，能够组织第二次拦截行动，而在图（b）中，由于 $t > \tau$，因此假如反导系统第一次拦截未成功，则无法进行第二次拦截。

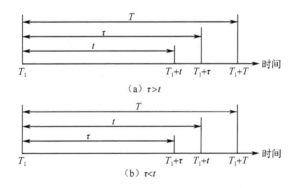

图 6-28　第二次拦截与拦截时间窗口的关系

根据流程仿真原理，在作战规则模型的基础上需完成仿真实体对象、资源模型、时间模型、交汇点和连接模块、仿真参数等的设置。

（1）仿真对象的设置

事件产生仿真对象，仿真对象为进攻弹道导弹信息，通过设置对象的到达率来模拟反导作战的情况，如表 6-3 所示，假定敌弹道导弹每 2min 来袭一枚，此频率持续 62.5h。

表 6-3　仿真对象到达率

仿　真　对　象	持　续　时　间	间　　隔
进攻弹道导弹信息	62.5 h	2 min

（2）时间模型和资源模型参数的设置

作战过程中各角色都处于战备值班状态，因此轮换班可设置为 24h。行为单元执行的时间不是固定的，通常服从某一分布，可以作为排队问题来求解，计算方法是首先根据原始资料并按照统计学的方法（如 χ^2 检验法）以确定其符合哪种理论分布，并估计其参数值，最后根据相关公式计算时间的期望值。参数的计算和获取不是本章研究的重点，本章通过设置两种方案的时间参数来对比分析仿真结果。根据仿真结果，在本想定中，设定预警卫星发现目标（探测概率接近 98%时）所需的时间服从均匀分布 Uniform(22, 26)。其他行为单元分配的角色，以及角色在行为单元中执行活动的时间设置如表 6-4 所示。对于方案 2，由于没有天基早期预警，所以直接影响到了其他行为单元的执行时间，时间分布在表 6-4 中列出。资源的可用性和分配根据预警系统的 OV-4 组织关系图的角色来设置，在表 6-4 中括号内的数值表示可用资源数，表中的资源数并不是相应人员的绝对数，属于归一化的单位值。

表 6-4　资源模型和时间模型参数

行　为　单　元	角　色　资　源	资源的分配和可用性		执行时间（分布）	
		方案 1	方案 2	方案 1	方案 2
尾焰探测	预警卫星测控人员	2(3)	0	Uniform(22,26)	0
助推段跟踪定位	预警卫星测控人员、预警卫星地面站情报分析员	2(3)、2(3)	0	Normal(18,1)	0
预测落点	预警卫星地面站情报分析员	3(3)	0	Uniform(30,37)	0
攻击报警	预警卫星地面站指挥员	3(3)	0	Normal(15,1)	0
预警机探测	预警机长、预警机雷达操作员	0	各1(1)	0	Normal(50,6)
地面早期预警	早期预警雷达操作员	0	2(2)	0	Normal(61,7)
引导搜索	作战参谋	1(2)		Normal(53,3)	Normal(57,7.5)

续表

行 为 单 元	角 色 资 源	资源的分配和可用性		执行时间（分布）	
		方案 1	方案 2	方案 1	方案 2
跟踪定位	预警机雷达操作员、搜索跟踪雷达操作员	0	1(1)、2(2)	0	Normal(54.5,7.5)
预警机自由段跟踪定位	预警机长、预警机雷达操作员	1(1)、1(1)	0	Normal(30,7)	0
地面自由段跟踪定位	早期预警雷达操作员	2(2)	0	Normal(30,3)	0
精密跟踪定位	预警机雷达操作员、搜索跟踪雷达操作员	1(1)、2(2)	0	Normal(43,7)	0
数据融合处理	情报专家	2(2)	2(2)	Normal(70,4)	Normal(79.5,6.5)
态势判断	作战参谋	1(2)	1(2)	Normal(12.5,1)	Normal(15.5,2)
威胁估计	作战参谋	1(2)	1(2)	Normal(11.5,0.5)	Normal(13.5,2)
拟定作战计划	作战参谋	1(2)	1(2)	Normal(15,2)	Normal(17,1.5)
作战保障计划	作战参谋	1(2)	1(2)	Normal(15,3)	Normal(18,3)
指令下达	指挥官	1(1)	1(1)	Uniform(13,16)	Uniform(15,18)
分配目标	反导系统指挥员	1(1)	1(1)	Normal(9.5,0.5)	Normal(11,1)
发射拦截弹	导弹发射兵	1(2)	1(2)	Normal(7.5,0.8)	Normal(9,0.5)
修正飞行数据	火控雷达操作员	1(1)	1(1)	Uniform(8,11)	Uniform(12,17)
组合制导	火控雷达操作员	1(1)	1(1)	Normal(10.5,0.1)	Normal(15,2)
战果评估	作战参谋	1(2)	1(2)	Normal(28,4)	Normal(33.5,5.5)
第二次拦截	导弹发射兵	1(2)	1(2)	Normal(27,3)	Normal(30,5)
次数统计	作战参谋	1(2)	1(2)	25	28

其中，Normal 为正态分布函数；Uniform 为均匀分布函数；其他表示固定值；"0"表示该方案不包括此行为单元。

（3）交汇点属性设定

交汇点可以表示输出分支的概率、时间属性、仿真对象的通过方式等。方案 1 的交汇点属性及参数设置如表 6-5 所示，方案 2 与之对应。表中交汇点 J1 的发生概率对应于反导系统单次拦截概率为 70%，交汇点 J2 的时间模型表示反导系统对想定中敌方弹道的拦截时间窗口不能超过 436s，否则无法组织对目标的第二次拦截。

表 6-5　交汇点属性及参数设置

交汇点名称	类　型	（前）后置 IDEF3 元素名称	发生概率或其他属性
J1	异或（输出）	J3	70%
		J2	30%
J2	异或（输出）	第二次拦截	时间模型（≤436s）
		次数统计	时间模型（>436s）
J3	或（输入）	J1	任何一个分支的仿真对象都可通过交汇点
		J4	
J4	异或（输出）	J3	70%
		J5	30%
J5	或（输入）	J4	任何一个分支的仿真对象都可通过交汇点
		次数统计	
J6	与（输出）	预警机自由段跟踪定位	向每个分支发送一个仿真对象
		地面自由段跟踪定位	
J7	或（输入）	预警机自由段跟踪定位	任何一个分支的仿真对象都可通过交汇点
		地面自由段跟踪定位	
J8	与（输出）	拟定作战计划	向每个分支发送一个仿真对象
		作战保障	
J9	或（输入）	预警机自由段跟踪定位	任何一个分支的仿真对象都可通过交汇点
		地面自由段跟踪定位	

3）流程仿真验证分析

结合实际情况和仿真需要，确定作战规则和流程的分析评价指标有活动的空闲状态（使用率）、角色资源的使用率和平均执行时间，以及拦截概率。

（1）活动的使用率

活动的使用率是指在整个仿真过程中活动用于支援反导作战所执行的时间所占的比例，可用行为单元的忙闲状态来表示，体现作战规则的合理性。如果某个活动过于繁忙，则影响了系统延时，如果过于空闲，则说明活动没有得到有效的利用。表 6-6 是方案 1 和方案 2 中行为单元在反导过程中的忙闲状态统计值，方案中没有的行为单元在表中用"0"表示。

表 6-6　行为单元在反导过程中的忙闲状态统计值

过程行为单元	方案 1		方案 2	
	闲/%	忙/%	闲/%	忙/%
尾焰探测	80.02	19.98	0	0
助推段跟踪定位	84.97	15.03	0	0
预测落点	85.99	14.01	0	0
攻击报警	93.76	6.24	0	0
地面早期预警	0	0	48.93	51.07
预警机探测	0	0	58.34	41.63
跟踪定位	0	0	54.35	45.65
引导搜索	77.93	22.07	52.50	47.50
预警机自由段跟踪定位	87.49	12.51	0	0
地面自由段跟踪定位	87.53	12.47	0	0
精密跟踪定位	64.24	35.76	0	0
数据融合处理	41.62	58.38	33.75	66.25
态势判断	89.60	10.40	87.11	12.89
威胁估计	90.44	9.56	88.73	11.27
拟定作战计划	87.49	12.51	85.88	14.12
作战保障计划	87.54	12.46	85.09	14.91
战果评估	76.83	23.17	72.28	27.72
指令下达	87.94	12.06	86.28	13.72
分配目标	92.11	7.89	90.85	9.15
发射拦截弹	93.77	6.23	92.52	7.48
修正飞行数据	92.07	7.93	87.92	12.08
组合制导	91.27	8.73	87.57	12.43
第二次拦截	96.34	3.66	98.49	1.51
次数统计	96.93	3.07	94.16	5.84

活动使用率仿真结果的对比分析可用图形化表示，如图 6-29 所示。

从表 6-6 中数据和图 6-29 中变化趋势可以得出以下几点结论：

① 数据处理是反导作战过程中的关键活动和瓶颈。

从两个方案的共同之处可以看出，数据融合处理行为单元的使用率都相对较高，在方案 1 中达 58.38%，在方案 2 中达 66.25%，可见，数据处理是反导作战过程中的关键活动和瓶颈，需增加参与信息处理的节点以加强对传感器获得信息的处理能力和速度。

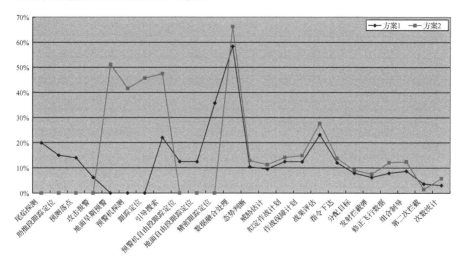

图 6-29　活动使用率对比分析

② 方案 2 中节点的处理任务重，预警活动的使用率高。

将两个方案进行对比可以看出，方案 2 中没有天基预警系统，其他早期预警系统参与的活动使用率显著增加，如方案 1 中空中预警系统参与的预警机自由段跟踪定位行为单元的使用率只有 12.51%，而方案 2 中预警机探测行为单元的使用率达到 41.63%，其他相同行为单元的使用率都有不同程度的增加，变化最大的是引导搜索行为单元，使用率增加了 25.43%。

③ 天基预警系统提高了反导预警的时效性。

相对于方案 2，方案 1 中第二次拦截行为单元的使用率高出 2.51%，可见，天基预警信息支援下反导系统组织第二次拦截的可能性较大、次数多，预警时效性更高。

（2）角色资源的使用率和平均执行时间

角色资源的使用率是指在流程仿真过程中角色用于执行行为单元的时间所占的比例，反映作战规则的合理性，用忙闲状态表征。根据设置的资源模型参数和时间模型参数，可在对作战规则的流程仿真过程中统计角色资源的忙闲状态、执行任务的平均时间和数量等特性，如表 6-7 所示，方案 2 中不包含的角色资源在表中用"0"表示。

表 6-7　角色资源数据统计

角 色 资 源	角色资源的忙闲状态/%		任务平均执行时间/s		角色数量/个	
	方案 1	方案 2	方案 1	方案 2	方案 1	方案 2
作战参谋	46.62	67.12	19.86	25.81	2	2
导弹发射兵	9.89	9.02	10.23	5.26	2	2
情报专家	58.38	66.25	70.18	79.59	2	2
火控雷达操作员	16.66	24.51	10.02	14.74	1	1
反导系统指挥员	7.89	9.19	9.49	5.52	1	1
预警卫星测控人员	23.34	0	21.02	0	3	0
预警卫星地面站情报分析员	29.04	0	23.24	0	3	0
预警卫星地面站指挥员	4.16	0	14.98	0	3	0
预警机长	12.51	41.63	30.06	49.95	1	1
预警机雷达操作员	48.27	87.28	38.68	52.39	1	1
早期预警雷达操作员	6.24	51.07	29.98	61.31	2	2
搜索跟踪雷达操作员	35.76	45.65	42.98	54.84	2	2
指挥官	12.06	13.72	14.51	16.49	1	1

分配到行为单元上的角色资源数量及行为单元的执行时间共同影响角色资源的利用率和执行任务的平均时间。从图 6-30 和图 6-31 中可以看出，单独分析两个方案，情报专家的利用率和平均执行时间都相对较高。将两个方案进行比较，方案 2 中各角色资源的利用率和平均执行时间普遍增加，尤其是早期预警人员增加幅度较大，其中，预警机雷达操作员的使用率高达 87.28%，增加了 39.01%，平均执行时间增加 13.71s；早期预警雷达操作员的使用率增加 44.83%，平均执行时间增加 31.33s。通过比较分析，可得出以下几点结论：

① 两种方案都需要增加情报专家等信息处理人员的数量，提高其信息处理能力，以减小预警信息支援的时延。

② 同时增加早期预警人员的数量，并提高其能力（如增加空中预警节点及其所属人员的数量和素质、加强早期预警雷达组网及预警能力），能有效优化现有反导系统的结构，使作战规则更合理。

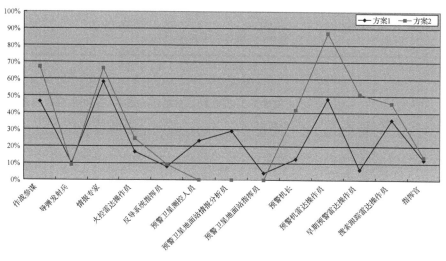

图 6-30　角色资源的使用率对比

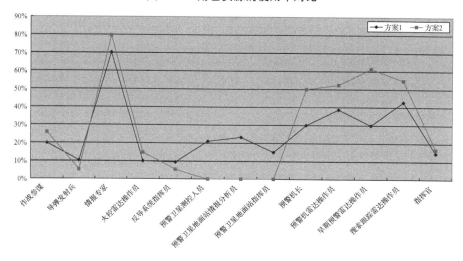

图 6-31　角色资源执行任务的平均时间对比

（3）拦截概率

在引进反导系统拦截时间窗口概念的基础上，通过行为单元在 SA 模拟器中统计仿真数据，完成对拦截概率的分析。在仿真过程中，方案 1 和方案 2 中各产生 1870 个仿真对象，其中，在方案 1 中第一次拦截成功数为 1288，拦截失败数为 582，组织第二次拦截数为 306，第二次拦截成功数为 235，由于作战时间超过反导系统对敌导弹的拦截时间窗口而无法组织第二次拦截数为 276，拦截成功的总数为 1523，总拦截概率为 81.44%；方案 2 中第一次拦截成功数为 1287，拦截失败数为 583，组织第二次拦截数为 114，第二次拦截成功数为 93，由于时间原因无法组织第二次拦截数为 469，成功拦截总数为 1380，总拦截概率为 73.79%。部分统计数值在表 6-8 中列出。

表 6-8　拦截数据统计

	仿真对象总数	第二次拦截数统计	来不及二次拦截数	成功拦截总数	袭击成功总数	总拦截概率
方案 1	1870	306	276	1523	347	81.44%
方案 2	1870	114	469	1380	489	73.79%

以上结果显示：采用方案 1 和方案 2 对导弹的第一次拦截成功率基本相当，由于方案 1 具有天基预警信息的支援，预警时间长，在第一次拦截失败的情况下能够及时、有效地组织第二次拦截（约占 52.58%），大大提高了拦截目标的概率。而在方案 2 中，由于预警时间较短，在第一次拦截后时间超过反导系统拦截时间窗口的情况较多，只有约 19.55%的仿真对象能够组织二次拦截，总拦截概率比方案 1 小 7.32%。因此，加强天基预警系统的建设，提高反导的预警时间是有必要的，同时在当前预警系统还没建成或在反导作战中没完全发挥作用的情况下，应着力提高反导系统的单次拦截效率，并提高系统的反应灵敏度，扩大对弹道导弹的拦截时间窗口，使得反导系统可以在拦截时间窗口内多次发射导弹，提高拦截目标的概率。

6.4.2　复杂信息网络的体系结构分析方法

电子信息装备体系作为一类复杂的装备体系，其组成部分之间复杂的连接关系和信息交换关系构成一个复杂的网络。电子信息装备体系构成的网络具有节点众多、结构复杂、演化复杂特点。本节以电子信息装备体系为对象，首先研究基于体系结构的复杂信息网络的描述方法和生成技术，然后利用复杂信息网络节点分析方法研究电子信息装备体系的结构特性。

1．复杂信息网络的描述方法

通常把由多个子网络组成的，具备多层、多级、多属性和多目标等特征的网络称为超网络，并采用超图的概念对其进行定义。

设 $N = \{n_1, n_2, \cdots, n_K\}$ 是一个有限集，且 $s_i \neq \varnothing (i = 1, \cdots, M)$，$\bigcup\limits_{i=1}^{M} s_i = N$，

则称二元关系 $H=(S,N)$ 为一个超网络，N 的元素 $n_1,n_2,\cdots,n_K$ 称为超网络的节点，集合 $s_i=\{n_{i_1},n_{i_2},\cdots,n_{i_j}\}$（其中，$i=1,\cdots,M$；$j$ 为 s_i 包含的节点数量）称为超边，$S=\{s_1,s_2,\cdots,s_M\}$ 是网络的超边全集。

超图可由描述超边与节点之间包含关系的图形表示，也可由关联矩阵 SN=$[\mathrm{sn}_{ij}]_{M\times K}$ 表示。SN 中的 M 行分别对应 H 的 M 条超边 $s_1,s_2,\cdots,s_M$，K 列分别对应 H 的 K 个节点 $n_1,n_2,\cdots,n_K$，当 $n_j\in S_i$ 时，sn_{ij}=1，否则为 0。用矩阵表示超图的优势是：矩阵形式可由计算机处理；矩阵的易改性使得系统重构简单化；与时间序列对应的矩阵组合可模拟时变系统。

运用面向对象的思想，复杂信息网络可以用节点、连接、超边，以及其他一些必要元素的形式化描述方法来表示，如表 6-9 所示。

表 6-9 复杂信息网络元素及其含义

元　素	含　义	元　素	含　义
节点	网络中的实体对象,具备建立链路的功能（产生/传输/应用数据）	链路	节点间的物理线路
连接	两个节点及其之间的链路构成的数据传输通道	数据	网络中传输的表示各种信息的比特流
超边	不同定义方式下含多节点的网络子网或对象		

1）节点描述方法

定义四元组表示的节点属性类 Cn，以描述复杂信息网络中的节点：

$$Cn=\langle \mathrm{IDn},\mathbf{Tn},\mathbf{Pn},\mathbf{An}\rangle \tag{6-1}$$

式中，IDn 为唯一确定节点的指代符号（一般为数字编号或字母符号）；$\mathbf{Tn}$ 为节点类型向量；$\mathbf{Pn}$ 为节点输入/输出关系；$\mathbf{An}$ 为节点其他属性构成的向量。另有

$$\begin{cases}\mathbf{Tn}=(t_{\mathrm{NE}},t_{\mathrm{NF}},t_{\mathrm{NL}})\\ \mathbf{Pn}=(\mathbf{di},\mathbf{si},\mathbf{do},\mathbf{so})\\ \mathbf{An}=(\mathrm{an}_1,\mathrm{an}_2,\cdots,\mathrm{an}_m)\end{cases} \tag{6-2}$$

式中，t_{NE}、t_{NF}、t_{NL} 分别代表节点的实体类型、功能类型和载荷/设备类型；$\mathbf{di}$、$\mathbf{si}$ 分别为节点的输入数据类型向量、输入端口链路类型向量；$\mathbf{do}$、$\mathbf{so}$ 分别为节点的输出数据类型向量、输出端口链路类型向量；$\mathrm{an}_i(i\in\{1,\cdots,\mathrm{rn}\})$ 为 $\mathbf{An}$ 的第 i 维属性，rn 为 $\mathbf{An}$ 的总维数，另有

$$\begin{cases} \mathbf{di} = (\mathrm{di}_1, \mathrm{di}_2, \cdots, \mathrm{di}_m) \\ \mathbf{si} = (\mathrm{si}_1, \mathrm{si}_2, \cdots, \mathrm{si}_m) \\ \mathbf{do} = (\mathrm{do}_1, \mathrm{do}_2, \cdots, \mathrm{do}_n) \\ \mathbf{so} = (\mathrm{so}_1, \mathrm{so}_2, \cdots, \mathrm{so}_n) \end{cases} \qquad (6\text{-}3)$$

式中，di_i、si_i $(i = 1, 2, \cdots, m)$ 分别为节点第 i 个输入端口的数据类型编号和链路类型编号，m 为节点输入端口总数；do_j、so_j $(j = 1, 2, \cdots, n)$ 分别为节点第 j 个输出端口的数据类型编号和链路类型编号，n 为节点输出端口总数。

2）连接描述方法

定义七元组表示的连接类 Cl，以描述复杂信息网络节点间的连接：

$$\mathrm{Cl} = \langle \mathrm{IDn}_{n_s}, \mathrm{IDn}_{n_t}, \mathbf{Tn}_{n_s}, \mathbf{Tn}_{n_t}, \mathbf{Tc}, \mathrm{Td}, \mathbf{Al} \rangle \qquad (6\text{-}4)$$

式中，IDn_{n_s} 表示连接起始节点；IDn_{n_t} 表示连接终止节点；$\mathbf{Tn}_{n_s}$ 为起始节点的类型；$\mathbf{Tn}_{n_t}$ 为终止节点的类型；$\mathbf{Tc}$ 为连接链路的类型；Td 为连接传输的数据类型；$\mathbf{Al}$ 为连接的其他属性构成的向量，另有

$$\mathbf{Al} = (\mathrm{al}_1, \mathrm{al}_2, \cdots, \mathrm{al}_{\mathrm{rl}}) \qquad (6\text{-}5)$$

式中，$\mathrm{al}_i (i = 1, \cdots, \mathrm{rl})$ 为 $\mathbf{Al}$ 的第 i 维属性，rl 为 $\mathbf{Al}$ 的总维数。

3）链路描述方法

定义二元组表示的链路类 Cc，以描述复杂信息网络的链路：

$$\mathrm{Cc} = \langle \mathbf{Tc}, \mathbf{Ac} \rangle \qquad (6\text{-}6)$$

式中，$\mathbf{Tc}$ 为链路类型向量；$\mathbf{Ac}$ 为链路其他属性组成的向量，且有

$$\begin{cases} \mathbf{Tc} = (\mathrm{tc}^W, \mathrm{tc}^M) \\ \mathbf{Ac} = (\mathrm{ac}_1, \mathrm{ac}_2, \cdots, \mathrm{ac}_{\mathrm{rc}}) \end{cases} \qquad (6\text{-}7)$$

式中，tc^W 表示链路为有线/无线链路；tc^M 表示链路的工作媒介/频段；$\mathrm{ac}_i (i = 1, \cdots, \mathrm{rc})$ 为 $\mathbf{Ac}$ 的第 i 维属性，rc 为 $\mathbf{Ac}$ 的总维数，且 tc^W 与 tc^M 满足如下关系：

$$\mathrm{tc}^W = \begin{cases} 0 & （c\text{为无线链路}） \\ 1 & （c\text{为有线链路}） \end{cases}$$

$$\mathrm{tc}^M = \begin{cases} F & (\mathrm{tc}^W = 1) \\ x \in \{P, L, S, C, X, Ku, K, Ka, Q, V\} & (\mathrm{tc}^W = 0) \end{cases}$$

tc^M 类型符号含义详见表 6-10。

表 6-10　复杂信息网络链路工作媒介/频段符号的含义

符　　号	媒介/频段	符　　号	频　　段	符　　号	频　　段
F	有线光纤	C	3.4～8GHz	Ka	26.5～36GHz
P	225～390MHz	X	7.925～12.5GHz	Q	36～46GHz
L	390～1550MHz	Ku	12.5～16GHz	V	46～56GHz
S	1.55～3.4GHz	K	18～26.5GHz		

4）数据描述方法

定义二元组表示的数据类 Cd，以描述复杂信息网络中的数据：

$$Cd = \langle Td, \mathbf{Ad} \rangle \qquad (6\text{-}8)$$

式中，Td 为数据类型；$\mathbf{Ad} = (ad_1, ad_2, \cdots, ad_{rd})$ 为数据其他属性构成的向量，$ad_i (i \in 1, \cdots, rd)$ 为 $\mathbf{Ad}$ 的第 i 维属性，rd 为 $\mathbf{Ad}$ 的总维数。

5）超边描述方法

定义三元组表示的超边类 Cs，以描述复杂信息网络的超边：

$$Cs = \langle Ns, \mathbf{Gs}, \mathbf{As} \rangle \qquad (6\text{-}9)$$

式中，Ns 为超边包含的节点集；$\mathbf{Gs}$ 为超边节点的邻接矩阵；$\mathbf{As}$ 为超边的属性向量，且有

$$\begin{cases} Ns = \{ns_1, ns_2, \cdots, ns_{bs}\} \\ \mathbf{Gs} = [ls_{ij}]_{bs \times bs} \\ \mathbf{As} = (as_1, as_2, \cdots, as_{rs}) \end{cases} \qquad (6\text{-}10)$$

式中，$ns_i (i = 1, \cdots, bs)$ 为超边的第 i 个节点，bs 为超边包含的节点总数；$\mathbf{Gs}$ 中的 ls_{ij} 表示节点 ns_i 和 ns_j 的连接；$as_i (i = 1, \cdots, rs)$ 为 $\mathbf{As}$ 的第 i 维属性，rs 为 $\mathbf{As}$ 的总维数。

2. 基于体系结构的复杂信息网络生成技术

1）复杂信息网络的结构模型

为了反映复杂信息网络的超边节点连接关系，以及使模型能够兼具反映网络整体及部分的特性，提出五元组表示的复杂信息网络结构模型，如下所示：

$$H_{\text{ISBIN}} = \langle N, L, S, SN, L_s \rangle \qquad (6\text{-}11)$$

式中，N 为复杂信息网络的节点集；L 为整网邻接矩阵；S 为网络超边集；SN 为复杂信息网络的超网络关联矩阵；L_s 为超边的节点邻接矩阵集，且有

$$\begin{cases} \boldsymbol{N} = \{n_1, n_2, \cdots, n_K\} \\ \boldsymbol{L} = [l_{ij}]_{K \times K} \\ \boldsymbol{S} = \{s_1, s_2, \cdots, s_M\} \\ \boldsymbol{SN} = [\mathrm{sn}_{ij}]_{M \times K} \\ \boldsymbol{L}_s = \{\boldsymbol{Gs}_{s_1}, \boldsymbol{Gs}_{s_2}, \cdots, \boldsymbol{Gs}_{s_M}\} \end{cases} \qquad （6\text{-}12）$$

式中，$n_i(i=1,2,\cdots,K)$ 为网络节点；$l_{ij}(i,j \in \{1,\cdots,K\})$ 为网络节点 n_i 与 n_j 之间的连接；$s_i(i=1,\cdots,M)$ 为网络超边；$\mathrm{sn}_{ij} \in \{0,1\}$ 表示超边 s_i 与节点 n_j 之间的包含关系（1 为包含，0 为不包含）；$\boldsymbol{Gs}_{s_i}$ 为超边 s_i 所含节点的邻接矩阵；K 为网络节点总数；M 为网络超边总数。显然，$\boldsymbol{L}_s$ 的元素 $\boldsymbol{Gs}_{s_i}$ 为 $\boldsymbol{L}$ 的子矩阵。

H_{ISBIN} 作为结构模型仅能反映有限的网络信息，因此为了拓展 H_{ISBIN} 的应用范围，定义 H_{ISBIN} 的伴随属性模型 $\boldsymbol{A}_{H_{\mathrm{ISBIN}}}$ 为如下所示的四元组。

$$\boldsymbol{A}_{H_{\mathrm{ISBIN}}} = \left\langle \boldsymbol{A}_N, \boldsymbol{A}_L, \boldsymbol{A}_S, \boldsymbol{A}_{L_s} \right\rangle \qquad （6\text{-}13）$$

式中，$\boldsymbol{A}_N$ 是复杂信息网络的节点属性对象集；$\boldsymbol{A}_L$ 是复杂信息网络的连接属性对象矩阵；$\boldsymbol{A}_S$ 是复杂信息网络的超边属性对象集；$\boldsymbol{A}_{L_s}$ 为超边的节点连接属性对象矩阵集，且有

$$\begin{cases} \boldsymbol{A}_N = \{\mathrm{Cn}_{n_1}, \cdots, \mathrm{Cn}_{n_K}\} \\ \boldsymbol{A}_L = [\mathbf{Cl}_{l_{ij}}]_{K \times K} \\ \boldsymbol{A}_S = \{\mathbf{Cs}_{s_1}, \cdots, \mathbf{Cs}_{s_M}\} \\ \boldsymbol{A}_{L_s} = \{\boldsymbol{A}_{G_{s_1}}, \boldsymbol{A}_{G_{s_2}}, \cdots, \boldsymbol{A}_{G_{s_M}}\} \end{cases} \qquad （6\text{-}14）$$

式中，$\mathrm{Cn}_{n_i}(i=1,\cdots,K)$ 为节点 n_i 的属性对象；$\mathbf{Cl}_{l_{ij}}(i,j \in \{1,\cdots,K\})$ 为节点 n_i 与节点 n_j 间连接 l_{ij} 的属性向量；$\mathbf{Cs}_{s_i}(i=1,\cdots,M)$ 为第 i 条超边属性向量；$\boldsymbol{A}_{G_{s_k}} = [\mathbf{Cl}_{l_{ij}^{s_k}}]_{b_{s_k} \times b_{s_k}}(k=1,\cdots,M)$ 为超边的节点连接属性向量矩阵；$\mathrm{Cl}_{l_{ij}^{s_k}}(i,j=1,\cdots,b_{s_k})$ 为超边 s_k 的节点 $n_i^{s_k}$ 与 $n_j^{s_k}$ 间的连接属性对象；b_{s_k} 为超边 s_k 包含的节点总数。

H_{ISBIN} 和 $\boldsymbol{A}_{H_{\mathrm{ISBIN}}}$ 组合形成完整的复杂信息网络模型，其优点在于既能利用 L 反映系统的整体拓扑结构，又能利用 SN 及 $\boldsymbol{L}_s$ 反映系统节点间的多元关系。另外 H_{ISBIN} 和 $\boldsymbol{A}_{H_{\mathrm{ISBIN}}}$ 建立起了网络结构与网络整体及内部属性之间的映射关系，且这种映射关系是以数据化的形式存在的，综合应用 H_{ISBIN} 和 $\boldsymbol{A}_{H_{\mathrm{ISBIN}}}$ 即可开展多层面的复杂信息网络系统分析。

2）基于体系结构的复杂信息网络构建步骤

在体系结构设计中，视图的系统接口描述（SV-1）和系统通信描述（SV-2）

包含系统的组成与结构关系。其中，系统接口描述主要反映系统组成之间的数据交换关系，是组成信息交换的逻辑关系；系统通信描述则反映组成部分之间的物理连接关系，是组成单元之间的物理连接关系。同时，还包含体系结构视图中的数据视图，其是以（SV-1）、（SV-2）、（SV-5）等产品的数据为基础产生出来的。

针对具体的复杂信息网络，在网络元素形式化描述方法基础上，依据复杂网络的体系结构设计成果来构建其网络模型，具体构建步骤如下：

（1）根据具体的复杂信息网络体系结构模型（SV-1）、（SV-2）、（SV-5），确定复杂信息网络的节点类型集 T_N、连接类型集 T_L、数据类型集 T_D，以及超边构建方法，且 $T_N = \{Tn_1, \cdots, Tn_g\}$，$T_L = \{Tl_1, \cdots, Tl_p\}$，$T_D = \{Td_1, \cdots, Td_q\}$，其中，$g$、$p$、$q$ 分别为复杂信息网络节点类型总数、连接类型总数、数据类型总数。

（2）根据网络规模 K，以及各类型节点的数量比例，生成复杂信息网络节点集 N，并伴随生成节点属性向量集 A_N。

（3）按照各类型网络节点的 I/O 关系 P_n，逐一建立网络节点间的通信连接，生成整体网络邻接矩阵 L，并伴随生成连接属性向量矩阵 A_L。

（4）按照超边构建方法，逐一构建超边生成网络超边集 S，然后依 S 中超边对网络节点的包含关系生成网络超图关联矩阵 $\mathbf{SN}$，并伴随生成超边属性向量集 A_S。

（5）从整体网络邻接矩阵 L 中提取 $\mathbf{SN}$ 对应的关联矩阵集 L_s，并生成对应的连接属性向量矩阵 A_{L_s}。

3. 复杂信息网络节点分析方法

当前评价节点重要性的分析方法主要分为两种：一种是不影响网络结构的方法，即通过计算节点相关属性值，来判别节点的重要性；另一种是基于节点删除的方法，即通过比较节点删除前、后对网络造成的影响大小来判别节点的重要性。

1）不影响网络结构的方法

该方法在不影响网络整体性的前提下，通过"放大"节点某些属性的显著性差异来评估节点的重要性。根据评估方法侧重点的不同，又可以分为两类，即基于节点关联性的方法与基于最短路径的方法。

（1）基于节点关联性的方法

该方法侧重于节点间的直接连接状态，在拓扑结构分析的基础上评估节点的重要度。

① 节点的度

作为最简单、最直观的方法，用节点的度衡量其重要性主要关注节点与相邻节点能够联系的能力。一般将节点的度记为 $C_d(v_i) = k_i$ ，式中， k_i 表示直接连接到节点 v_i 的节点数。

为了更加直观地研究复杂信息网络的重要节点价值，本节构建了基于体系结构的复杂信息网络模型。该模型中的节点类型主要包括各类卫星、地面站、应用中心、地面互联网终端、移动通信终端、用户终端等设备。边的类型包括有线链路和无线链路，将其映射为点与点之间的信息连接关系。最终呈现的是一个卫星网络、地面骨干网络、局域网、用户专网和用户应用终端相互交互的拓扑关联模型，具体网络构建过程在此不再赘述。本节中的复杂信息网络模型的节点数为 1396 个，连边数为 2374 条。

图 6-32 对这个典型复杂信息网络的相关节点进行了度的计算，并对结果进行了归一化统计，统计结果如图 6-32（a）和图 6-32（b）所示。图 6-32（a）为复杂信息网络基于度的节点重要度评估结果，图 6-32（b）为复杂信息网络基于度的节点重要度分布情况。

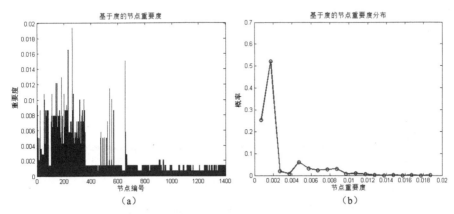

（a）　　　　　　　　　　　　　（b）

图 6-32　基于度的节点重要度评估结果及分布情况

直观上讲，节点的度越大，节点便越重要。该方法的优点是简单易用，对于具有 M 条边的网络来说，其算法复杂度为 $O(M)$ 。当然，其评估结论也略显片面。只看这个节点的度将无法准确了解其重要程度，并且通过图 6-32（b）

可以看出，低重要度的节点数量占总节点数的 70%左右，高重要度的节点数量占总节点数的 30%左右，而对于 70%的低重要度节点来说，很难区分它们之间的重要度。

② 子图

子图指标一方面延续度指标对节点关联性的直观反映，另一方面关注了二次连接及多次连接情况，实现了对度的扩展，从而以节点的综合连接性反映其重要性。该方法可以描述为：计算从一个节点开始到该节点结束的闭环路的数目，一个闭环代表网络中的一个子图。该方法通过计算一个节点所参与的不同子图数，对子图进行加权以突显节点的差异性。定义子图中心度指标来反映节点的重要度。

计算节点 v_i 的子图中心度公式为

$$C_s(v_i) = \sum_{n=0}^{\infty} \frac{u_n(v_i)}{n!}, \ u_n(v_i) = (A^n)_{ii} \qquad (6\text{-}15)$$

式中，$(A^n)_{ii}$ 为邻接矩阵 A 的 n 次幂的第 i 个对角线元素；$u_n(v_i)$ 表示以节点 v_i 为起点经 n 个连边回到节点 v_i 的回路数目，而每条回路对节点的贡献会随着长度的增加而递减。图 6-33（a）为复杂信息网络基于子图的节点重要度评估结果，图 6-33（b）为复杂信息网络基于子图的节点重要度分布情况。

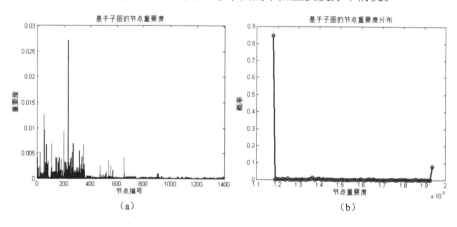

图 6-33　基于子图的节点重要度评估结果及分布情况

因为要计算不同长度的子图数目，所以基于子图的节点重要度评估方法的计算复杂度较高，尤其是对于复杂信息网络而言，其评价过程将消耗大量时间，由图 6-33（b）可以看出，低重要度的节点数占总节点数的 85%左右。

（2）基于最短路径的方法

① 介数

人们采用介数指标来考察节点对于网络中信息流的影响程度，一般定义为节点在网络中所有最短路径上的次数。设网络具有 N 个节点，则节点 v_i 的介数可以表示为

$$C_b(v_i) = \sum_{s<t} \frac{g_{st}(v_i)}{n_{st}} \qquad (6\text{-}16)$$

式中，$g_{st}(v_i)$ 表示节点 v_s 和 v_t 之间最短路径经过节点 v_i 的条数；n_{st} 表示节点 v_s 和 v_t 之间的最短路径数量。对于节点 v_i，介数最大时，其位于任意两个节点的最短路径上，值为 $\dfrac{(N-1)(N-2)}{2}$，由此将介数归一化为

$$C_B(v_i) = \frac{2C_b(v_i)}{(N-1)(N-2)} \qquad (6\text{-}17)$$

图 6-34（a）为复杂信息网络基于介数的节点重要度评估结果，图 6-34（b）为复杂信息网络基于介数的节点重要度分布情况。

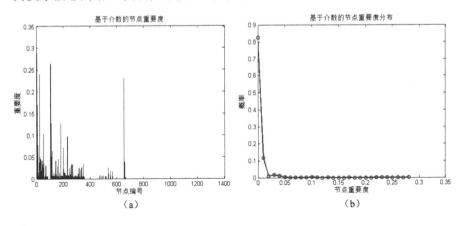

（a）　　　　　　　　　　　　（b）

图 6-34　基于介数的节点重要度评估结果及分布情况

该指标表征了节点对流量的重要性，也就是说，经过节点的流量越大，其介数就越大。通过计算节点介数，可以定量确定网络中负载繁重的节点，其不足是仅在最短路径中考察一个节点的重要性，而没有在所有路径中考察其重要性，且通过图 6-34（b）可以看出，在该评估方法下，低重要度节点数占总节点数的 82%左右。

② 特征向量

特征向量指标强调节点间的影响，其主要思想是节点的重要性应该与其

连接节点的重要程度线性相关，也就是说，节点可通过连接网络中的重要节点来间接提升自身的重要性。

在具有 N 个节点的网络中，A 表示网络的邻接矩阵，$\lambda_1, \lambda_2, \cdots, \lambda_N$ 为 A 的 N 个特征值。设 λ 为矩阵 A 的最大特征值（主特征值），其对应的特征向量为 $e = [e_1, e_2, \cdots, e_n]^T$，则有

$$\lambda e_i = \sum_{j=1}^{N} a_{ij} e_j \, (i = 1, \cdots, n) \qquad (6\text{-}18)$$

则节点 v_i 的特征向量指标可定义为

$$C_e(v_i) = \lambda^{-1} \sum_{j=1}^{N} a_{ij} e_j \qquad (6\text{-}19)$$

图 6-35（a）为复杂信息网络基于特征向量的节点重要度评估结果，图 6-35（b）为复杂信息网络基于特征向量的节点重要度分布情况。

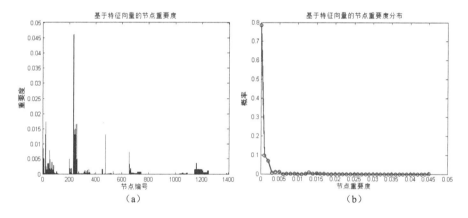

（a）　　　　　　　　　　　（b）

图 6-35　基于特征向量的节点重要度评估结果及分布情况

特征向量指标适用于描述节点的长期影响力，主要用来进行传播分析，如疾病传播、谣言扩散等。在这些网络中，节点的特征向量高，说明其距传染源很近，应作为关键节点予以重点防范，然而该指标并不适用于复杂信息网络的抗毁性研究，且通过图 6-35（b）可以看出，在该指标下，低重要度节点数占总节点数的 80% 左右。

③ 接近度

人们采用接近度指标来表征网络节点到达其他节点的困难程度，一般用该节点到其他节点的距离和的倒数来表示。

在具有 N 个节点的网络中，节点 v_i 的接近度可记为

$$C_{\mathrm{c}}(v_i) = \left[\sum_{j=1}^{N} d_{ij}\right]^{-1} \qquad (6\text{-}20)$$

图 6-36（a）为复杂信息网络基于接近度的节点重要度评估结果，图 6-36（b）为复杂信息网络基于接近度的节点重要度分布情况。

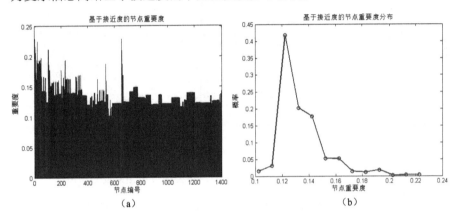

（a）　　　　　　　　　　　　　　（b）

图 6-36　基于接近度的节点重要度评估结果及分布情况

接近度指标可表征节点对其他网络节点产生影响的能力，不仅考虑其度值，还考虑其在网络中的位置，该方法更能反映网络的全局结构。通过图 6-36（b）可以看出，基于接近度的节点重要度分布近似 Poisson 分布，该分布对节点重要度的刻画较为清晰，然而由于需要重复搜索每个节点与网络中其他节点的最短路径，所以其计算复杂度也相对较高。

2）基于节点删除的方法

该方法主要利用网络连通性来表征系统中某种功能的完整程度，一般通过分析节点对网络连通性等指标的影响来评估网络中节点的重要性。

（1）最大连通分支尺寸

用节点 v_i 删除后网络的最大连通分支尺寸（阶数）与网络原有尺寸之比

$$C_{\mathrm{r}}(v_i) = \frac{N_i^{\mathrm{R}}}{N} \qquad (6\text{-}21)$$

来度量删除节点 v_i 后网络的效能。其中，N 表示在删除节点前连通网络的节点数目；N_i^{R} 表示在删除节点后网络中最大连通分支的节点数目。通过节点删除前、后网络最大连通分支尺寸的相对减少量来衡量节点 v_i 的重要度，即

$$C_{\mathrm{R}}(v_i) = \frac{N - N_i^{\mathrm{R}}}{N} \qquad (6\text{-}22)$$

图 6-37（a）为复杂信息网络基于最大连通分支尺寸的节点重要度评估

结果，图 6-37（b）为复杂信息网络基于最大连通分支尺寸的节点重要度分布情况。

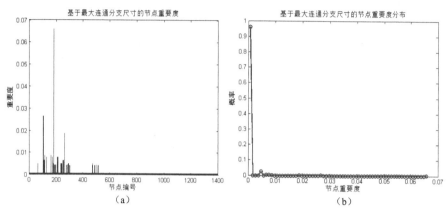

图 6-37　基于最大连通分支尺寸的节点重要度评估结果及分布情况

对于复杂信息网络来说，从网络中删除一个节点，对系统的连通性一般不会造成太大影响，因此基于该指标的节点重要性评估，很难区分不同节点的重要性。通过图 6-37（b）可以看出，95%左右节点的重要度几乎相同。

（2）网络效率

对于具有 N 个节点的连通网络，若 $d_{ij}(i,j=1,2,\cdots,N)$ 表示网络中节点 v_i 到节点 v_j 的最短距离，则可将网络的平均距离定义为

$$L=\frac{2}{(N-1)(N-2)}\sum_{i>j}^{N}d_{ij} \tag{6-23}$$

如果网络为非连通网络，则网络的平均距离会变为无穷大，此时利用该指标将无法衡量节点的重要性。因此引入网络效率 E 来衡量节点的重要性，将该指标定义为网络节点间距离倒数的平均值：

$$E=\frac{2}{(N-1)(N-2)}\sum_{i>j}^{N}\frac{1}{d_{ij}} \tag{6-24}$$

令删除节点 v_i 及与 v_i 相连的 k_i 条边后，剩余网络效率为 E_i。用删除节点 v_i 后，网络效率的相对变化量

$$C_{\mathrm{E}}(v_i)=\frac{E-E_i}{E} \tag{6-25}$$

来衡量节点 v_i 的重要程度。图 6-38（a）为复杂信息网络基于网络效率的节点重要度评估结果，图 6-38（b）为复杂信息网络基于网络效率的节点重要度分布情况。

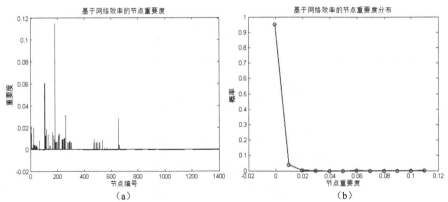

图 6-38　基于网络效率的节点重要度评估结果及分布情况

当 $C_E(v_i) > 0$ 时，表示删除节点 v_i 导致网络效率的下降，$C_E(v_i)$ 值越大，节点 v_i 越重要；当 $C_E(v_i) = 0$ 时，表示删除节点 v_i 对网络效率没有影响；当 $C_E(v_i) < 0$ 时，表示删除节点 v_i 增加了网络效率。基于节点删除法的原理是衡量节点删除后，对网络某项性能造成的缺失程度，而基于网络效率的节点重要度评估方法，在删除某个节点后，却有可能提升网络效率，这种现象是可以理解的，但给节点重要度的评估带来很大不便，并且通过图 6-38（b）可以看出，网络中 95%左右的节点都属于低重要度节点。

（3）综合网络效率损失

该方法把节点删除对网络连通性造成的影响分为两部分：第一，节点删除后就不能再与其余节点进行连通，称为直接损失（用 DLOS 表示）；第二，其余节点可能因节点 v_i 的删除而不再连通，称为间接损失（用 ILOS 表示）。总损失（用 TLOS 表示）为直接损失与间接损失之和，其表示删除节点后对整个网络连通性的总影响，即所删除节点的重要性。一个节点的删除对网络造成的总损失（TLOS）越大，该节点就显得越重要。

对于具有 N 个节点的连通图，假设删除任意节点 v_i 之后形成的连通分支数为 ω，每个分支的节点数为 $N_l(l = 1, 2, \cdots, \omega)$。首先，删除节点 v_i 后造成自身与剩余节点之间产生的不连通节点对数为

$$N_D(v_i) = N - 1$$

由这部分节点对所产生的直接网络效率损失为

$$\text{DLOS}(v_i) = \sum_{j=1, j \neq i}^{N} \frac{1}{d_{ij}} \qquad (6\text{-}26)$$

而由于节点 v_i 及其邻边的删除所造成剩余节点之间产生的不连通节点对数为

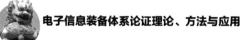

$$N_{\mathrm{I}}(v_i) = \sum_{l=1}^{\varpi} \sum_{j=l+1}^{\varpi} N_l N_j \qquad (6\text{-}27)$$

由这部分节点对所产生的间接网络效率损失为

$$\mathrm{ILOS}(v_i) = \sum_{l=1, l \neq i}^{N-1} \sum_{j=l+1, j \neq i}^{N} \frac{\delta(v_l, v_j)}{d_{lj}} \qquad (6\text{-}28)$$

其中，

$$\delta(v_l, v_j) = \begin{cases} 0（删除 v_i 后 v_l 与 v_j 仍连通）\\ 1（删除 v_i 后 v_l 与 v_j 不连通）\end{cases}$$

删除节点 v_i 后网络中存在的总的不连通节点对数为

$$N_{\mathrm{T}}(v_i) = N_{\mathrm{D}}(v_i) + N_{\mathrm{I}}(v_i) = (N-1) + \sum_{i=1}^{\varpi} \sum_{j=i+1}^{\varpi} N_i N_j \qquad (6\text{-}29)$$

删除节点 v_i 对网络产生的总损失为

$$\mathrm{TLOS}(v_i) = \sum_{l=1}^{N-1} \sum_{j=l+1}^{N} \frac{\delta(v_l, v_j)}{d_{lj}} \qquad (6\text{-}30)$$

对于一个节点来说，其重要度可以用下式表示：

$$C_{\mathrm{r}}(v_i) = \mathrm{TLOS}(v_i) \qquad (6\text{-}31)$$

容易证明，对于具有 N 个节点的星形网络，该节点的重要度在中心节点处可取得最大值，为

$$C_{\mathrm{r}}^{\max} = \frac{(N-1)(N+2)}{4} \qquad (6\text{-}32)$$

图 6-39（a）为复杂信息网络基于综合网络效率损失的节点重要度评估结果，图 6-39（b）为复杂信息网络基于综合网络效率损失的节点重要度分布情况。

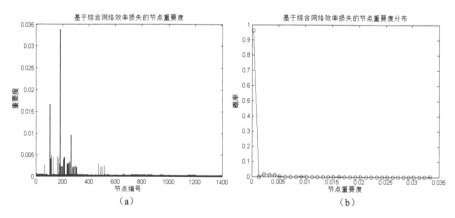

图 6-39　基于综合网络效率损失的节点重要度评估结果及分布情况

通过图 6-39（a）可以看出，基于综合网络效率损失的节点重要度评估方法仅能较为清晰地分辨节点编号为 100～300 的节点重要度，而对其他节点重要度的分辨率较低，通过图 6-39（b）也可以看出，低重要度的节点数量占总节点数的 90% 左右。

参考文献

[1] 于桓凯，郭齐胜，赵定海，等. 基于体系结构技术的部队网顶层设计[J]. 装甲兵工程学院学报，2011, 25(2): 64-67.

[2] 熊伟，刘德生，简平. 空间信息系统建模仿真与评估技术[M]. 北京：国防工业出版社，2016.

[3] 简平，熊伟，郭琳. 网络信息体系结构模型设计方法[J]. 科技导报，2019, 37(13): 32-39.

[4] 简平，熊伟. 基于活动的 C4ISR 体系结构建模方法研究[J]. 装备指挥技术学院学报，2009, 20(5): 50-55.

[5] 陈禹六. IDEF 建模分析和设计方法[M]. 北京：清华大学出版社. 1999.

[6] 卢宏锋，于洪敏，陈利军. 基于 UML 的武器装备体系需求工程建模技术研究[J]. 科学技术与工程，2008(16): 4737-4741.

[7] 刘兰娟，竹宇光. 信息系统分析与设计[M]. 北京：电子工业出版社，2002.

[8] 任刚. 基于 UML 的短信辅助办公信息系统设计[D]. 重庆：重庆大学，2004.

[9] 高永明，赵立军，闫慧. 一种支持自主任务规划调度的航天器系统建模方法[J]. 系统仿真学报，2009, 21(2): 320-324, 334.

[10] 简平，熊伟. 基于体系结构流程仿真的天基预警系统服务描述与验证[J]. 指挥控制与仿真，2015, 37(4): 10-15.

[11] 罗雪山，罗爱民，张耀鸿. 军事信息系统体系结构技术[M]. 北京：国防工业出版社，2010.

[12] 熊伟，简平，刘德生. 天基预警系统顶层设计与任务规划技术[M]. 北京：国防工业出版社，2018.

[13] 简平. 反导作战信息支援装备体系建模与分析[D]. 北京：装备指挥技术学院，2009, 12.

[14] 姜军，吕翔，罗爱民，等. IDEF3 过程模型执行性研究[J]. 计算机仿真，2009, 26(7): 325-328.

第 7 章

基于仿真推演的电子信息装备体系论证方法

电子信息装备体系是一个开放的复杂巨系统，许多国内专家学者和科研机构都逐步采用"超越还原论"的现代复杂系统科学理论方法，按照定性判断和定量计算相结合、还原论与整体论相结合、微观分析与宏观综合相结合、计算机模拟与专家职能相结合等原则，对研究对象的系统组成、相互联系、外部关系、整体功能、整体效能等方面进行全方位的研究，以便能深入分析研究体系的涌现性、演化性和自治性。同时，电子信息装备体系是军事范畴内的复杂巨系统，涵盖的装备种类多、数量大、结构复杂，对其进行科学论证必然要将攻防双方电子信息装备置于对抗的环境及条件下，建立电子信息装备体系研究仿真实验环境，基于电子信息装备模型，构建信息化条件下虚拟战场环境，进行电子信息装备体系作战仿真，经过若干次迭代和多样本演算，客观评价论证电子信息装备的体系对抗能力和作战效能，从而提出电子信息装备体系建设的合理配置和优化建议。因此，仿真推演的研究方法是开展电子信息装备体系顶层设计、作战模拟、体系优化、效能评估、新概念武器装备军事需求分析，以及作战应用研究的主要方法。

7.1　仿真需求分析

7.1.1　基于仿真推演的电子信息装备体系论证的必要性

大量理论研究和实验证实，建模与仿真技术和高性能计算技术相结合，正成为继理论研究和实验研究之后的第三种认识和改造客观世界的重要方法。复杂系统与仿真的融合，不仅是复杂系统发展的需要，也是仿真技术发展到现阶段的固有需求。

电子信息装备体系具有要素多、作战环境复杂，以及动态性和军事对抗性等特点，使得其在现实世界中难以直接进行实验验证，仿真和军事对抗推演无疑成为研究电子信息装备体系的主要科学实践方法和工具，甚至是唯一和不可替代的方法和工具。基于仿真推演的研究电子信息装备体系的方法的优越性表现在如下几个方面：

- 借助系统和体系模型对电子信息装备体系进行实验研究，可以对现有电子信息装备体系或未来电子信息装备体系进行再现或预先研究，其本质是一种基于模型的科学活动。

- 在仿真和推演环境中灵活提供各种实验参数和设置电子信息装备参数，研究人员可以重复各种实验过程，大大提高电子信息装备体系的研究效率。

- 仿真推演方法能够促使研究人员关注电子信息装备体系的主要特性，通过反复迭代运行来逐渐逼近真实的体系演化模型，这种逐步求精的建模方法对体系工程领域来说是必不可少的。

- 仿真与推演相结合能够支持平行系统和数字孪生的具体实施，用物理世界电子信息装备体系的数据支持仿真模型的校验与调整，再实时反馈到仿真系统开展多方案实验与评估，从而得到更优化的论证结果。

- 在高性能并行计算的支持下，基于仿真推演的方法能够有机融入智能计算、大数据、云计算等领先的信息技术中，并解决智能决策、海量计算和并行仿真的难题。

- 在大规模、多样本仿真推演的实施下，研究人员可以有效获取在现实中难以获得的训练数据、参考数据、统计数据，通过建立科学的评估模型，可以对电子信息装备体系、重大电子信息装备等开展效能评估，为军事战略和装备规划，甚至战术战法应用提供强有力的支持。

7.1.2　体系仿真推演的难点分析

对于规模庞大的电子信息装备体系，由于体系本身所具有的非线性结构，建立完全、精确的模型是非常困难的，体系的建模与仿真难点总结起来有以下几个方面：

（1）体系的各个组成部分属于不同领域，其研究所依赖的学科、专业工具、支撑环境各不相同，这种差异在仿真领域称为系统的异构性，具体表现如下：

- 仿真系统底层操作系统层面的异构性,包括通用操作系统(Windows、Linux、iOS 等)、实时操作系统、嵌入式操作系统等不同操作系统的支撑。
- 集成开发环境和系统软件的异构性,如仿真系统采用不同的开发语言,有 C++、C#、XML、Matlab、Labview、Java、QT 等。
- 仿真终端和仿真服务器的异构性,如仿真终端分布在不同地域,硬件支撑体系架构各异,有分布式的、集群式的、混合式的等。

上述的异构性使得体系仿真的互联互通与互操作遇到很大障碍,也给体系仿真的综合集成带来很大难度,目前迫切需要高效率的技术与方法来解决体系仿真的异构性互联与互操作,以及体系仿真的综合集成问题。

(2)电子信息装备体系本身的复杂性使得所建立的仿真系统规模越来越大,由此带来的多粒度多层次的仿真需求也急剧增加。目前的仿真系统正在从单一仿真到多维仿真,从单节点仿真到多节点仿真,从集中式到分布式,从性能层次到系统效能层次等方面进行转化和发展。因此所建立的体系仿真系统应该具有多粒度仿真的特性,具有灵活与可扩展的基本条件,能够满足不同任务的需要。

(3)体系本身所具有的复杂大系统特性使得很难以一种严格的数学解析形式对其进行精细计算和定量分析。其原因一方面是体系的边界具有不确定性和模糊性,使得体系模型的构建很难从空间和时间上加以分割;另一方面,体系所具有的涌现性也很难运用解析形式来定量分析。

(4)组成体系的组分系统之间的松耦合性,使得建模与仿真的形式与方法很难统一和标准化。另外,在电子信息装备体系内,信息贯穿于组分系统之间,其信息流转过程中的相互作用包含很多不确定性,致使仿真交互复杂,信息容量大。

(5)一般来讲,体系仿真的扩大伴随着仿真系统对高性能计算和大数据存储需求的急剧增加。例如,有时多到几千万甚至上亿的仿真实体参与到仿真系统中,同时在仿真过程中持续时间长,仿真步长精细,数据种类繁多,由此带来数据成百倍和上千倍的增长。这些都给体系仿真的高性能计算和大数据存储带来了不可避免的挑战。目前,解决这类问题主要靠高性能的计算机和计算机集群,以及超大容量的数据库存储系统,其成本高昂、系统复杂、使用与维护都很困难,很难满足一般用户的使用需求。

（6）从体系仿真系统完整的生命周期上讲，一个完整仿真系统的研制与运行包括需求分析、顶层设计、仿真框架设计、仿真代码生成、模型与数据集成、仿真运行、结果分析、反馈优化等，但是大系统的复杂性和异构性导致在大系统仿真的集成阶段会出现接口不能无缝链接，或者互联效率低、代码不兼容、调用与回调不一致、调试效率低下、可扩展性不强、易用性差等问题，这些因素极大地影响了体系仿真的运用效率和效果。

7.2　基于仿真推演的体系论证方法

7.2.1　基于仿真推演的体系论证总体架构

通过 7.1 节对基于仿真推演的电子信息装备体系论证的必要性和难点的分析，本节提出如图 7-1 所示的基于仿真推演的电子信息装备体系论证的总体架构，将总体架构按照逻辑层面自底向上分为如下七个层次：

（1）基础层。基础层主要指构成仿真推演系统的基础硬件、基础软件和基本服务。基础硬件包括网络环境、计算机终端、服务器、存储系统、并行仿真计算机等；基础软件包括操作系统、中间件、数据库、通用软件等。基本服务是将这些软硬件进行信息系统集成进而提供仿真系统需要的计算服务、存储服务和时统服务等。

（2）资源层。资源层提供构建仿真推演系统必要的数据库和算法库，可以分成环境类、作战类和评估与算法类。环境类主要包括地理环境数据库、气象水文数据库、电磁环境数据库；作战类包括作战装备数据库、作战设施数据库、想定数据库、情报数据库、作战规则数据库、历史资料数据库；评估与算法类包括评估指标库、评估模型库、评估算法库和通用领域算法库等。

（3）仿真支撑层。仿真支撑层提供仿真推演系统的运行环境所需要的仿真运行系统架构、仿真中间件、仿真基础服务，以及各种必要的仿真工具集。仿真运行系统架构指仿真推演系统所采用的标准规范，主要有分布交互式仿真的高层体系架构 HLA、集中式仿真架构 XSIM、组件化仿真架构 DWK 和联合系统仿真架构 MARS；仿真中间件包括 RTI、DDS、DIS 等；仿真基础服务指提供仿真运行的系统运行管理、仿真与仿真成员管理、连接第三方软件的适配器服务等；仿真工具集包括专业领域仿真软件、协同开发环境、代码转换工具、想定编辑工具、实验设计工具和效能评估工具等。

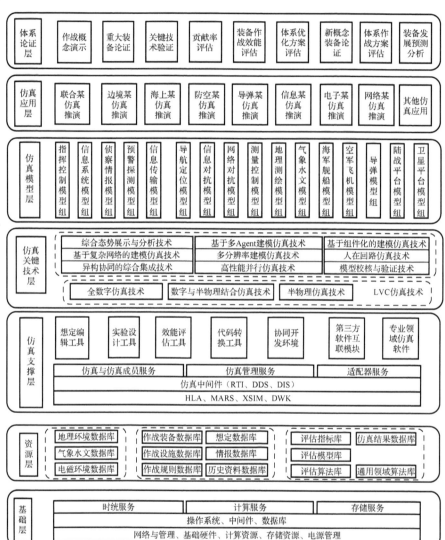

图 7-1　基于仿真推演的电子信息装备体系论证的总体架构

（4）仿真关键技术层。仿真关键技术是一个比较宽泛的定义，包括很多领域和学科的关键技术及方法，在此不一一列举，但是如果按照仿真所采用的总体技术路线来划分，可以分为全数字仿真技术、半物理仿真技术、数字与半物理结合仿真技术，以及全物理仿真技术，这也与仿真领域所提倡的 LVC（Live Simulation、Virtual Simulation、Constructive Simulation）仿真技术所对应。按照解决仿真系统某一方面的问题来划分，可以将其分为异构协同的综合集成技术、高性能并行仿真技术、模型校核与验证技术、基于多 Agent 建模仿真技术、多分辨率建模仿真技术、综合态势展示与分析技术、基于复杂网络的建模仿真技术、人在回路仿真技术，以及基于组件化的建模仿真技术等。

（5）仿真模型层。模型是任何仿真系统的核心关键所在，仿真系统的置信度在很大程度上取决于模型的置信度，因此仿真模型的构建是仿真推演系统的重中之重。电子信息装备体系涉及的对象复杂多样，其仿真系统的开发难度也大，在此架构中，按照电子信息装备体系中的组分系统来进行模型组的划分，可以分为指挥控制模型组、信息系统模型组、预警探测模型组、侦察情报模型组、信息传输模型组、导航定位模型组、信息对抗模型组、网络对抗模型组、测量控制模型组、地理测绘模型组、气象水文模型组等。同时，在仿真推演过程中，各军种兵要的装备模型是必不可少的，故还要增加下列模型组：海军舰船模型组、空军飞机模型组、导弹模型组、卫星平台模型组等。

（6）仿真应用层。仿真应用层主要指依靠仿真系统开展典型军事任务推演，主要包括联合某仿真推演、边境某仿真推演、海上某仿真推演、导弹某仿真推演、信息某仿真推演、网络某仿真推演、电子某仿真推演等。

（7）体系论证层。体系论证层处于最高层级，也是最终建立仿真系统的目的所在。通过前面六个层面的坚实基础和工作，最终可以为体系论证提供如下支撑：作战概念演示、重大装备论证、贡献率评估、关键技术验证、装备作战效能评估、体系作战方案评估、体系优化方案评估、新概念装备论证、装备发展预测分析等。

7.2.2　基于仿真推演的体系论证过程

基于仿真推演的电子信息装备体系论证过程包括五个阶段，分别为体系理论研究阶段、仿真需求分析阶段、构建仿真系统阶段、仿真推演实验阶段、评估与论证阶段，最后得到论证结果，如图 7-2 所示。具体论述如下：

（1）体系理论研究阶段。在此阶段需要以第 3 章所介绍的体系基础理论为指导，其中，钱学森的复杂巨系统理论和现代较为成熟的复杂系统建模与仿真理论是本阶段的重点支撑理论。

（2）仿真需求分析阶段。此阶段的重点是将论证的目的和仿真需求分析清楚，并在此基础上将研究对象进行分解，确立组分系统的信息交互关系，便于仿真分系统的建立与实现。

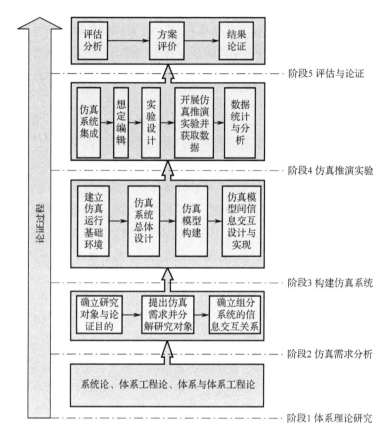

图 7-2　基于仿真推演的电子信息装备体系论证过程

（3）构建仿真系统阶段。研制开发和关键技术攻关是本阶段的重点和难点。在研制开发层面，利用好的软硬件基础环境、仿真数据资源和仿真工具的支持建立仿真运行基础环境；在关键技术层面，利用异构协同的仿真综合集成技术构建复杂仿真系统框架，运用多 Agent 的建模仿真技术实现关键仿真模型，运用高性能并行仿真技术解决计算复杂、样本数量巨大、超实时要求高的仿真需求，另外，运用模型校核与验证技术确保仿真系统的置信度，综合态势表现和分析提供可视化的展现，这些都是进行复杂系统仿真论证所必需的关键技术。

（4）仿真推演实验阶段。按照"总—分—总"的原则，先将体系分解为小的分系统，然后实现仿真分系统，最后综合集成为完整的仿真系统。在此基础上，按照预定的想定、实验设计方案，开展仿真推演实验并获得仿真结果数据，最后对结果数据进行统计分析。另外，如果在此阶段运用人在回路的仿真方法，则需要加以研究和创新。

（5）评估与论证阶段。在开展体系的仿真推演和实验验证的基础上，通过获取的仿真结果数据和对象的评估模型，完成电子信息装备体系的作战概念研究、方案论证、关键技术验证、效能评估和体系贡献率评估等。

7.2.3 基于仿真推演的具体流程

基于仿真推演的电子信息装备体系论证的流程如图 7-3 所示，主要由体系问题和要素分析、确立仿真方案及构建仿真系统、仿真实验设计及仿真推演、仿真数据收集和体系效能评估等组成，同时需要评估指标体系和评估模型的辅助支撑，详细介绍如下。

1．体系问题和体系要素分析

通过对影响武器装备体系的问题进行分析，可以抽取出影响武器装备体系的要素，这些要素既有作战体系的因素，如作战需求、战技指标、作战样式等；也有武器装备的因素，如装备组成、子系统交互关系、装备贡献率等。它们共同构成武器装备体系评估的先决条件和基础。

2．确立仿真方案

在确定评估目标的基础上，根据体系作战的预案，确定仿真方案中装备体系的构成方案，包括装备种类与数量、装备编配结构、装备相互支撑关系、信息交互关系等，开展作战方案筹划，形成仿真评估所需的作战想定，支持后续的仿真推演和体系效能评估。

3．构建仿真系统

根据本章基于仿真的电子信息装备体系论证总体结构图的思路，重点建立仿真模型体系，开展仿真模型研制及仿真数据准备，最终建立相对应的仿真系统，该仿真系统能够真实模拟实际装备的作战机理及对作战体系的影响效应。

4．仿真想定编辑

仿真想定编辑基于作战想定和仿真模型，进行战场环境编辑、作战组织结构编辑、行动过程编辑、作战规则编辑、统计指标定制等。其中，战场环境编辑主要是指编辑体系对抗仿真中的作战时间、作战区域内的自然环境等

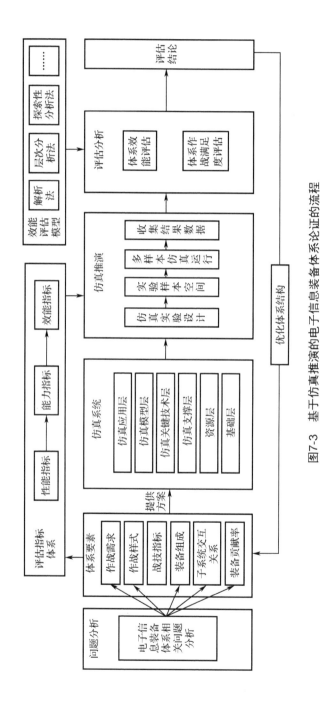

图7-3 基于仿真推演的电子信息装备体系论证的流程

信息。作战规则编辑主要是指编辑指挥中心、作战平台等兵力的战术规则，通过作战规则的描述可以建立一套基于规则推理的计划机制，通过意图和约束，建立计划制定人员对作战计划的主观和客观要求。行动过程编辑包括作战阶段设置、作战区域设计、装备部署及行动规划、通信关系设置、任务行动计划编制等。通过仿真想定编辑，可以描述整个想定的交战过程，以及交战过程中各类实体的行为、交互关系、交战规则，最终形成体系仿真实验的基本想定。

5．仿真推演实验设计

仿真推演往往需通过探索大规模参量空间，来形成参量的可变组合，进而生成仿真样本，然后通过仿真样本驱动大量仿真实验来分析仿真对象的运行规律，最终依据仿真数据和其他经验公式来评估体系作战能力。在实际中，这种通过参量变化形成的仿真样本是巨大的，如果将参量全部遍历一遍，则导致仿真实验次数呈几何级数递增，因此在仿真运行前，要先完成仿真实验设计，做到既能覆盖大规模的参量空间，又能使生成的大样本实验数量保持在一个适当的水平。

6．仿真推演

仿真系统的基础支撑是基础数据、模型和仿真环境，可以根据电子信息装备体系结构的顶层设计结果和想定空间来合理配置仿真参数，然后加入军事推演中所必需的规则、想定、人在回路（导调、决策）等，依据推演流程进行仿真、演练和对抗实验，同时根据仿真推演结果不断地完善校准模型与数据，从而让仿真系统逐渐逼近原系统，使得推演也逐渐逼近现实物理世界的情形。

7．仿真结果数据收集

为了有效支持体系效能评估，需要对体系作战仿真过程中的数据和事件信息进行提取，提供仿真数据的统计分析结果。主要包括单次仿真结果统计、多次仿真结果统计。多次仿真结果统计需要在单次仿真结果评估的基础上，综合评估某个想定条件下的仿真数据，在多次运行产生的样本基础上获得具有一定置信水平的作战结果信息，为评价不同作战条件下的方案提供评估结果数据。

8. 体系效能评估

体系层次的作战过程所具有的内在不确定性较之系统层次的交战过程要复杂得多，特别是基于信息系统的武器装备体系与体系的对抗。为提高评估结果的可信度，体系层次的评估强调物理实验数据及专家定性评价数据等多种数据源的引入，强调综合采用多种评估方法，通过结果比对来提高评估结果的客观性。为此需要采用仿真结果与专家判断相结合的装备体系作战能力分析、评估与优化方法，在大量仿真实验数据的基础上，综合运用数据挖掘、多属性决策、数理统计、仿真分析等技术，建立反映体系架构/装备配置方案与作战效果之间影响关系的因果模型。以分析不同的作战任务和装备体系方案对作战效能的影响，最终服务于装备体系结构的优化与决策管理。

通过基于仿真推演系统的对比、借鉴、实验，提高对体系的认识水平，使经验决策方法科学化、系统化和综合化。在推演过程中掌握实际系统的状态变化，不断调节系统的最优方案，最终达到制定出与实际系统运行状态对应的优化体系结构和运行方案的目的。

7.3 仿真推演的关键技术

在基于仿真推演的电子信息装备体系论证过程中，有几个关键技术问题需要考虑：一是组成电子信息装备体系的各组分系统在时间、空间、平台等上不一致，首先要解决如何将电子信息装备体系的仿真分系统有机融入体系的问题；二是各组分系统功能独立，实现粒度相异，要面对如何在仿真过程中表征组分系统的特性，保持其独立性和统一分辨率的问题；三是体系本身所具有的复杂大系统特性使得其很难以一种严格的数学解析形式来对它进行建模和定量分析。解决这些问题的途径和需要突破的关键技术很多，其中，分布式异构协同仿真技术、基于仿真的探索性分析法和基于多 Agent 的建模仿真技术等非常值得关注。基于多 Agent 的建模仿真技术可参考相关文献，在此不再赘述。

7.3.1 分布式异构协同仿真技术

1. 概念与特点

分布式异构协同仿真技术是指将运行在不同地理位置、不同专业领域、不同运行环境（操作系统、软件支撑环境）、不同仿真体系架构下的具有各自功能的仿真分系统依照任务需求和信息交互规则构建形成多节点多层次的大系统仿真技术集合的统称。其具体目标就是将全数字仿真系统、半实物与实物仿真系统等各类仿真资源综合集成起来，实现装备体系的仿真推演，为研究武器装备体系提供必要的技术支持。

2．分布式异构协同仿真体系架构

当前主流的通用分布式异构协同仿真体系架构主要包括下列几种：

（1）DIS（Distributed Interactive Simulation）。DIS 是在 SIMNET 的基础上发展并建立起来的，用于实现不同位置和不同类型仿真系统的交互仿真。SIMNET 旨在将分散在各地的仿真平台连接起来，创建一个虚拟的战场，以供群体协同训练。

（2）HLA（High Level Architecture）。HLA 是美国国防部建模与仿真办公室在建模与仿真主计划中提出来的，其目标是实现建模与仿真的互操作和可重用。2000 年 9 月，HLA（高层体系结构）正式成为美国电子与电气工程师协会 IEEE1516 标准，在国际上为建模与仿真竖起了新的标杆。

（3）TENA（Test and Training Enabling Architecture）。TENA 是美国国防部开发的应用于实验与训练领域的公共体系结构，是美军在实验与训练领域体系结构方面的尝试。其主要目的是为美军联合实验评估实现 LVC 仿真集成。

（4）DDS（Data Distribute Service）。OMG 在实时 CORBA 的基础上，根据以数据为中心的发布/订阅（DCPS）模型制定了 DDS（数据分发服务）规范。DDS 规范采用了发布/订阅体系结构，为实时性要求提供更好的支持。DDS 是以数据为中心的发布/订阅通信模型，针对强实时系统进行了优化，提供低延迟、高吞吐量、强实时性能的仿真控制能力，从而使 DDS 能够广泛应用于航空、国防、分布仿真、工业自动化、分布控制、机器人、电力网等多个领域。

（5）LSA（Layered Simulation Architecture）。LSA 是在 2012 年秋季美国举办的仿真互操作研讨会上提出的仿真体系架构。LSA 的核心思想是结合现行的仿真标准，如 HLA、DDS、TENA，实现 LVC 仿真的互操作。这个体系结构包含四个层次：开放通信协议层、以数据为中心的中间件接口层、仿真应用服务层及仿真应用层。LSA 的典型代表是西班牙 NADS （Nextel

Aerospace Defence & Security）公司的 Simware 仿真框架。Simware 的产品已经成功应用于 LVC、网络中心战和 C4ISR 作战系统中。

（6）CTIA（Common Training Instrumentation Architecture）。CTIA 是公共训练仪器体系结构，其设计的目的是为美国陆军 LT2 产品线的研制提供实验上的支持保障，它也是以上这些体系结构中唯一采用面向服务架构的。

在以上仿真体系架构中，涉及不同的组织和标准协会，如有 IEEE、美国国防部建模与仿真办公室（DMSO）、美国国防部高级研究计划局（DARPA）、仿真互操作标准化组织（SISO）、国际标准化组织（ISO）、对象管理组织（OMG）等，因此建模与仿真是一个非常复杂的技术领域。这些仿真体系架构为分布式异构协同仿真技术的实施提供了强有力的支持，结合本节研究电子信息装备体系的需要，提出分布式异构协同仿真体系架构，如图 7-4 所示。

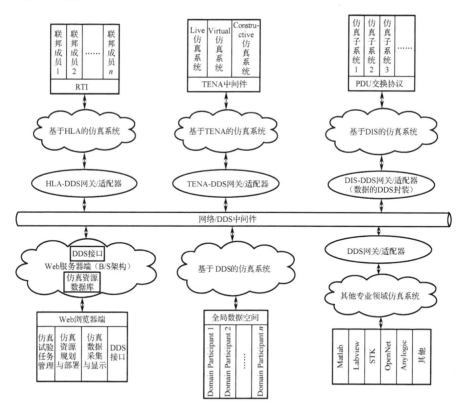

图 7-4　分布式异构协同仿真体系架构

这个分布式异构协同仿真体系架构需要充分借鉴主流仿真体系架构和仿真标准的优点，综合集成包含多个要素的仿真体系架构。其主要思想是以 DDS 为通信互联的基础，采用"数据中心"的思想将 DDS 的数据分发机制作为各仿真子系统和仿真资源的信息互联互通、互操作的技术手段，通过网关/适配器方式实现不同技术架构仿真系统的集成，提高大量仿真模型和仿真系统的重用性和互操作性。另外，采用 B/S 架构和基于 Web 服务器端，实现仿真实验任务规划操作和仿真实验管控在浏览器端运行，读取服务器端的数据和模型资源信息，进行实验方案设计、实验参数配置、实验流程设置、仿真实验过程组织、仿真资源准备、实验对象属性设置，通过实验任务管控资源自动配置，提交 HLA/DDS/DIS/TENA 分布式异构协同仿真平台进行实验仿真推演、实验态势综合显控。仿真资源库为模型开发提供可重用的数据库和模型库等，并记录仿真过程中产生的数据。图 7-4 中一些重要部件的作用如下：

① DDS 中间件。DDS 中间件为整个协同仿真集成架构提供通用的相对独立的底层支撑服务，是分布式异构协同仿真集成架构的核心部分。仿真应用系统在运行时，DDS 中间件可以帮助仿真开发者使用更加简单的编程模型，开发者只需改变仿真数据，无须编程就能创建新的仿真应用。DDS 中以数据为中心的发布/订阅（DCPS）模型构建了一个共享的"全局数据空间"概念，所有数据对象都存在于此空间中，分布式节点通过简单的读、写操作便可以访问这些数据对象。这些数据对象不依赖于操作系统、编程工具和硬件设备，这为分布式异构系统的集成创造了很好的便利条件。DDS 提供了多种服务质量（Quality of Service，QoS）策略，如可靠性、数据有效期等，用户通过配置不同的 QoS，能进行实时、高效、灵活的数据分发，可满足分布式实时通信应用的需求。

② HLA-DDS 网关/适配器。网络/适配器是将异构模型接入分布式协同仿真集成架构的中间件。HLA 是目前仿真领域采用最为广泛的仿真规范，为了将这些 HLA 仿真系统有机融入上述仿真架构中，需要将 HLA 规范和 DDS 规范有机融合。由于 HLA 规范和 DDS 规范在数据传输模型方面都采用分发/订阅的模型进行数据传输，因此，HLA-DDS 网关/适配器利用 DDS 作为仿真应用之间的数据传输通道，承担 HLA/RTI 中的部分或全部数据通信功能。HLA-DDS 网关/适配器的关键问题是将 HLA 规范中定义的很多实体对象和属性通过特定的转换机制实现相互映射，从而将 HLA 的分发/订阅机制

无缝转换为 DDS 的分发/订阅机制，使得集成后的系统能够为仿真应用系统提供高效的数据传输服务。

③ TENA-DDS 网关/适配器。从技术角度上讲，TENA 是采用一组仿真规范和数据传输规范的技术集合，例如，它采用 HLA/RTI 规范，在数据传输规范方面采用 CORBA 体制、靶场数据传输协议和战术数据链协议等。因此在 TENA-DDS 网关/适配器的实现方面，其除采用了 HLA-DDS 网关/适配器的技术之外，还需要实现从靶场数据传输协议和战术数据链协议到 DDS 分发/订阅协议的转换，这是关键技术问题。转换的难点在于数据传输协议比较多，实现起来工作量大，维护成本高。

④ DIS-DDS 网关/适配器。DIS 是比 HLA 更早的分布交互式仿真体系架构，其对网络的物理层和数据链路层没有限制，它的通信层对应网络层和传输层，DIS 的通信层只定义了功能，并没有限制使用的协议。一般采用标准的 TCP/IP，为提高传输速度，也可以采用 UDP 来实现 PDU 的数据交互。DIS 的核心是采用 IEEE1278 标准和模型对象技术来对 PDU 的类别、结构、属性等进行标准化定义，因此 DIS-DDS 网关/适配器技术的关键是实现各 PDU 数据结构到 DDS 数据结构的转换，以及数据分发/订阅机制的转换。

⑤ 其他专业领域仿真 DDS 网关/适配器。在实际应用中，电子信息装备涉及各种专业领域，如计算机科学与技术、控制科学与技术、信息与通信工程、航空航天工程、测控工程等，在这些领域中，有一些专用软件和工具作为研究手段，如 Matlab、STK、Labview、OpenNet、NS2 等，这些第三方软件大大提高了仿真的精度和置信度，将这些平台开发的仿真应用系统集成到大系统是紧迫需求。因此这些类型的网关/适配器就需要将它们的数据输出封装成为符合 DDS 数据传输规范的数据包，然后运用 DDS 分发/订阅机制将数据传输到 DDS 数据总线，供其他仿真应用系统使用。

7.3.2 基于云计算架构的 SaaS 仿真技术

本节主要在云计算架构中的 SaaS（Software-as-a-Service）层次上拓展仿真研究，简称 Sim SaaS（Simulation Software-as-a-Service）。本节将从 SaaS 的方法论层次，来对建立复杂大系统仿真系统的总体集成架构进行设计研究，包括基于 SaaS 仿真架构的内涵分析、整体结构、内部关系、主要含义和实现方案等。

1．云计算概述

云计算（Cloud Computing）是一种计算模式。在信息化社会环境下，常常把网络基础设施、网络存储、网络应用与网络服务等称为资源，这些资源组合在一起则称为资源池。在云计算的模式下，消费者可以便利地、按需分配地获取所需资源，服务提供商也能够快速提供相应的资源和服务，并且这些资源的维护与管理不需要大量人力与物力的支持，服务供应商、服务消费者和服务管理者也不需要大量交互和复杂的协议。云计算提供了一个全新的计算范式，并改变了我们业已熟知的软件开发、软件使用模式。云计算包含几项重要的使能技术：面向服务的体系架构（SOA）、面向服务的企业架构（SOE）、面向服务的基础设施（SOI）、网络服务（WS）及相关的标准和规范。在这些技术的支撑下，软件工程的开发与使用也发生了深刻改变，这是一个新的软件开发、运行、组织与管理模式，不同于传统的系统工程，因为其强调重用、动态、自适应和特定模型驱动模式。

云计算模式加强了服务的可用性，具有五个本质属性，即按需自我服务、全域网访问、资源池、快速响应和精确服务。云计算有三个关键组成部分（也称服务模式），即 IaaS、PaaS 和 SaaS，通常分为几个逻辑层次，如图 7-5 所示。几个层次的含义如下：

- Database。云计算的数据库层是比较基础的，其提供云计算运行所需的基础数据资源、数据硬件存储与管理等基础服务。在地域分布上，其可以是高安全度的集中管理模式的，也可以是广域分布式的。数据的存储方式可以是冗余备份、副本分散等。安全性的级别能够根据需要进行灵活的控制与管理。

- IaaS。在数据库层之上的是 IaaS 层，其主要通过优化的硬件资源虚拟化技术、多线程技术等，为 Paas、SaaS 等上层和最终用户提供网络、高性能计算、存储，以及其他资源方面的服务。

- PaaS。PaaS 是构建在设施即服务之上的服务，用户通过云服务提供的软件工具和开发语言，部署自己需要的软件运行环境和配置。用户不必操控底层的网络、存储、操作系统等技术问题，底层服务对用户是透明的，这一层服务是软件的开发和运行环境，如 Google App Engine 和 Microsoft Azure。

- SaaS。SaaS 位于云计算体系架构的最高层，它是一种全新的软件研究范式。SaaS 与传统的 ASP 和 SOA 在许多方面是类似的，或者说 SaaS 的发展是以它们为基础的，但它也有自己独特的性质和计算模式。其对软件工程、数据库、网络服务、存储，以及数据服务都产生了深远的影响。

图 7-5　云计算体系架构

下面将对 SaaS 架构进行详细论述。

2．SaaS 概述

SaaS（Software-as-a-Service）的一个本质特性就是其定制性，是指在基础数据库支撑条件下的 SaaS 体系架构中可以为成百上千个不同定制租赁户提供服务，每个定制租赁户都可以是不同的，可根据需要由 SaaS 提供不同的定制服务。例如，一个小的定制服务例子就是 SaaS 邮件系统，其中每个定制租赁户的差异是仅在登录时使用不同的用户名等信息。更进一步的定制服务就是利用元数据驱动方法来实现 SaaS 的定制服务，在这个过程中，元数据表存储了不同定制租赁户的信息，SaaS 系统通过这些元数据表来驱动搜索、取出、更新数据与信息的服务。

一般一个可定制租赁户的 SaaS 包含两个主要组成部分，即 SaaS 基础架构和租赁户应用程序开发。SaaS 基础架构主要负责管理租赁户应用程序，包括处理用户请求和负载均衡、检索租赁户应用程序、编译和部署租赁户应用程序、执行租赁户应用程序等。租赁户应用程序开发是指租赁户开发人员使用存储在 SaaS 数据库中的组件来组合开发其应用程序，同时允许租赁户开发人员将自己的组件上载到 SaaS 数据库，验证和编译租赁户应用程序。

可定制多租赁户的 SaaS 系统主要通过下列方法来实现：

（1）数据库集成方法。在这种方法中，SaaS 采用一种基于数据库和元数据驱动的灵活体系架构，所有定制租赁户共享同一个数据库，软件服务系统动态构建应用程序以响应特定的用户请求。

（2）中间件方法。在这种方法中，将应用程序请求发送到中间件，该中间件将请求传递到中间件后面的数据库。由于所有数据库都在中间件后面，并且对数据库的所有应用程序请求都由中间件管理，因此可以在对原始应用程序进行最少更改的情况下，将应用程序快速转换为可定制多租赁户的 SaaS。

（3）面向服务的 SaaS。可以使用一种面向服务的方法来实现可定制的多租赁户软件应用系统，在该系统中可以使用服务组件来开发 SaaS 基础模块。此外，可以将定制租赁户的专业领域知识与 SaaS 基础架构知识分开。

（4）基于 PaaS 的方法。SaaS 开发人员使用现有的 PaaS 来开发 SaaS 功能模块，通过这种方法，开发人员可以使用 PaaS 提供的可定制服务功能来开发 SaaS 应用程序，而大多数 SaaS 功能（如代码生成和数据库访问）都可以通过 PaaS 来实现。

（5）面向对象的方法。这种方法主要是指采用传统的面向对象的方法进行定制租赁户的应用程序开发和配置。

另外，SaaS 本身的结构决定了其具有的可伸缩性，也就是说，每个定制租赁户开发的应用系统可能拥有大量用户，因此来自用户的并发访问数量可能很大。一个典型的例子就是火车票订票系统，铁路部门通过云计算定制定票软硬件系统，之后开放给公众，这里定制租赁户就是铁路部门，应用系统就是订票系统，公众就是用户。

一般 SaaS 应用程序分为四层，即 GUI、工作流、服务和数据。每层都有一个本体来帮助租赁户自定义 SaaS 应用程序。可变性建模和管理技术已广泛应用于软件产品线工程中，并且 SaaS 提供商可以将这些技术潜在地导入 SaaS 中以帮助租赁户定制。

3. SaaS 仿真框架设计

通常，一个仿真系统的开发过程与基于 SaaS 的软件工程开发的处理过程很相似，如图 7-6 所示。

图 7-6 中仿真系统的开发过程与软件工程中的开发过程大体一致，基本上从需求工程开始，经历顶层设计、系统描述、系统建模之后，再开始软件代码的编写、集成、调试、试运行，直至最后的完善和实际应用。图 7-6 中描述了这种对应关系，但是随着仿真规模的扩大，以及面临的复杂大系统仿真的特殊需求，仿真系统研制开发者正在寻求一种快速便捷的方式，如能够像搭积木一样快速组装出所需要的仿真系统，以此来支撑本领域内的论证、

规划、性能测试和功能验证等科学问题。现有的基于分布交互式的仿真体系架构或基于计算机集群的仿真体系架构还不能完全达到这样的目的，那么运用云计算的思想和使能技术，重点把 SaaS 层面的可定制特性、可扩展、虚拟化，以及基于服务的特性应用到复杂系统仿真中，形成基于 SaaS 的复杂大系统仿真体系框架，可为云仿真的研究和开发奠定理论和技术基础。

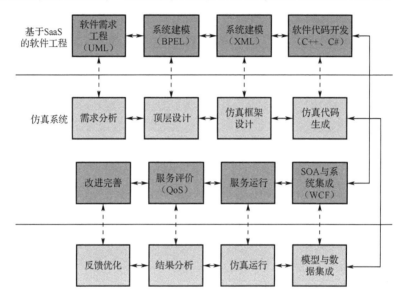

图 7-6 仿真系统与基于 SaaS 的软件工程开发的流程关系

基于此，本节提出基于云计算架构的 SaaS 仿真体系结构，如图 7-7 所示。

在基于云计算架构的 SaaS 仿真体系结构中，每个仿真应用程序都是一个租赁户应用程序，并且所有租赁户共享相同的 SaaS 基础架构及存储在 SaaS 数据库中的组件，这种 SaaS 采用面向服务的方法来构建，因此其具有以下特定功能：

- SaaS 基础架构将以面向服务的方式实施，其中的每个关键功能将成为一项服务。该基础架构将部署在 PaaS 的顶部，并且在每个群集或服务器上复制基础架构服务。

- 每个租赁户应用程序都将以面向服务的方式实现，其中每个应用程序都可以由 GUI、工作流、服务和数据四个类型的组件组成。如果需要更改其应用程序，则可以使用新的 GUI、工作流、服务或数据组件开发新的组件。所有租赁户应用程序组件都将存储在 SaaS 数据库中，并且可以由其他租赁户共享。

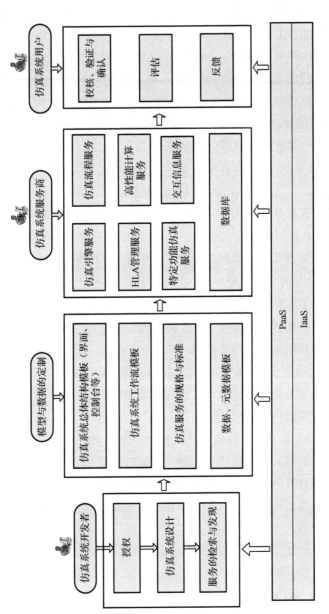

图7-7　基于云计算架构的SaaS仿真体系结构

4. 基于 HLA 的 SaaS 仿真框架设计

图 7-8 是基于 HLA 的 SaaS 仿真框架，其将仿真联邦、仿真联邦成员、交互、仿真代理、工作流仿真引擎及第三方仿真服务模块集成在一起。这种架构将有助于仿真应用程序开发者发现足够多的服务组件以进行组合。

像其他流行的 SaaS 系统一样，HLA-SaaS 仿真平台使用事件驱动和以数据为中心的体系结构，以及数据库来存储租赁户应用程序组件。随着越来越多的用户使用 HLA-SaaS 仿真平台，该平台将存储并提供更多组件，而新的仿真开发人员也将更容易编写应用程序。

在基于 HLA 的 SaaS 仿真框架中，主要结构由三层结构和两个仿真系统支持组件层组成。三层结构指的是仿真运行时库层、中间件接口层和仿真服务层；两个仿真系统支持组件层是指外部环境支持组件层和模拟验证组件层。该框架具有以下特征：

- 可以支持异构仿真系统的集成。一方面，可以使资源池中的资源通过基于 Web 的服务无缝连接；另一方面，可以通过 SaaS 机制使异构仿真平台紧密集成。
- 按需灵活配置模拟服务。最重要的功能是按需灵活配置模拟服务，可以扩展和组合应用程序服务。
- 数据驱动和模型驱动的仿真。在仿真系统中，数据及其模型是必要的，是功能和性能的核心。通过元数据模型和元模型的打包和管理，可以增强云仿真系统的优势。
- 虚拟化服务。使用 SaaS 虚拟化技术，可以虚拟化仿真软件和硬件资源，然后对其进行配置和管理，如集群仿真和多主体仿真。
- 高性能计算服务。利用具有并行计算和 MPI 引擎的高性能计算机及计算机集群系统，可以大大丰富基于 SaaS 的仿真体系结构中的并行计算服务。
- 继承并开发了 SOA 模式。其可以支持协作仿真、基于 Web 服务的多平台互操作性仿真。

1）仿真运行时库层

该层包含 RTI 和 Web RTI，提供 RTI 六个管理模块，具体描述如下：

（1）联邦管理服务

联邦管理服务（Federation Management Service，FMS）是指联合执行的

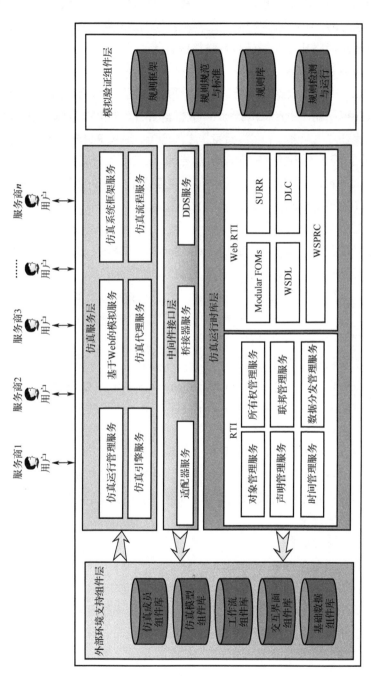

图7-8　基于HLA的SaaS仿真框架

创建、动态控制、修改和删除。此外，联邦管理服务还包括联邦成员间的同步、保存和还原。联邦管理服务的过程是：①创建联邦执行；②联邦的加入和退出；③撤销联邦，前提是所有联邦退出。

（2）声明管理服务

在 HLA 中，对数据的传送采用了一种"匹配"的机制，即"数据生产者"向 RTI 声明能"生产"的数据，"数据消费者"向 RTI 订购需要的数据，由 RTI 负责在"生产者"和"消费者"之间匹配。通过 RTI 的这种匹配能力，联邦成员之间能够进行正确的数据传输。声明管理服务（Declaration Management Service，DMS）在联邦范围内建立了一种公布和订购的关系，以利用 RTI 的控制机制减小网络中的数据量。

（3）对象管理服务

对象管理服务（Object Management Service，OMS）是指在声明管理的基础上，实现对象实例的注册和发现、属性值的更新和反射、交互实例的发送和接收，以及对象实例的删除等功能。由于对象类的公布和订购是一个动态变化的过程，并且联邦中的对象类和交互类又存在着复杂的继承关系，因此对象管理的过程也是动态变化的。

（4）所有权管理服务

所有权管理服务（Ownership Management Service，OwMS）是 HLA 接口规范的重要内容之一。所有权关系描述了实例属性和联邦成员之间的一种关系，如果联邦成员有权更新某个实例属性的值，那么就称该联邦成员拥有该实例属性，这种拥有关系也称所有权关系。在联邦执行生命周期的任意时刻，一个实例属性最多只能被一个联邦成员拥有。所有权管理服务支持在联邦成员之间转移对象实例和/或实例属性的所有权的能力，以支持整个联邦中给定系统的协同建模。

（5）时间管理服务

时间管理服务（Time Management Service，TMS）提供时间管理策略和时间提前机制。TMS 确保仿真事件与实际事件之间的一致性，从而确保可以在相同的事件序列中观察到每个联邦成员。TMS 主要处理联邦执行中的两个问题：①事件应该发生还是不应该发生；②事件没有按顺序发生。

（6）数据分发管理服务

DDMS（Data Distribution Management Service，DDMS）通过提供有效的信息交换机制来实现数据管理功能。DDMS 减少了模拟运行期间无用的数据传输，从而减小了网络中的数据量，增强了构建大型虚拟世界的能力。DDMS 预先定义路径空间，因为"数据生产者"可以创建区域，"数据消费者"也可以创建区域，然后将这些数据属性声明给联邦；最后，根据生产者和消费者之间的某些匹配规则，"数据生产者"将数据发送给"数据消费者"。

仿真运行时库层有一项重要的 RTI 的扩展运行时库，即 Web RTI，其遵循 xMSF 框架，引入网络化服务和 Web Service 技术开发了仿真运行支撑服务，以支持局域网和广域网上仿真应用系统的运行。其基于 Web 技术实现了服务化的 RTI，在原 RTI 组件基础上添加 WSPRC 组件，通过 WSDL API 的接口和模块化的 FOMs 技术，可以在广域网上提供联邦间的仿真交互服务，最终实现网络服务化的分布式交互仿真应用。

2）中间件接口层

该层将 HLA 接口功能打包到库中的基本服务。在某些特定条件下，将对这些库进行二次开发，以便为不同的建模工具提供一些 HLA 接口服务。主要方法是采取适配器和桥接的方式来实现异构模型的"即插即用"。同时，该层还使用 DDS 来实现异构系统和异构模型的集成，故适配器、桥接器和 DDS 都是本层的重要组成部分。

3）仿真服务层

该层包含仿真引擎服务、仿真代理服务、仿真流程服务、仿真运行管理服务、基于 Web 的模拟服务和仿真系统框架服务。在模拟应用程序中，它将涉及多个租赁户，特别是模拟客户端、提供者和开发者。在模拟系统的实现中，租赁户将在框架中回调 HLA-SaaS 提供的服务，以实现在大型复杂系统上运行的多系统协作模拟。图 7-9 所示为一个基于 HLA-SaaS 仿真系统的基本工作流程图。

4）外部环境支持组件层

一个仿真系统的建立需要快捷的、可重用的、可定制的软件平台工具支撑，外部环境支持组件层就是为解决这一问题而建立的。本层包含基础数据组件库、交互界面组件库、工作流组件库、仿真模型组件库和仿真成员组件库。

- 基础数据组件库。该组件库主要指仿真系统所需的基础数据、元数据、模型数据等形成的组件库。
- 交互界面组件库。该组件库主要指系统运行过程中人机交互界面、成员之间的信息交互界面、数据输入/输出界面、结果显示界面等形成的组件库，方便开发者和使用者调用。

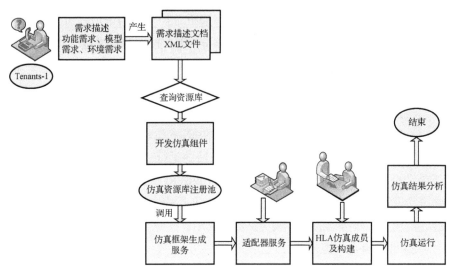

图 7-9 基于 HLA-SaaS 仿真系统的基本工作流程图

- 工作流组件库。该组件库能够将领域中一些常用的系统工作流程、过程形成流程代码框架，减小重复的工作量，提高工作效率。同时还可以创建定制的工作流，形成组件，加入工作流组件库中。

- 仿真模型组件库。在仿真系统的建立和运行中，需要调用各种模型，涉及大量的专业知识和领域，这些模型有些可以重新编写生成，有些可以按照基于服务的模式进行调用，前提是将仿真模型按照规范进行管理并将其存储在模型组件库中，以便调用、复用、增加和完善。

- 仿真成员组件库。大型仿真系统都是由多个仿真联邦成员组成的，这些联邦成员可以按照基于服务的模式来形成组件，从而能够快速调用，形成功能完备的仿真大系统。

5）模拟验证组件层

每个仿真模型、仿真模块、仿真应用系统构建好之后，都要进行有效性和完整性验证，在此过程中，科学的规则体系必须与仿真系统同步建立。规则体系包含一些规则、限定条件、政策等，这些规则可以用来确认和验证模型、模块，直至整个仿真系统。模拟验证组件层主要包含四个部分：规则框架、规则规范与标准、规则库及规则检测与运行。

（1）规则框架是指在 HLA-SaaS 的架构中，规则验证的过程、方法、标准、规范及运行的一整套合理架构。

（2）规则规范与标准。在规则的表示中，有许多成熟的描述语言和执行标准，可选择 PSML-S、PSML-C 作为规则的描述语言和标准。

（3）规则库。在仿真运行中，涉及必要的规则库，主要有前提条件规则库、协同仿真规则库、互斥规则库、关系规则库、可靠性规则库和时间约束库等。

（4）规则检测与运行：在仿真运行过程中，各种规则和约束条件在仿真的事前、事中、事后三个阶段都发挥作用，需要通过上述规则框架、规则规范与标准，以及规则库对仿真系统进行最终有效性和一致性检验，形成对仿真模型、仿真模块的验证与确认。

5. 小结

本节提出运用 SaaS 的思想来解决复杂大系统的仿真问题，并提出基于云计算的 SaaS 仿真系统总体架构，围绕这个架构，分别设计了面向高层体系架构仿真的 SaaS（SaaS for HLA），面向标准化仿真规范的 SaaS（SaaS for Specific Simulation）的子系统框架，对其中的结构层次和各部分组成进行了论述。重点对 SaaS for HLA 的机制、内部关系、实现方法和应用过程进行了详细阐述。本节所提出来的仿真体系架构将能够满足复杂大系统仿真的各种需求，如异构系统集成、模块化、服务化、可定制的功能需求，多粒度的仿真，高性能仿真，以及安全的需求等，这种复杂系统仿真解决方案可以大大缩减仿真系统的开发时间与维护经费。

7.3.3 基于仿真的探索性分析法

1. 概念

探索性分析方法是美国兰德公司于 20 世纪 80 年代和 90 年代在兰德战略评估系统和联合一体化应急模型等的开发中逐步总结出来的一种定量系统分析方法。该方法支持了兰德公司多项战略分析和评价项目的定量化分析工作，如 C4ISR 对远距离精确打击的影响评估及"网络中心战"效能度量等项目。

近年来，探索性分析方法在武器装备体系论证方面也得到了大量应用。例如，美军新提出的基于能力的计划思想就是建立在探索性分析基础之上的。通过探索性分析可以确定武器装备能力的发展目标，以及各种关键武器装备的比例等。兰德公司近期的许多研究报告采用了探索性分析方法，深入研究了若干种武器装备的合理比例问题。该方法将获得的大量仿真实验结果、分析结果与实验鉴定获得的少量实验数据相融合，作为武器装备体系宏观综合评估的数据源和装备论证的依据，支持武器装备体系构造、体系拓扑结构分析、体系费用评估、风险评估分析和体系作战能力评估。

探索性分析方法是指对各种不确定性要素所产生的结果进行整体研究。其基本思路是：理解不确定性要素对所研究问题的影响，全面把握各种关键要素，探索可以完成相应任务需求的武器装备体系的各种能力与策略，进行能力规划和方案寻优，即探索性地得出灵活、高效且适应性强的问题解决方案。可以认为，探索性分析方法将不确定性因素看作武器装备体系的固有因素，其全面分析了各种不确定性要素对结果所产生的影响。

在一定意义上讲，探索性分析方法是一种更加全面的灵敏性分析。这种方法对系统的分析和研究基于想定空间，而不是基于特定想定。因此，它能够充分考虑所有合理假设的想定情况，改进并加强对不确定性的研究，从而有助于在深入研究某个问题领域的细节之前获得对该领域的全面把握，可以极大地辅助各种方案策略的开发和选择，还可以阐明某种给定的能力（如一种改进后的武器系统或增强的指挥控制系统）在"何时"（如在什么环境下，以及对其他因素做哪些假设）是充分或有效的。同样也可以反过来分析，如在完成某项特定任务需求，并在特定的环境因素基础上，相关的武器系统与指挥控制系统需要什么样的能力，以及应采用什么样的作战方案。这些都属于探索性分析问题研究的内容，对于武器装备体系论证尤其是需求论证是极其重要的。

2. 方法步骤

探索性分析方法主要对各种不确定性要素所对应的结果进行整体研究。探索性分析的目标，一是理解不确定性要素对所研究问题的影响，二是探索可以完成相应任务需求的系统能力组合与运用策略，从而全面把握各种关键要素，获得灵活、高效，且适应性强的问题解决方案，达到进行能力规划和方案寻优的目的。探索性分析方法的步骤如下：

（1）问题分析。明确探索性分析的研究目标，尽可能地获取关于系统和研究目标的信息。

（2）不确定性因素分析。找出可能对问题结果有较大影响的不确定性因素，并分析各个不确定性因素可能的取值范围，形成由多种取值的组合方案构成的"方案空间"。

（3）探索性建模。构建反映系统宏观特征的顶层低分辨率模型和反映系统细节特征的底层高分辨率模型，将各种不确定性因素与系统目标联系起来。

（4）探索实验。根据建立的多分辨率模型，进行探索性计算，在方案空间内广泛尝试由各种不确定性因素组合产生的系统结果。

（5）结果分析。通过数据可视化等技术对实验计算结果进行分析，挖掘数据中隐藏的系统信息，这个工作有时也和探索实验结合在一起，通过交互式的双向探索分析不确定性因素与结果的关系。

（6）得出结论。根据分析结果，提出系统优化的建议或给出适应问题不同条件的措施。

3．方法的实现

1）方法描述

探索性分析方法是在大量数学模型和仿真系统综合应用需求支持下发展起来的，它的基础是模型。在武器装备论证领域，主要模型类型包括解析模型、博弈模型、战役模型、实体模型和实战模型。从兰德公司研究的现状来看，主要集中在解析模型方面，这是因为解析模型的求解效率高，覆盖范围广，适合进行探索性分析。目前，面向武器系统和装备体系论证的需求，基于仿真的探索性分析方法得到越来越多的重视。

基于仿真的探索性分析方法可以很好地将分析的质量与分析的效率结合。基于解析的方法可以有比较高的效率，但是难以描述分析对象与环境之间复杂的关联关系，从而导致分析质量不高。另外，纯仿真的方法有较高的分析质量，但是难以达到较高的效率与覆盖范围。基于仿真的探索性分析方法将仿真与解析两者的优势综合起来，可以充分描述实体与实体之间、实体与环境之间的相互作用、相互依赖关系，并将这些相互关联的影响通过多次随机仿真展现出来，可较好地解决不确定性条件下的综合评估问题。

从图 7-10 中可以看出，基于仿真的探索性分析方法在遵循探索性分析方法的一般流程的基础上，做了几项重要的工作：①明确体系问题，在决策空间中确立若干个决策目标，同时列出达到这些决策目标所要遵循的约束条件；②找出对决策目标有较大影响的参数，并确定这些参数可能的取值范围，形成由多种取值组合方案构成的方案集合；③在探索性建模和探索实验阶段，主要通过仿真推演系统的多样本仿真实验来完成，对方案空间中的多个参数组合情形进行遍历，广泛尝试各种不同组合的实验结果；④在结果分析阶段，利用仿真结果数据进行统计计算，并构建评估模型来映射定量的决策目标值，然后运用多目标优化方法来对方案空间中的参数组合进行寻优；⑤根据获取的最优解空间形成对应的决策方案集，提出系统优化建议。

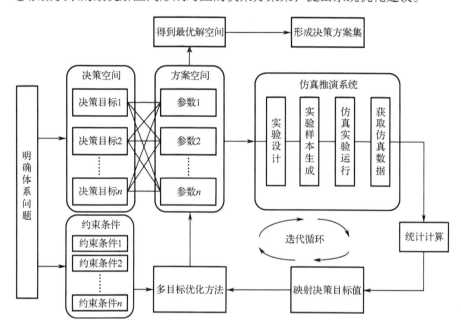

图 7-10　基于仿真的探索性分析方法

基于仿真的探索性分析方法不同于一般探索性分析方法的重要一点是：将决策目标的获取由解析方法的获取改为由仿真系统运行方式获取。

这是基于仿真的探索性分析方法的关键，也是难点。众所周知，武器装备体系的问题首先是军事范畴的问题，其中，绝大多数以非线性状态方程的形式表达或很难用方程的形式表达，因此解析的数学方法对这类问题不适用，而军事仿真推演的研究模式能够建立不确定性因素（对应成参数空间）与作战目标的非线性映射关系，定量获取不确定性因素与决策空间的关系，最终找到最优的方案集。图 7-10 中的迭代循环就是这种思路的具体实现方法。

2）关键技术

实现探索性分析具有很大困难，如维数过多、计算量大、难以从大量数据中得出有价值信息等。这些都是多年来这种方法没有得到大规模应用的主要原因。因此，需要突破一批关键技术，使探索性分析方法更具实用性。

（1）探索性建模与仿真技术

探索性分析的最大困难在于计算规模过大。减小计算规模的一个重要办法就是使用粗粒度模型，以及采用综合变量。多类别多分辨率建模技术、元模型建模技术为减小运用规模、提高运行效率提供了有效手段，极大地缩减了探索计算的规模与时间。并行仿真方法的运用，对于提高计算效率也有很重要的意义。

（2）探索空间的优化技术

对于探索空间大、计算量大这一突出问题，在使用探索性分析方法之前可先使用传统的灵敏度分析方法，以便确认决策空间中的重要参数，也可以利用各种要素的基本特性（如单调性）减小计算规模。但是，探索性分析的优化计算与普通优化计算存在本质区别。普通优化是单目标的寻优，即通过较小的计算量找到一个优化决策点；而探索性分析的目标并不是找到一个最优解，它需要计算出整个多维区域，随着维数的增加，它的优化计算能够达到最优解集的困难性和计算量都大大增加。

（3）先进计算技术

探索性分析会对模型运行成百上千次，采用人工运行方式显然不切实际。计算机硬件水平的提高，以及新出现的并行计算、分布计算及网络计算技术，为解决大规模计算问题提供了广阔的空间，也为探索性分析这一巨量计算问题奠定了良好的支撑环境。

由于电子信息装备体系的复杂巨系统的属性特征，在对其进行综合论证过程中，受现实世界条件及军事对抗复杂性约束，如果仅使用电子信息装备的实战检验方式，其代价将极其昂贵。现代计算机及仿真技术的高度发展，为建立模拟实验环境创造了有利条件。根据技术发展的现状，建立基于仿真推演的电子信息装备体系综合论证平台，可以集中军事、信息、装备等领域的专家，将现代信息技术、电子技术、计算机技术、网络技术、模拟技术、虚拟现实技术等与现代军事理论融合在一起，构建出科学的电子信息装备体系研究论证环境，进而研究电子信息装备体系的理论、概念、内涵、作战应用、装备检验、关键技术验证等，这将会促进对电子信息装备体系的深入理解和运用。

参考文献

[1] 李新明，杨凡德. 电子信息装备体系概论[M]. 北京：国防工业出版社，2014.

[2] 李伯虎. 仿真是基于模型的实验吗[M]. 北京：中国科学技术出版社，2010.

[3] 李伯虎，胡晓峰. 复杂系统建模仿真中的困惑和思考[M]. 北京：中国科学技术出版社，2011.

[4] 刘兴堂，梁炳成，刘力，等. 复杂系统建模理论、方法与技术[M]. 北京：科学出版社，2008.

[5] 刘晓平，唐益明，郑利平. 复杂系统与复杂系统仿真研究综述[J]. 系统仿真学报，2008(23): 6303-6315.

[6] 周彦，戴剑伟. HLA 仿真程序设计[M]. 北京：电子工业出版社，2002.

[7] 涂亿彬. LVC 联合试验体系结构及关键技术研究[D]. 长沙：国防科技大学，2016.

[8] 胡晓峰，罗批，司光亚，等. 战争复杂系统建模与仿真[M]. 北京：国防大学出版社，2005.

[9] 冯润明，王国玉，黄柯棣. 试验与训练使能体系结构（TENA）研究[J]. 系统仿真学报，2004, 16(10): 2280-2284.

[10] 邓轲，丁艺，徐明明. 试验训练领域仿真体系结构及研究现状[J]. 国防科技，2015, 36(3): 81-85.

[11] 朱瑞峰. 基于桥接器的 HLA 与 DDS 互连技术研究[D]. 哈尔滨：哈尔滨工程大学，2012.

[12] TOPCU O, HALIT O. Layered simulation architecture: A practical approach[J].Simulation Modeling Practice and Theory, 2013, 32(1): 1-14.

[13] 樊鹏山，熊伟，李智. 基于多 Agent 和 HLA 的侦察卫星仿真系统设计[J]. 装备指挥技术学院学报，2009, 20(1): 79-84.

[14] 廖守亿. 复杂系统基于 Agent 的建模与仿真方法研究及应用[D]. 长沙：国防科技大学，2005.

[15] 李宏亮. 基于 Agent 的复杂系统分布仿真[D]. 长沙：国防科技大学，2001.

[16] 熊伟，刘德生，简平. 空间信息系统建模仿真与评估技术[M]. 北京：国防工业出版社，2016.

[17] 宋敬华，刘倬立，李亮，等. 陆军武器装备体系作战试验平台顶层设计研究[J]. 价值工程，2019, 9: 252-255.

[18] 陆志沣，洪泽华，张励，等. 武器装备体系对抗仿真技术研究[J]. 上海

航天，2019, 39(1): 42-50.

[19] 杨镜宇，胡晓峰. 基于体系仿真试验床的新质作战能力评估[J]. 军事运筹与系统工程，2016, 30(3): 5-9.

[20] 黄建新，李群. 基于 ABMS 的体系效能评估框架研究[J]. 系统工程与电子技术，2011, 33(8): 1794-1798.

[21] 拉里·B. 雷尼，安德利亚斯·图尔克. 建模与仿真在体系工程中的应用[M]. 张宏军，李宝柱，刘广，等译. 北京：国防工业出版社，2019.

[22] 李志猛，沙基昌，谈群. 探索性分析方法及其应用研究综述[J]. 计算机仿真，2009, 26(1): 32-35.

[23] 杨峰，李群，王维平，等. 基于仿真的探索性评估方法论[J]. 系统仿真学报，2003(11): 1561-1564.

[24] 胡晓峰，胡剑文. 面向信息化战争整体需求的探索性分析方法[J]. 计算机仿真，2005(6): 1-4, 14.

第8章

电子信息装备体系效能评估方法

电子信息装备体系效能评估是电子信息装备体系论证过程中必要且重要的环节，也是管理和控制电子信息装备体系论证质量的核心关键步骤。有效地开展电子信息装备体系效能评估对于验证电子信息装备体系论证结果的科学性，提升电子信息装备体系论证的完整性和能力水平，加快电子信息装备体系建设步伐，促进电子信息装备体系尽快形成作战力具有重要意义。

8.1 体系效能评估相关概念

开展电子信息装备体系效能评估的核心是正确理解效能评估的概念和内涵，事实上，效能与熟知的功能、能力、性能等相关联，在开展电子信息装备体系效能评估之前有必要厘清它们之间的关系。

8.1.1 作战能力和作战效能

1. 功能、能力、性能、效能的概念

1）功能

《辞海》将功能定义为"能力、功效、作用"，装备的功能可以直观地定义为装备能完成的工作和能执行的任务。

2）能力

能力"通常指完成一定活动的本领，包括完成一定活动的具体方式，以及顺利完成一定活动所必需的心理特征"。可以看出，装备能力和装备功能的含义很接近，在实际的武器装备效能评估活动中，通常使用装备的能力来包含装备的功能和能力两个方面。装备的能力在很大程度上依赖于分配给它的工作或任务，对于这项工作或任务，该装备的能力可能很高，但是换成另一个工作或任务，该装备的能力就可能会很低，甚至为零。特定的工作或任务对应特定的装备，装备不同，其完成的工作或任务也不相同；反之，工作或任务不相同，对装备的能力要求也不相同。

3）性能

性能的定义为"器材、物品等所具有的性质和功能"。结合功能的定义，将装备的性能定义为装备完成某一工作、执行某一任务所体现出来的能力。在实际的武器装备效能评估活动中，性能通常由装备的单一战术技术指标来衡量，如侦察概率、侦察距离等，其含义不言而喻。在很多情况下，讨论装备性能是面向作战任务的，如侦察性能，其是由侦察概率、侦察距离等多个单一性能指标和具体侦察任务等决定的综合性能，实质上等同于侦察能力。

4）效能

效能，通常称为系统效能，美国工业界武器系统效能咨询委员会将其定义为"一个系统满足一组特定任务要求的程度的度量"，是系统的可用性、可信赖性和能力的函数。美国军用标准 MIL-STD-721B 采用了类似美国工业界武器系统效能咨询委员会关于系统效能的定义。在国家军用标准 GJB 1364—1992《装备费用—效能分析》中，效能的定义为"在规定的条件下达到规定使用目标的能力"。基于上述各种定义的共性，装备的效能就是装备在规定条件下满足其完成某一工作、执行某一任务的相应需求的程度的度量。

综上所述，可以得出下述几个结论：

（1）装备的功能、能力、性能、效能是密切相关的，装备的功能和能力是最基础的概念，属于相对静态的概念范畴，通常统一用装备的能力来表示。

（2）装备的效能是装备完成某一工作、执行某一任务的目标，装备的性能、能力都是装备效能的基础。

（3）装备的效能、性能都与装备完成的工作、执行的任务有关，因此根据任务需求，效能和性能会表现出一种层次性，二者在不同视角层次下可以相互转化，如雷达的探测概率，从雷达本身层次上看是一个效能指标，但在一个防空雷达体系中考察雷达的探测概率，这时其就是雷达的性能指标。因此对装备效能、性能的描述不能离开任务环境，必须在一定的作战任务背景下考察，并进行装备的效能评估。

（4）装备效能评估问题带来两个启示：一是可以基于性能和能力而构建装备的效能评估指标体系；二是装备的效能评估必须面向规定的任务进行，

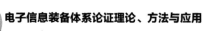

离开作战任务剖面去讨论装备的效能是没有实际意义的。

2．装备作战能力的定义及描述

《中国人民解放军军语》中没有确切的"作战能力"或"装备作战能力"术语，相关术语有"战斗力"及"信息作战能力"。美国国防部将军事能力定义为武装力量在规定的条件和标准下，使用作战要素执行一组任务并达到作战目标效果的本领。军事能力可以基于任务划分，也可以基于效果划分。

装备作战能力是武器装备在规定的作战环境下遂行规定任务达到规定目标的本领，这种遂行规定任务所需要的本领可以通过装备的作战性能（或功能）具体体现出来。装备作战能力实际上是一种"综合性能"，由相关的多个性能确定，其中的性能是指装备的单一战术技术指标。本章文献[1]中给出了装备作战能力有三层含义：①作战能力是装备的内在属性，取决于装备的结构、组成要素的数量与质量，以及装备的运用方式；②作战能力是指装备的作战性能与具体的作战任务，以及作战环境等相结合，针对规定的使命任务、所处的作战环境和既定的作战目标所具备的能力；③装备的作战能力作为固有属性，可由于装备内因而随时间变化，也可以受外部环境影响而发生改变。

3．装备作战效能的定义及描述

《中国人民解放军军语》中将"装备作战效能"定义为"装备在一定条件下完成作战任务时所能发挥有效作用的程度"，将"作战效能"定义为"作战力量在作战过程中发挥有效作用的程度"。作战效能是反映和评价部队作战能力的尺度和标准。GJB 1364—1992认为，作战效能是指在预期或规定的作战使用环境，以及所考虑的组织、战略、战术、生存能力和威胁等条件下，由有代表性的人员使用该装备完成规定任务的能力。

本章文献[1]给出了这样的定义：装备作战效能就是装备在一定的作战条件下遂行给定作战任务时达到预期可能目标的程度，也就是装备在一定条件下完成作战任务时所能发挥有效作用的程度。这个定义有三层含义：①作战效能是具备作战能力的装备在实际作战条件及环境下的外在表现，取决于装备的作战能力、装备的运用方式等；②作战效能针对规定的作战环境和作战目标，随作战条件的变化而变化；③装备的作战效能说明了实际作战效果符合装备研制的作战能力对应效果的程度。

衡量作战效能的指标就是作战效能指标，包括定性指标和定量指标。作战效能指标是用于度量装备能否很好地完成特定使命任务的标准，是一套规范的度量参数和方法，用于评估装备性能、能力或作战环境的变化，用于测量评估到达终态、实现任务目标或得到某种效果的程度。因此，作战效能指标通常通过结合具体任务的作战能力指标和系统级的性能指标来综合反映。

4．装备作战能力和装备作战效能的联系与区别

由上述定义与描述可以看出，装备作战能力是装备遂行规定任务达到规定目标的"本领"，装备作战效能是利用这些"本领"达到规定目标的程度，装备作战能力与装备作战效能是既有联系又有区别的两个概念，两者是密切相关的。本章文献[1]对装备作战能力与装备作战效能的联系与区别总结如下：

（1）装备作战能力是装备作战效能的基础，装备作战效能是装备的终极目标。装备作战能力只是表示了装备遂行规定任务达到规定目标所需的基本主观条件，是对装备自身性能的一种刻画。

（2）装备作战能力和装备作战效能都和遂行规定任务相关，装备作战能力通过遂行规定任务来表现，装备作战效能通过遂行规定任务的完成程度来表现。但是装备作战能力并不是遂行任何任务都能表现出来的，这种任务必须与其能力相适应。装备作战效能不仅与装备作战能力有关，而且与被赋予的任务紧密相关。

（3）装备作战能力是相对静态的概念，装备作战效能是相对动态的概念。装备作战能力是装备的固有属性，由装备组成、战术技术性能和使用性能等决定；但是装备作战能力也不是一成不变的，其本身也会随装备性能等参数的变化而改变；相同的装备，遂行不同的作战任务，在不同作战环境下，发挥出来的效能可能完全不同。

（4）装备作战能力和装备作战效能都和装备的战术技术性能有关。装备作战能力和装备作战效能都是基于遂行规定任务来表现的，而装备遂行规定任务必须基于装备的战术技术性能（或功能）才能实施，这三者之间的关系如图 8-1 所示。由于装备的作用最终体现在战场运用上，人们最关心的其实是装备实施具体作战任务时的作战效能，故称图 8-1 为装备作战效能结构视图。

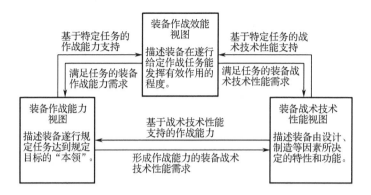

图 8-1　装备作战效能结构视图

8.1.2　系统效能评估

如前所述，效能是指一个系统满足一组特定任务要求程度的能力（度量），或者说，系统在规定的条件下达到使用目标的能力。系统效能是指从系统角度对影响效能的各因素进行综合评价，最后得到单一的度量值或几个度量值构成的向量，以便决策者参考。系统效能需要考虑的因素较多，评估分析具有一定难度。

按照系统环境不同，可以将其分为自身效能和使用效能。自身效能是指系统本身所蕴含的能力，是一种相对静态的效能。使用效能，有时也称为作战效能，是指在规定条件下，运用军事装备的作战兵力执行作战任务所能达到预期目标的程度。这里的执行作战任务应覆盖军事装备在实际作战中可能承担的各种主要作战任务，并且涉及整个作战过程，因此，使用效能是任何军事装备的最终效能和根本质量特征，使用效能需要比自身效能考虑更多的因素，如使用环境、目标任务等。

效能可分为以下三种：

（1）单项效能。单项效能是指运用武器装备系统时，达到单一使用目标的程度，如指标效能。

（2）系统效能。国家军用标准 GJB 451—1991 中规定，系统效能是"系统在规定的条件下满足给定定量特征和服务要求的能力"。这里"给定定量特征和服务要求"是指装备应达到的一些定量特征和所要达到的目的或目标。

（3）作战效能。单项效能、系统效能均是对系统"相对静态"效能的一种度量，作战效能又称为兵力效能，是指在规定的作战环境下，运用系统在执行规定的作战任务时所能达到预期目标的程度。

效能评估是研究系统的效能特性及其获取系统最大效能的一门科学，对应效能的定义可分为单项效能评估、系统效能评估和作战效能评估三种。

8.1.3　体系效能评估

体系效能评估是随着体系研究深入逐步提出的，一般指"在一定条件和环境下装备体系完成预定任务和目标的程度的度量"。尽管体系效能评估所确定的任务目标与系统效能评估目标基本一致，但是由于评估对象——体系的复杂性，特别是装备体系面临复杂的技术发展的不确定性，要求装备体系效能评估需要考虑复杂的任务背景和作战环境，要结合装备体系在多种作战任务需求下的评估体系的作战效能。

体系效能评估并不是将其子系统各自进行评估后的简单求和，其根本是通过评估子系统并将子系统与体系整体有机结合起来达到分析体系内部结构及"涌现"特性，最终达到优化体系结构和提高整体效能的目的。换言之，电子信息装备体系效能评估也不是其子系统效能评估的简单求和，因为体系中的子系统虽然可以独立运行，但又相互依存，最终通过耦合形式成为一体，以确保共同完成使命任务。体系在这种耦合形成一体的过程中涌现出新的性质和效能，而这些新的性质和效能将超过原有子系统效能的总合。参考美国军事运筹学会提出的 C4ISR 系统效能层次结构，可将电子信息装备体系效能评估分为两层四级结构，如图 8-2 所示。

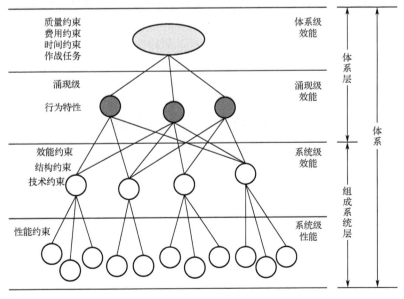

图 8-2　体系效能评估层次结构

（1）单元的性能度量（Measures of Performance，MOP）是指从系统层次上度量系统单元的行为属性。系统单元性能评估是对系统物理部件固有特性的度量，如预警探测系统中有关雷达发现概率、通信导航系统中的误码率等。

（2）系统的效能度量（Measures of Effectiveness，MOE）是指从系统层次上度量系统在体系环境下完成其功能或执行任务的效果，如有不同制式、空间分布的预警探测系统在执行首都防空任务时的预警任务情况等。

（3）体系涌现性效能度量（Measures of Emergency Effectiveness，MOEE）是指构成体系的多个系统围绕一个体系业务目标进行协作后的效能度量，如缩短了电子信息装备体系中侦察预警数据处理时间、完成首都防空任务的成功率提高了多少。

（4）体系整体效能度量（Measures of System Effectiveness，MOSE）是指从整体上对体系完成其使命任务的效能进行评价，即综合考虑电子信息装备体系在信息化建设中作用发挥程度、适应未来作战样式要求、有效支持实际作战的遂行等，全面评估电子信息装备体系效能。

电子信息装备体系效能评估层次结构充分考虑了体系组成的层次递阶、涌现行为等本质特征，将系统单元的静态效能和体系使命任务的动态效能有机结合，反映了电子信息装备体系效能评估的特点。

8.2 基于能力的电子信息装备体系效能评估方法

电子信息装备体系效能评估就是对当前构建的电子信息装备体系水平进行评价，以找寻目前体系中存在的薄弱环节，进而确定未来建设的方向和重点，是电子信息装备体系优化的基础。

8.2.1 电子信息装备体系效能评估的要点和方向

与熟知的一般系统效能评估不同，电子信息装备体系效能评估的对象是体系。体系所特有的组成系统规模庞大、交互多、环境复杂等特点，以及体系评估者所关注的视角差异，决定了电子信息装备体系效能评估的多层次、多粒度，电子信息装备体系效能也呈现目标多元化。例如，电子信息装备管理部门主要关注整个电子信息装备体系建设发展态势，其效能评估侧重于电子信息装备体系论、建、用等三个环节的建设效能；又如，装备应用部门主要关注体系中某个功能系统或整个体系作战应用，效能评估侧重于电子信息装备体系的应用（作战）效能；再如，装备发展决策部门主要关注影响体系发展的瓶颈和短板问题，效能评估侧重于电子信息装备体系中组成系统的作战效能等。兼顾电子信息装备体系效能多目标，明确体系效能评估的要点，是首先要解决的问题。

电子信息装备体系，乃至整个武器装备体系是为了应对未来体系对抗的军事需求和联合作战的应用实践而提出的，并可通过其组成能力聚合采用组合协同形成更大能力。能力是对组分系统的要求，选择能力作为电子信息装备体系效能评估的要点，较符合体系本质，也符合体系效能评估的特点，同时能兼顾体系效能评估的多目标需求。主要原因有以下三点：

一是现代作战需求和环境所决定的。体系对抗的作战需求、未来作战对象的不确定性、作战目标的多样性要求必须高度重视所构建电子信息装备体系的整体能力，以应对未来可能出现的各种突发事件，满足多样式作战体系需要。目前，军事需求生成模式正在由基于"任务"、基于"威胁"转向基于"能力"，基于该出发点，具有应对各种突发事件的能力是电子信息装备体系建设的要求，也是电子信息装备体系发展的目标。

二是能力是表述效能的有效手段。能力的基本含义是"做事的本领"，或者说是"能胜任某项任务的主观条件"。对于军事领域，"能力是武装力量在规定的条件和标准下，使用作战要素执行一组任务并达成作战目标效能的本领"。我们所关注的战斗力其实就是作战能力。当前，关于能力的定义和解释也在不断发展中。例如，能力是用一种方法和手段完成一组任务后得到期望效果的本领。其中，方法是完成任务的一系列计划与程序，如战略、政策、法律、习惯、概念、条令、作战计划、TTP（目标确定程序）等。手段则是支持能力产生的各类人力资源，包括人员、组织、训练、教育、后勤、基础设施、平台、武器装备、耗材、保养、信息等。简单地说，手段是资源及使资源有效的措施（保障），是物质基础；而方法是使资源发生作用的过程，是达成目标的任务，以及对任务的理解程度。也就是说，能力等于资源与相关保障措施，加上使资源发挥作用的方法，而得到的综合性结果。这些定义颠覆了我们常认为的能力就是一种静态、孤立的概念，特别是最后的定义已经接近我们所关注的效能了。

三是能力是刻画体系效能的有效途径。电子信息装备体系从顶层视角对电子信息装备发展做出整体规划。尽管视角不同，但体系效能评估目标层次相对一般电子信息装备系统效能评估更高，关注的也是全局效能或找寻电子信息装备发展中的瓶颈和短板问题。能力是刻画体系效能、主要瓶颈和短板

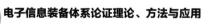
问题的有效途径。体系效能评估在关注体系整体效能的同时，也在于发现构成效能某项能力的不足。

在开展电子信息装备体系评估时，应从抓住电子信息装备体系所具有的复杂巨系统特性出发，以电子信息装备在信息化联合作战环（OODA）中的信息能力为主线，开展电子信息装备体系效能评估。

8.2.2　电子信息装备体系效能评估的原则

根据电子信息装备体系的特点和未来信息对抗作战的需要，电子信息装备体系效能评估应遵循以下几条原则。

1）科学性原则

电子信息装备体系效能评估是针对使用电子信息装备体系所从事的对抗活动进行的。对体系使用效果的评估要从指挥的客观现实出发，防止只重视最终结果，忽略客观条件。因此评估应根据作战任务、作战目的、作战需要、客观条件、评估目的和电子信息装备体系的特点来考虑电子信息装备体系对战斗力的倍增作用及对作战结局的影响。评估指标体系应根据客观统计在长期工作实践中产生，不能主观臆断、随意设立。

2）整体性原则

运用多种科学知识和方法进行全面评估，既有定量分析，又有定性分析。对评估对象不能局部地、孤立地去评估某一部分、某一阶段对抗效益的大小，而是把它放到更大的系统中去考察其得失。如果孤立地、局部地看待一部分、某一阶段效能的好坏，往往会得出片面的结论。只有站在较高层次才能扩大视野，全局在胸，把握利弊得失的标准，使得评估结论真实反映作战全过程的电子信息装备体系情况和整个电子信息装备体系效能的高低。因此评估在空间上应是对体系对抗全过程的评估，避免只对电子信息装备体系某一过程或某一局部的评估，以免造成以点带面、以偏概全的不准确评估或虚假评估。当然，各个要素、环节对信息系统的影响不尽相同，评估时要有重点。这是评估的方法问题，但不能影响体系评估的整体原则。

3）可测性、可控性原则

只有具有可测性，才能比较、估算和评估。任何事物都以某种量的形式存在，有数量就能测量比较，只是实现测量的方法有难易之分，或测量的精度不同。

由于在信息对抗活动中存在数量上的模糊性，因此，对那些难以量化的因素，要采取定性与定量相结合的方法，比较客观地给出权值和便于测量的基本尺度，体系评估模型应该满足量化的可行性，使评价具有可信性。

4）系统性原则

在电子信息装备体系评估中，总体效能不是单个子系统的简单相加，而是线性和非线性的综合。系统是有层次性的，这就要求在系统评估中要进行正确的层次划分。

5）一致性原则

在建立评价指标体系时，必须保持系统功能和使命、性能和功能、数据的表现形式和评估内容、评估模型和评估方法的一致性。

6）完备性原则

电子信息装备体系是一个技术含量非常高的复杂大系统，技术更新快，必须考虑系统指标的延展性、前瞻性、松弛性等诸多要素。在体系评估中，依据评估目标，要考虑体系评估所涉及的各个方面，评估指标要满足完备性原则。

7）定性定量相结合原则

在电子信息装备体系评估中，有些指标的不确定性因素很多，无法定量评价，必须要做到定性与定量的灵活结合。

8.2.3　体系效能评估框架

在进行电子信息装备体系效能评估时，需要明确电子信息装备体系是什么样的系统、组成单元完成了什么样的规定业务，进行系统性能评估和系统效能评估，但仅这两方面还不能描述子系统对系统使命任务到底有什么作用，还要对体系效能进行评估。电子信息装备体系效能可通过分析电子信息装备体系内部结构及"涌现"特征展现，对"涌现"的评估需要将子系统效能与系统效能有机结合起来。换言之，电子信息装备体系效能不是子系统效能的简单求和。电子信息装备体系中子系统的联系是松散的，子系统具有一定的独立性，可以独立运行，但子系统又相互依存，最终通过耦合形式形成一体，以确保共同完成使命任务。系统在这种耦合形成一体的过程中涌现出新的性质和效能，而这些新的性质和效能将超过原有子系统效能的综合。体系效能与子系统效能之间的关系如图 8-3 所示。

因此，可用两层四级的结构来对电子信息装备体系效能进行评估，即单元的效能评估、子系统的效能评估、"涌现"的评估和体系效能评估。前两项评估面向系统的组成子系统，后两项评估面向体系的顶层使命，形成电子信息装备体系效能评估框架，如图 8-4 所示。

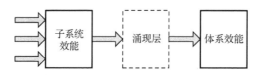

图 8-3　体系效能与子系统效能关系示意图

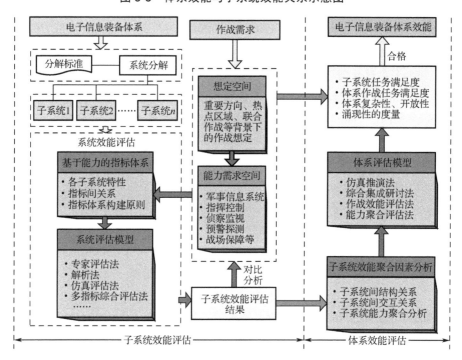

图 8-4　电子信息装备体系效能评估框架

　　首先，依据一定的分解标准将电子信息装备体系分解成多个相对独立的子系统，在一定任务想定及任务需求基础上，探索能力生成模式，并结合各子系统特性，按照一定的指标体系构建原则建立基于能力的系统效能评估指标体系，可运用合适的指标体系约简方法对指标体系进行优化。结合子系统特性、指标特性及指标间关系，选择合适的指标评估模型和综合评估模型。其中，包括如何确定子系统性能评估结果聚合到子系统效能评估的系数。其次，子系统效能评估结果与特定想定任务下的能力需求进行对比分析，不断完善评估模型，直到得到满意的子系统效能评估结果。然后，在分析子系统间结构关系、考虑子系统演化和"涌现"性等因素的基础上，借鉴仿真模拟手段、探索性分朾思想和综合集成研讨厅思想，输入子系统效能评估结果及影响复杂系统效能评估的各重要因素，对电子信息装备体系效能进行评估。最后，运用一定的仿真平台及仿真手段，建立电子信息装备（系统）仿真模型，在一定的想定任务和能力需求条件下，验证评估模型及方法的实用性及合理性。

8.2.4　电子信息装备体系效能评估流程

电子信息装备体系效能评估工作的开展应用了一套科学而又易于掌握的评估步骤和方法。充分借鉴国外军事装备效能评价框架，归纳出电子信息装备体系效能评估流程，如图 8-5 所示。

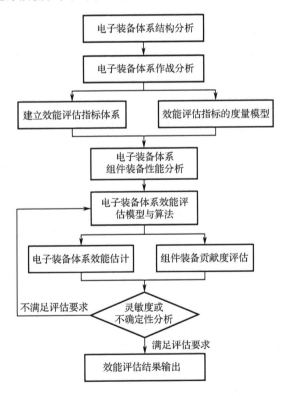

图 8-5　电子信息装备体系效能评估流程

1．确定评估条件与目标

电子信息装备体系结构分析，就是给出待评估电子信息装备体系的组成

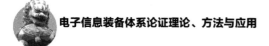

与结构，分析其功能，以及在完成给定任务中的作用和应该满足的要求等。

电子信息装备体系作战分析首先必须进行作战想定的拟制，明确电子信息装备体系的主要作战任务、作战目的及技术要求等，并分析作战条件及其与理想作战条件之间的差距与影响，最后给出电子信息装备体系的主要作战程序。

2. 建立评估指标体系

建立评估指标体系阶段主要进行建立效能评估指标体系、效能评估指标的度量模型、电子装备体系组件装备性能分析的研究工作。

电子装备体系组件装备性能分析主要研究电子装备的各项功能和要求，以及确定它们之间的相互信息关系，对单项性能（或能力）进行分析与评估，为电子装备体系作战效能的整体评估及各个电子装备的效能贡献度评估奠定技术基础。

在构建评估指标体系时，必须针对特定的作战任务，根据完成任务的能力要求选择具体度量指标，选择的指标必须具备一定的物理意义，对电子装备体系的性能参数具有一定的敏感性，并可以用定性或定量数据进行表征。

效能评估指标的度量模型，就是在给定的作战想定条件下，根据建立的电子信息装备体系效能评估指标体系对评估指标进行适当的数学模型表达，并予以量化。

3. 评估模型和算法

体系效能评估模型和算法是评估问题的关键点和难点。体系效能的评估重点不仅在于体系效能的聚合，还在于如何动态地体现组分装备在作战过程各阶段的效能贡献情况，以及体系组分装备之间效能贡献的相互影响情况等。

体系效能的区间估计就是对典型构成的电子装备体系在给定作战环境和作战任务等条件下执行作战任务的预期程度给出一个确定置信度下的区间估计值，该区间估计值与电子装备体系构成、作战任务条件、置信度等条件有关。组件装备对体系效能的贡献度评估就是评价组件装备对体系效能所做贡献的相对重要性，其目的是找出影响电子装备体系效能的关键装备，为电子装备体系效能的建设、优化等提供技术依据。

4. 灵敏度分析

电子装备体系效能评估的灵敏度分析主要是对电子装备体系效能的各

个指标因素进行灵敏度分析。

灵敏度分析分为绝对灵敏度（又称全局灵敏度）分析和相对灵敏度（又称局部灵敏度）分析。其中，绝对灵敏度分析是指各个指标相对于自身全局范围进行摄动分析；相对灵敏度分析是指各个指标在一定范围内摄动变化，以及对总体结果的影响分析。进行绝对灵敏度分析可以达到两个目的：一是了解组件装备对体系效能的相对重要性，即哪个装备的性能（或能力）改善能使体系效能更敏感；二是分析结果可作为体系效能优化的基础。

8.2.5　经典系统效能评估方法

国内外武器装备作战效能评估的各种方法可以分为三大类：实验统计法、作战模拟法和解析法。实际使用中常常采用两两相结合或三者相结合的方法。系统效能评估方法可以分为静态效能评估方法和动态效能评估方法。静态效能评估方法就是目前常用的各种解析法，实际上就是作战能力评估方法；动态效能评估方法包括实验统计法和作战模拟法。

1．基于解析的静态效能评估

解析法根据指标与给定条件的函数关系解析式计算指标，再根据数学方法求解效能方程。解析法能够进行指标间关系的分析，准确把握关键因素及其对作战效能影响的变化规律，但是往往有许多假设条件，且有许多因素无法建立其与作战效能关系的数学表达式。解析法有指数法、层次分析法（AHP）、德尔菲（Delphi）法、WSEIAC 模型、模糊综合评判法、灰色评估方法、军事运筹方法及神经网络法等智能评价方法。装备结构优化方法的基本思想是抛开具体的交战过程，建立描述双方武器装备对目标最终毁伤结果的计算模型，用此数学模型确定为达到军事斗争需求应采取的武器对目标分配方案，并给出双方对抗的效果评估。装备体系对抗表法通过建立多层武器装备体系对抗表来描述体系对抗关系，结合使用价值模型方法及层次分析法获得体系对抗表各层之间的关联系数，最终运用对策论等运筹方法求解获得体系效能。兰德战略评估方法是兰德公司的效能评估核心方法体系，以体系效能为主要准则，面向较高层次、复杂武器装备体系的规划，将武器装备发展高层战略目标层层分解，具体落实到多个联合战役。针对联合战役中主要战术任务武器装备体系，主要通过红蓝双方兵力分配与调整、体系对抗推演、系统控制等模块求得优化规划解。

2．基于实验统计的动态效能评估

实验统计法是最真实可靠的评估方法，在规定的现场中观察装备性能特征并收集数据，从而评定作战效能。其特点是依据实战、演习、实验获得统计资料，应用的前提是所获的实验数据很多，其随机特性可以清楚地用模型表示。

常用的统计评估方法有抽样调查、参数估计、假设检验、回归分析和相关分析等。实验统计法不仅能得到效能评估值，还能显示装备性能、作战规则等因素对作战效能的影响。统计评估方法需要有大量的武器装备做实验的物质基础，这在装备研制前无法实施。另外，部分高新武器由于实验条件的限制而不可能进行大量的靶场实验致使其积累的实验数据不够丰富。

3．基于仿真的动态效能评估

仿真法也称作战模拟法，其以计算机模拟模型来进行作战仿真实验，在仿真环境中运用各类仿真信源、仿真模型对系统作战效能与影响因素及它们之间的协作进行仿真模拟，得到作战进程和结果数据，处理并给出作战效能评估值。作战模拟法可以全面地描述武器装备之间复杂的交互、协同作用，能考虑武器装备作战效能的诸属性在作战全过程的体现及在不同规模作战效能的差别，特别适合进行武器装备作战效能的预测评估。该方法的缺点是作战效能及其影响因素之间存在广泛的信息交换关系及不确定性，仿真模型的构建十分复杂，需要大量可靠的基础数据和原始资料作为依托，难以校验仿真可信度。

现有的系统效能评估方法很多，它们为电子信息装备体系效能评估提供了基础。同时，也有大量相关资料和研究成果可以供工程技术人员参考，本节不再详细介绍。在这里列出国内外常用系统效能评估方法并分析了这些方法的优缺点和适用性，如表 8-1 和表 8-2 所示。在实践中要根据系统效能评估的不同阶段和不同条件进行选择。

表 8-1　常用系统效能评估方法

类　　型	主 要 方 法	类　　型	主 要 方 法
专家调查法	Delphi 法	系统模型评估法	Petri 网法
	头脑风暴法		系统动力学法

续表

类　型	主　要　方　法	类　型	主　要　方　法
作战模拟法	指数法	新型评估方法	探索性分析方法
	兰彻斯特战斗理论		从定性到定量综合集成研讨厅评估方法
	蒙特卡罗法		神经网络法
	多 Agent 仿真法		多属性决策方法
	分布式交互仿真法	其他评估方法	ADC
多指标综合评估法	层次分析法（AHP）		SEA
	模糊分析法		模糊物元评估方法
	灰色关联分析评估法		实验统计法

表 8-2　系统效能评估方法优劣及适用性比较

评估方法	优缺点分析	适用性分析
专家调查法	优点：互动性强，参与度高，简便易行 缺点：主观性强，专家评估时有很大的倾向性，且数学方法对模型中数据的处理不够充分	在评价难以用定量计算时采用比较有效，适用于评价过程中的指标确定、指标权重确定和模型可信度检验
层次分析法（AHP）	优点：定性与定量相结合、思路清晰、系统性强、应用广泛且成熟 缺点：随机性和人为因素的不确定性较大，且选取的指标数量受到限制，计算量相对较大	结构较为复杂、决策准则较多且不易量化的决策问题可使用，该法需要建立全面且有层次的指标体系，属于静态效能评估的范畴
模糊分析法	优点：对定性的判断进行量化，计算过程较简洁 缺点：分析粒度较粗，评判结果不够准确，且隶属函数的建立在很大程度上依靠经验	评估的指标不多，专家对指标的评价等级基本一致，可在指标量化阶段使用
探索性分析方法	优点：具有启发性，洞察力强且对模型的探索灵活多样，考虑问题全面，交互性好 缺点：建立有层次的多分辨率模型时复杂，受输入参数影响大	应用广泛，主要有求解近似最优解、不确定因素的重要性排序和面向复杂系统效能度量的综合性探索分析
神经网络法	优点：具有自主学习与调整能力，不会出现局部最优解；可评估多层次、多因素、非线性耦合的复杂系统；具有较好的推广和预测能力 缺点：模型的建立颇为复杂，未给出获取学习样本的明确途径，评估结果建立在学习样本之上，具有一定的主观性	为评估复杂系统，应使用具有多参数输入的集成神经网络。其极强的函数逼近能力和泛化能力可映射非线性关系，其容错能力可增强处理在评估过程中由于指标信息含糊、样本不完整或指标间非线性耦合而导致的不确定性误差的能力

评估方法	优缺点分析	适用性分析
WSEIAC 模型（ADC 方法）	优点：在函数参数确定情况下可对系统效能做出精确评估，强调装备的整体性 缺点：考虑因素受到限制，对数据要求较高，能力矩阵较难确定；应用于系统状态数较多的复杂系统时，会出现矩阵维数的急剧"膨胀"	在系统较简单，能够建立系统可用性、可信度和固有能力向量（或矩阵）的情况下，可准确计算出系统效能，但当系统状态较多时，A、D、C 三个参数的确定较困难。因此该法比较适合应用于系统参数容易确定、维度较低的一般复杂系统
模糊物元评估方法	优点：可对多方案进行优劣排序，算法简单，可操作性强；能处理存在模糊性的方案决策（可从优劣排序中寻找系统改进方案）；结果为与理想情况的贴近度，较易理解 缺点：贴近度为理想值，存在误差；使用中需要专家参与，存在主观倾向性	主要用于多方案决策，与其他方法结合较易处理多方案模糊决策问题；可在评估模型选择和模型可信度检验阶段使用

8.3 基于结构方程的体系效能评估方法

电子信息装备体系是复杂的武器装备体系的重要组成部分，作战的对抗性和动态性的军事特性使得其作战效能的发挥呈现出复杂的非线性特征。如何有效处理复杂装备体系作战效能的非线性、对抗性及动态性特征，是装备体系效能评估的核心问题之一。

本节介绍结构方程模型（Structural Equation Modeling，SEM）的理论与方法，分析其对电子信息装备体系进行效能评估的依据和优点，构建基于SEM 的效能评估框架，结合信息系统能力需求与任务背景设计效能评估指标体系，建立效能评估结构方程模型，实现对信息系统作战效能的评估。

8.3.1 结构方程模型基本理论

SEM 是基于变量的协方差矩阵分析变量之间关系的一种统计方法，也称为协方差结构分析。SEM 首先根据已有的理论或经验知识，通过推论和假设，形成反映变量之间相互关系的模型，然后计算样本数据的协方差矩阵 S，通过检验 S 与模型成立时的理论协方差矩阵 S^* 的差异，衡量模型对数据的拟合程度，直至得到满意的模型。SEM 的理论依据是：某些潜变量无法直接观测，但可以通过一个或几个显变量表征，因此可以通过对显变量的测量来分析显变量与潜变量之间的关系。对于电子信息装备体系，其作战效能可视作潜变量，反映作战效能的底层指标即为可测量的显变量。目前，SEM 作为一种通用的线性统计建模技术得到了诸多应用，有关心理学、经济学、社会学等领域的研究均有所涉及，并将 SEM 作为一种重要的分析工具。

1. SEM 基本模型

SEM 基本模型主要分为两组变量：第一组变量为显变量与潜变量；第二组变量为内生变量与外生变量。显变量是指可以直接观测或度量的变量，又称为可观测变量、指示变量等。潜变量为难以进行直接观测的因素或特质，作为一种客观实在无法用现有方法直接对其进行测量，通常为研究所做出的假设或构思的理论等。内生变量是指在一个假定的因果关系模型中，由其他变量所影响或被其他变量解释的变量，也称因变量；外生变量为不受其他变量影响而只作用于其他变量的变量，也称自变量。SEM 包括测量模型与结构模型两部分，如图 8-6 所示。其中，椭圆形符号指代潜变量，矩形符号指代显变量，左侧为外生潜变量及外生显变量，右侧为内生潜变量及内生显变量，上、下两部分虚线框内元素共同构成潜变量的测量模型，中间部分的虚线框涵盖了潜变量的结构模型。各个变量之间的影响关系通过路径系数表示。

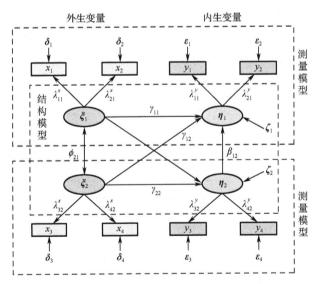

图 8-6　结构方程模型的结构

测量模型用于描述显变量 X,Y 与潜变量 ξ,η 间的影响关系，测量方程为

$$X = \Lambda_x \xi + \delta \tag{8-1}$$

$$Y = \Lambda_y \eta + \varepsilon \qquad (8-2)$$

结构模型用于描述外生潜变量 ξ 与内生潜变量 η 间的影响关系，结构方程为

$$\eta = B\eta + \Gamma\xi + \zeta \qquad (8-3)$$

式中　X——包含 p 项外生显变量的 $p \times 1$ 维向量；

　　　Y——包含 q 项内生显变量的 $q \times 1$ 维向量；

　　　Λ_x——X 在 ξ 上 $p \times m$ 维负荷矩阵，描述外生潜变量 ξ 与外生显变量 X 间的关系；

　　　Λ_y——Y 在 η 上 $q \times n$ 维负荷矩阵，描述内生潜变量 η 与内生显变量 Y 间的关系；

　　　δ——X 的误差项，包含 p 项测量误差，为 $p \times 1$ 维向量；

　　　ε——Y 的误差项，包含 q 项测量误差，为 $q \times 1$ 维向量；

　　　ξ——由 m 个外生潜变量组成的 $m \times 1$ 维向量；

　　　η——由 n 个内生潜变量组成的 $n \times 1$ 维向量；

　　　B——$n \times n$ 维系数矩阵，刻画内生潜变量 η 内部的相互影响；

　　　Γ——$n \times m$ 维系数矩阵，刻画外生潜变量 ξ 对 η 的影响；

　　　ζ——包含 n 项解释误差的 $n \times 1$ 维向量，表示 SEM 的残差项。

完整的 SEM 包含 8 项参数矩阵：$\Lambda_x, \Lambda_y, B, \Gamma, \Phi, \Psi, \Theta_\delta, \Theta_\varepsilon$，其中，前 4 个矩阵已介绍，$\Phi$ 为潜变量 ξ 的协方差矩阵，Ψ 为结构方程残差项 ζ 的协方差矩阵，$\Theta_\delta, \Theta_\varepsilon$ 分别是 δ, ε 的协方差矩阵。以 θ 表示上述 8 个协方差矩阵内待求解的路径系数，因此 SEM 的协方差矩阵可记为 $\sum(\theta)$，同时 $\sum(\theta)$ 与上述 8 个矩阵之间存在映射关系。然而，在尚未获取 θ 的条件下，$\sum(\theta)$ 难以求解。因此，在 SEM 中为求解未知参数，可将显变量样本测量数据的协方差矩阵记作 S，通过最小化 $S - \sum(\theta)$，根据参数矩阵 $\Lambda_x, \Lambda_y, B, \Gamma, \Phi, \Psi, \Theta_\delta, \Theta_\varepsilon$ 与 $\sum(\theta)$ 的映射关系，计算获得 θ 的估计值 $\hat{\theta}$。$\sum(\theta)$ 与系数矩阵的解析关系求解步骤如下。

对于式（8-1），外生显变量 X 与其自身的协方差矩阵为

$$\sum\nolimits_{XX}(\theta) = \mathrm{cov}(X) = E(\Lambda_x\xi + \delta)(\Lambda_x\xi + \delta)' = \Lambda_x E(\xi\xi')\Lambda_x' + E(\delta\delta') \\ = \Lambda_x \Phi \Lambda_x' + \Theta_\delta \qquad (8-4)$$

同理，对于内生显变量 Y，有

$$\sum\nolimits_{YY}(\theta) = \mathrm{cov}(Y) = \Lambda_y E(\eta\eta')\Lambda_y' + \Theta_\varepsilon \qquad (8-5)$$

对式（8-3）进行变换，得

$$\boldsymbol{\eta} = (1 - \boldsymbol{B})^{-1}(\boldsymbol{\Gamma\xi} + \boldsymbol{\zeta}) = \tilde{\boldsymbol{B}}(\boldsymbol{\Gamma\xi} + \boldsymbol{\zeta}) \tag{8-6}$$

根据式（8-6），可得

$$\begin{aligned}
E(\boldsymbol{\eta\eta'}) &= E[\tilde{\boldsymbol{B}}(\boldsymbol{\Gamma\xi} + \boldsymbol{\zeta})(\tilde{\boldsymbol{B}}(\boldsymbol{\Gamma\xi} + \boldsymbol{\zeta}))'] = E[\tilde{\boldsymbol{B}}(\boldsymbol{\Gamma\xi} + \boldsymbol{\zeta})(\boldsymbol{\xi'\Gamma'} + \boldsymbol{\zeta'})\tilde{\boldsymbol{B}}'] \\
&= \tilde{\boldsymbol{B}}(\boldsymbol{\Gamma\Phi\Gamma'} + \boldsymbol{\Psi})\tilde{\boldsymbol{B}}'
\end{aligned} \tag{8-7}$$

根据式（8-7），可将式（8-5）表示为

$$\sum\nolimits_{YY}(\boldsymbol{\theta}) = \mathrm{cov}(\boldsymbol{Y}) = \boldsymbol{\Lambda}_y\tilde{\boldsymbol{B}}(\boldsymbol{\Gamma\Phi\Gamma'} + \boldsymbol{\Psi})\tilde{\boldsymbol{B}}'\boldsymbol{\Lambda}_y' + \boldsymbol{\Theta}_\varepsilon \tag{8-8}$$

$\boldsymbol{X}$ 和 $\boldsymbol{Y}$ 的协方差矩阵为

$$\begin{aligned}
\sum\nolimits_{XY}(\boldsymbol{\theta}) &= E(\boldsymbol{\Lambda}_x\boldsymbol{\xi} + \boldsymbol{\delta})(\boldsymbol{\Lambda}_y\boldsymbol{\eta} + \boldsymbol{\varepsilon})' = \boldsymbol{\Lambda}_x E(\boldsymbol{\xi\eta'})\boldsymbol{\Lambda}_y' \\
&= \boldsymbol{\Lambda}_x E(\boldsymbol{\xi}(\boldsymbol{\xi'\Gamma'} + \boldsymbol{\zeta'})\tilde{\boldsymbol{B}}')\boldsymbol{\Lambda}_y' = \boldsymbol{\Lambda}_x\boldsymbol{\Phi\Gamma'}\tilde{\boldsymbol{B}}'\boldsymbol{\Lambda}_y'
\end{aligned} \tag{8-9}$$

最后，协方差矩阵可表示为 8 项参数矩阵的函数：

$$\sum(\boldsymbol{\theta}) = \varepsilon\begin{bmatrix} \sum\nolimits_{XX}(\boldsymbol{\theta}) & \sum\nolimits_{XY}(\boldsymbol{\theta}) \\ \sum\nolimits_{YX}(\boldsymbol{\theta}) & \sum\nolimits_{YY}(\boldsymbol{\theta}) \end{bmatrix} = \begin{bmatrix} \boldsymbol{\Lambda}_x\boldsymbol{\Phi\Lambda}_x' & \boldsymbol{\Lambda}_x\boldsymbol{\Phi\Gamma'}\tilde{\boldsymbol{B}}'\boldsymbol{\Lambda}_y' \\ \boldsymbol{\Lambda}_y\tilde{\boldsymbol{B}}\boldsymbol{\Gamma\Phi\Lambda}_x' & \boldsymbol{\Lambda}_y\tilde{\boldsymbol{B}}(\boldsymbol{\Gamma\Phi\Gamma'} + \boldsymbol{\Psi})\tilde{\boldsymbol{B}}'\boldsymbol{\Lambda}_y' + \boldsymbol{\Theta}_\varepsilon \end{bmatrix}$$
$$\tag{8-10}$$

2. 基于 SEM 的体系作战效能评估问题分析

根据以上对 SEM 基本理论的分析，可概括出 SEM 具有如下特点。

1）SEM 可同时分析多个因变量

SEM 相对于单纯的回归分析或路径分析，可同时处理分析大量因变量。对于后两者，即使在图表中显示为非单变量分析，在路径系数及回归系数的求解中也依然采取逐一处理变量的方式，在一定程度上弱化了其余变量的存在及影响。

2）SEM 容许更大弹性的测量模型

对于电子信息装备体系等复杂的评估对象，其测量指标的误差往往难以避免。在 SEM 中一方面容许测量误差的存在，另一方面可采用多个显变量（指标）来反映潜变量，从而减小测量误差带来的影响，采用传统方法则难以处理一个指标从属于多个潜变量的情况。这一特性在实践中使得 SEM 相较于传统方法能够更加准确地反映评估对象的实际状况。

3）SEM 具有较强的动态性

传统的统计建模分析往往只能估计单一变量间联系的紧密程度，然而，SEM 除求解以上参数外，还能够分析所构建模型对数据的拟合效果，即模型结构的合理性。若出现模型需要调整的情况，研究者可根据拟合情况在原始模型基础上动态调整模型，多次尝试直至满足拟合要求。

SEM 的以上特性在一定程度上解决了电子信息装备体系效能评估所面临的问题。首先，SEM 以作战评估指标数据为基础，从电子信息装备体系的外在表现出发评估其作战效能，且容许数据存在一定的测量误差，这在减小主观因素影响的同时降低了数据获取的难度。其次，SEM 的动态性使得该方法具备对所构建模型的拟合评估功能，模型检验环节增加了评估结果的可信度。最后，利用 SEM 可同时分析多个因变量的功能，可构造潜变量与显变量间的非线性映射关系，能够更准确地刻画电子信息装备体系作战效能的涌现性特征。综上所述，采用 SEM 可针对性地解决电子信息装备体系效能评估问题。

8.3.2　基于 SEM 的体系作战效能评估流程

　　根据对 SEM 基本模型的分析，设计基于 SEM 的电子信息装备体系效能评估流程。首先明确 SEM 的显变量与潜变量，考虑系统内各组分存在的互补与协作关系，然后分别建立线性与非线性的体系效能度量模型，最终依据所求解模型计算电子信息装备体系效能，其流程如图 8-7 所示。

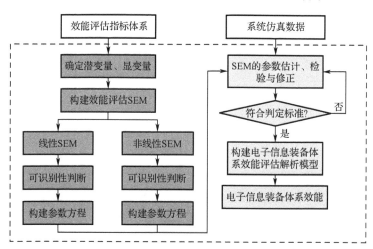

图 8-7　基于 SEM 的电子信息装备体系效能评估流程

1. 构建电子信息装备体系效能评估 SEM

1）确定显变量与潜变量

　　根据 SEM 的基本原理，构建电子信息装备体系效能评估 SEM。首先需要分别确定显变量与潜变量，并划分出内生变量及外生变量。依据 SEM 基本模型中的讨论，外生潜变量 $\xi_i(i=1,2,\cdots,L)$ 可设定为电子信息装备体系的第

i 项体系能力指标，这些指标主要取决于系统自身要素，不被其他因素所影响；与之相对应的外生显变量 $x_{ij}(i=1,2,\cdots,L; j=1,2,\cdots,M)$ 为第 i 项体系能力指标 ξ_i 所对应的第 j 项战技指标，这些指标可直接通过观测或仿真手段获得。根据定义，由于内生潜变量 η 受 ξ_i 的共同影响，可将其设为评估模型的输出，即电子信息装备体系效能，内生潜变量 η 对应的内生显变量 $y_k(k=1,2,\cdots,N)$ 则为第 k 项反映体系作战效能的指标。综合而言，SEM 的潜变量由各项能力及效能指标组成，而显变量则为能力指标对应的底层指标，具体划分如表 8-3 所示。

表 8-3　结构方程模型的变量划分

变　　量	潜　变　量	显　变　量
外生变量	体系作战能力指标 ξ_1	战技指标 x_{11}
		战技指标 x_{12}
		……
		战技指标 x_{1M}
	……	……
	体系作战能力指标 ξ_L	战技指标 x_{L1}
		战技指标 x_{L2}
内生变量	体系作战效能 η	战技指标 y_1
		……
		战技指标 y_N

2）构建线性与非线性 SEM

由于作战效能的涌现性等非线性特征，所以需要对内生潜变量 η 与外生潜变量 ξ 间的关联关系进行分析。考虑电子信息装备体系的复杂性，在外生潜变量 ξ 与内生潜变量 η 之间，以及外生潜变量 ξ 内部，均可能同时存在线性与非线性的关联关系。因此，分别建立线性与非线性的作战效能度量结构方程模型。以外生显变量数量、外生潜变量数量、内生潜变量数量、内生显变量数量分别为 7、3、1、3 的模型为例，分别构建线性与非线性 SEM。

（1）构建线性 SEM

在线性 SEM 中，电子信息装备体系的作战效能 η 与各项作战能力指标 ξ_1、ξ_2、ξ_3 之间为线性关系，如图 8-8 所示。其中，λ_{11}^x、λ_{21}^x、λ_{31}^x 为 ξ_1 与 x_1、x_2、x_3 间的路径系数，λ_{42}^x、λ_{52}^x 为 ξ_2 与 x_4、x_5 间的路径系数，λ_{63}^x、λ_{73}^x 为 ξ_3

与 x_6、x_7 间的路径系数， λ_1^y、λ_2^y、λ_3^y 为 η 与 y_1、y_2、y_3 间的路径系数，γ_1、γ_2、γ_3 为 ξ_1、ξ_2、ξ_3 与 η 间的路径系数，ϕ_{12}、ϕ_{23} 为 ξ_1、ξ_2 和 ξ_2、ξ_3 间的相关系数，$\delta_1 \sim \delta_7$ 为 $x_1 \sim x_7$ 的误差参量，$\varepsilon_1 \sim \varepsilon_3$ 为 $y_1 \sim y_3$ 的误差参量，ζ 为 η 的误差参量。

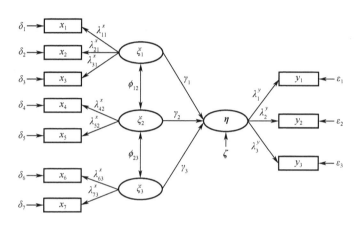

图 8-8 体系作战效能线性 SEM

（2）构建非线性 SEM

由于系统涌现性的影响，电子信息装备体系各分系统间存在耦合性的相互作用，其作战效能往往表现出整体大于部分之和的特征，而非各分系统作战效能的简单线性叠加。相比而言，线性 SEM 中 ξ_i 与 η 间线性的关联关系难以准确描述各分系统能力之间的互补与协作关系。为了能够更准确地刻画系统内部各要素间的相互影响，在线性 SEM 中外生潜变量 ξ_1、ξ_2、ξ_3 线性相关的基础上，考虑加入 ξ_1、ξ_2、ξ_3 间的非线性项。非线性的刻画模式主要包含指数型、乘积型、阶跃型等，在平衡计算代价与准确性的基础上可采用二次项与乘积项对系统内耦合性的交互作用进行刻画，并建立体系作战效能非线性 SEM，如图 8-9 所示。

3）线性 SEM 可识别性判断

在线性或非线性 SEM 中，设内生显变量 Y 和外生显变量 X 的数量分别为 p、q，则可产生的协方差、方差的数量为 $C_{p+q}^2 + p + q = C_{p+q+1}^2$，即需求解含有 C_{p+q+1}^2 个方程的方程组。为确保模型的可识别性，未知数的总数量，即待估计的路径系数与误差项的总数量 t_{SEM} 要不多于方程数量：

$$t_{SEM} < C_{p+q+1}^2 \tag{8-11}$$

当满足此条件时，判定模型可识别。

（1）线性 SEM 可识别性判断

在图 8-8 中，内生显变量的个数 $p=3$，外生显变量的个数 $q=7$，待估计参数的个数 $t_{\text{SEM}} = 26$，$C_{p+q+1}^2 = 55$，满足可识别性判断条件 $t_{\text{SEM}} < C_{p+q+1}^2$，判定模型可识别。

（2）非线性 SEM 可识别性判断

在图 8-9 中，由于引入外生潜变量的内部交互效应与二次效应的影响，待估计参数个数 $t_{\text{SEM}} = 88$，内生显变量的数量仍为 $p=3$，外生显变量的数量 $q=30$。满足可识别性判断条件 $t_{\text{SEM}} < C_{p+q+1}^2$，判断该模型可识别。

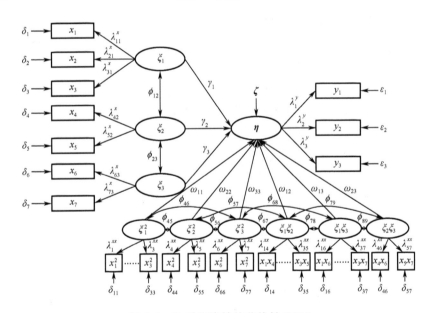

图 8-9　体系作战效能非线性 SEM

2．SEM 参数方程的构建与模型检验

1）参数方程的构建

（1）线性 SEM 参数方程

根据式（8-1）、式（8-2）及式（8-3），体系作战效能线性 SEM 的测量方程为

$$X = \begin{bmatrix} x_1 \\ x_2 \\ x_3 \\ x_4 \\ x_5 \\ x_6 \\ x_7 \end{bmatrix} = \boldsymbol{\Lambda}_x \boldsymbol{\xi} + \boldsymbol{\delta} = \begin{bmatrix} \lambda_{11}^x & 0 & 0 \\ \lambda_{21}^x & 0 & 0 \\ \lambda_{31}^x & 0 & 0 \\ 0 & \lambda_{42}^x & 0 \\ 0 & \lambda_{52}^x & 0 \\ 0 & 0 & \lambda_{63}^x \\ 0 & 0 & \lambda_{73}^x \end{bmatrix} \begin{bmatrix} \xi_1 \\ \xi_2 \\ \xi_3 \end{bmatrix} + \begin{bmatrix} \delta_1 \\ \delta_2 \\ \delta_3 \\ \delta_4 \\ \delta_5 \\ \delta_6 \\ \delta_7 \end{bmatrix} \qquad (8\text{-}12)$$

$$Y = \begin{bmatrix} y_1 \\ y_2 \\ y_3 \end{bmatrix} = \boldsymbol{\Lambda}_y \boldsymbol{\eta} + \boldsymbol{\varepsilon} = \begin{bmatrix} \lambda_1^y \\ \lambda_2^y \\ \lambda_3^y \end{bmatrix} \boldsymbol{\eta} + \begin{bmatrix} \varepsilon_1 \\ \varepsilon_2 \\ \varepsilon_3 \end{bmatrix} \qquad (8\text{-}13)$$

线性 SEM 对应的结构方程为

$$\boldsymbol{\eta} = \gamma_1 \xi_1 + \gamma_2 \xi_2 + \gamma_3 \xi_3 + \boldsymbol{\zeta} \qquad (8\text{-}14)$$

（2）非线性 SEM 参数方程

体系作战效能非线性 SEM 的测量方程为

$$X = \begin{bmatrix} x_1 \\ \vdots \\ x_7 \\ x_1^2 \\ \vdots \\ x_7^2 \\ x_1 x_4 \\ x_1 x_5 \\ \vdots \\ x_5 x_7 \end{bmatrix} = \begin{bmatrix} \lambda_{11}^x & \cdots & 0 & \cdots & 0 \\ \vdots & \cdots & \vdots & \cdots & \vdots \\ 0 & \cdots & 0 & \cdots & 0 \\ 0 & \cdots & \lambda_1^{xx} & \cdots & 0 \\ \vdots & \cdots & \vdots & \cdots & \vdots \\ 0 & \cdots & 0 & \cdots & 0 \\ 0 & \cdots & 0 & \cdots & 0 \\ 0 & \cdots & 0 & \cdots & 0 \\ \vdots & \cdots & \vdots & \cdots & \vdots \\ 0 & \cdots & 0 & \cdots & \lambda_{57}^{xx} \end{bmatrix} \begin{bmatrix} \xi_1 \\ \vdots \\ \xi_1^2 \\ \vdots \\ \xi_2 \xi_3 \end{bmatrix} + \begin{bmatrix} \delta_1 \\ \vdots \\ \delta_7 \\ \delta_{11} \\ \vdots \\ \delta_{77} \\ \delta_{14} \\ \delta_{15} \\ \vdots \\ \delta_{57} \end{bmatrix} \qquad (8\text{-}15)$$

$$Y = \begin{bmatrix} y_1 \\ y_2 \\ y_3 \end{bmatrix} = \boldsymbol{\Lambda}_y \boldsymbol{\eta} + \boldsymbol{\varepsilon} = \begin{bmatrix} \lambda_1^y \\ \lambda_2^y \\ \lambda_3^y \end{bmatrix} \boldsymbol{\eta} + \begin{bmatrix} \varepsilon_1 \\ \varepsilon_2 \\ \varepsilon_3 \end{bmatrix} \qquad (8\text{-}16)$$

非线性 SEM 对应的结构方程为

$$\begin{aligned} \boldsymbol{\eta} = {}& \gamma_1 \xi_1 + \gamma_2 \xi_2 + \gamma_3 \xi_3 + \omega_{11} \xi_1^2 + \omega_{22} \xi_2^2 + \\ & \omega_{33} \xi_3^2 + \omega_{12} \xi_1 \xi_2 + \omega_{13} \xi_1 \xi_3 + \omega_{23} \xi_2 \xi_3 \end{aligned} \qquad (8\text{-}17)$$

2）模型检验与修正

对 SEM 的参数估计和检验可采用 LISREL 8.70 工具软件进行，根据计算结果，在必要时可对模型做出修正。根据 SEM 基本原理，参数估计即最小化所构建模型合理条件下的协方差矩阵 $\sum(\theta)$ 与仿真数据的协方差矩阵 $\boldsymbol{S}$

之间的差异 $S - \sum(\theta)$，计算最终的路径系数和误差项。根据 LISREL 软件完成参数估计输出的模型拟合度报告，并对作战效能 SEM 进行拟合优度检验，常用的统计量包括 χ^2、近似误差均方根（RMSEA）、标准拟合指数（NFI）、比较拟合指数（CFI）、拟合优度指数（GFI）等。表 8-4 为以上五项变量需符合的判定条件。需说明的是，为判断模型对数据的拟合效果，先后出现过四十余种拟合指数进行 SEM 的评价和选择。然而这些拟合指数多由 χ^2 统计量引申得到，因此这里采用主要的五项指数作为模型质量的判断依据。

表 8-4　拟合指标需符合的判定标准

统　计　量	判　定　标　准
χ^2	越小越好
RMSEA	<0.1，越小越好
NFI	>0.9，越接近 1 越好
CFI	>0.9，越接近 1 越好
GFI	>0.9，越接近 1 越好

3．体系效能计算

按电子信息装备体系的作战背景设计多组作战方案，将作战仿真所获得的内生显变量 Y、外生显变量 X 的数据输入线性 SEM 与非线性 SEM，按式（8-12）至式（8-17）计算不同条件下电子信息装备体系作战效能和非线性涌现度量值，并分析外生潜变量间的交互关系，获得体系效能的评估结论。

8.3.3　仿真案例

1．数据获取

以航天侦察装备支援海上作战为例，对所构建的基于 SEM 的电子信息装备体系作战效能评估模型进行验证。通过对评估对象和评估目的的分析，构建支援反舰作战的航天侦察装备体系作战效能指标体系，并按表 8-5 中的划分原则将各项指标划分为 SEM 中对应的变量类型。在此基础上分别构建线性 SEM 与非线性 SEM，如图 8-8 和图 8-9 所示。

表 8-5 SEM 变量类型的划分

变 量 类 型	潜 变 量	显 变 量
外生变量	信息获取能力 ζ_1	目标发现概率 x_1
		目标跟踪概率 x_2
		目标识别概率 x_3
	指挥控制能力 ζ_2	决策响应时间 x_4
		传输时延 x_5
	生存保障能力 ζ_3	系统生存能力 x_6
		系统修复能力 x_7
内生变量	体系作战效能 η	战斗结果 y_1
		战斗损伤率 y_2
		任务完成时间 y_3

按装备编配方案的不同，设计 24 组作战方案，经 STK 与 Matlab 联合仿真后获得 24 组不同方案条件下显变量对应的指标数据，如表 8-6 所示。

表 8-6 方案作战效能指标值

指　　标	方　案					
	1	2	3	4	……	24
x_1	0.594	0.836	0.721	0.415	……	0.512
x_2	0.380	0.982	0.953	0.970	……	0.896
x_3	0.629	0.119	0.541	0.328	……	0.635
x_4	0.770	0.940	0.705	0.484	……	0.329
x_5	0.391	0.102	0.037	0.517	……	0.265
x_6	0.317	0.157	0.246	0.434	……	0.116
x_7	0.663	0.459	0.374	0.346	……	0.494
y_1	0.581	0.633	0.467	0.484	……	0.353
y_2	0.703	0.680	0.686	0.716	……	0.445
y_3	0.651	0.621	0.720	0.710	……	0.824

2. 模型模拟

将表 8-6 中作战样本数据及所构建的线性与非线性 SEM 分别导入 LISREL 8.70，生成数据的协方差矩阵，采用极大似然法对线性 SEM 和非线性 SEM 的参数进行估计，得到对应的路径图及各参数估计值。

1）线性 SEM 参数估计结果

体系作战效能线性 SEM 标准化后的基础模型如图 8-10 所示。参数估计值如表 8-7 所示。表 8-8 为主要拟合优度检验统计量，表中的指标均满足表 8-4 中拟合指标的判定标准，可判定定性模型的可行性。

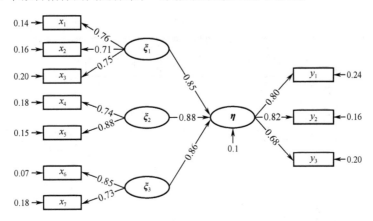

图 8-10　体系作战效能线性 SEM 标准化后的基础模型

表 8-7　线性 SEM 参数估计值

参数	λ_{11}^x	λ_{21}^x	λ_{31}^x	λ_{42}^x	λ_{52}^x	λ_{63}^x
数值	0.76	0.71	0.75	0.74	0.88	0.85
参数	λ_{73}^x	λ_1^y	λ_2^y	λ_3^y	γ_1	γ_2
数值	0.73	0.80	0.82	0.68	0.85	0.88
参数	γ_3	δ_1	δ_2	δ_3	δ_4	δ_5
数值	0.86	0.14	0.16	0.20	0.18	0.15
参数	δ_6	δ_7	ε_1	ε_2	ε_3	ζ
数值	0.07	0.18	0.24	0.16	0.20	0.10
参数	ϕ_{12}	ϕ_{13}	ϕ_{23}	—	—	—
数值	0.80	0.72	0.85	—	—	—

表 8-8　主要拟合优度检验统计量

指标	χ^2	RMSEA	NFI	CFI	GFI
指标值	42.42	0.032	0.98	1.00	0.99

2）非线性 SEM 参数估计结果

非线性 SEM 基础模型经标准化后，路径系数及潜变量间的相关系数如

图 8-11 所示。模型中线性部分对应的路径系数和误差项与线性 SEM 一致。表 8-9 为非线性 SEM 的拟合优度检验统计量。相较于线性模型，非线性 SEM 的拟合指数出现恶化，但处在合理范围内，模型仍是可接受的，即非线性 SEM 可合理描述支援反舰作战航天侦察装备体系作战效能内在影响因素间的因果关系。

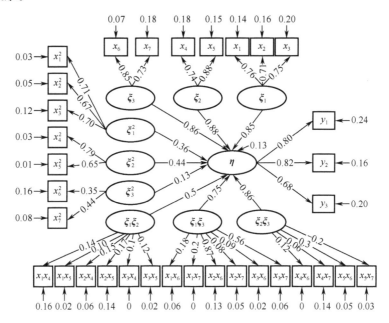

图 8-11 体系作战效能非线性 SEM

表 8-9 非线性 SEM 的拟合优度检验统计量

指标	χ^2	RMSEA	NFI	CFI	GFI
指标值	54.16	0.055	0.93	0.92	0.97

3. 模型评估结论

将所求解线性与非线性 SEM 的参数估计结果代入式（8-12）至式（8-17），可得天基信息系统作战效能评估解析模型，将样本数据分别代入线性和非线性 SEM 体系作战效能评估解析模型，经标准化处理，得到方案对应的作战效能评估结果，其中 5 组有代表性的评估结果如表 8-10 所示。

表 8-10　体系作战效能 SEM 评估结果

指　　标	模　　型	各方案评估结果				
		1	7	12	17	23
ξ_1	线性	0.92	0.65	0.83	0.48	0.71
	非线性	0.92	0.65	0.83	0.48	0.71
ξ_2	线性	0.79	0.86	0.88	0.07	0.82
	非线性	0.79	0.86	0.88	0.07	0.82
ξ_3	线性	0.44	1	0.76	0.62	0.57
	非线性	0.44	1	0.76	0.62	0.57
ξ_1^2	线性	—	—	—	—	—
	非线性	0.86	0.49	0.71	0.29	0.85
ξ_2^2	线性	—	—	—	—	—
	非线性	-0.66	0.83	0.76	0.03	0.66
ξ_3^2	线性	—	—	—	—	—
	非线性	0.55	0.74	0.58	0.38	0.66
$\xi_1\xi_2$	线性	—	—	—	—	—
	非线性	0.68	-0.60	0.71	0.05	-0.68
$\xi_1\xi_3$	线性	—	—	—	—	—
	非线性	-0.44	0.67	0.84	0.33	0.69
$\xi_2\xi_3$	线性	—	—	—	—	—
	非线性	0.22	0.81	0.93	0.04	0.42
η	线性	0.45	0.83	0.85	0.14	0.58
	非线性	0.69	0.72	0.90	0.40	0.78

通过对表 8-10 进行分析可得到以下结论：

（1）分析表 8-10 中体系作战效能 η 在线性与非线性 SEM 下的评估结果，除第 7 组外，其余组别中非线性评估模型所得评估结果均高于线性模型。这是由于非线性模型不仅考虑了线性的主效应，还引入了信息获取、指挥控制与生存保障能力之间的交互效应，考虑了分系统之间的相互影响。这种影响在第 1、12、17、23 组中使得系统作战效能呈现出正向涌现，而在第 7 组中非线性项 $\xi_1\xi_2$ 对应的能力出现负值，分系统间未能正向协作，阻碍了效能的发挥。

（2）方案 12 为最优方案，虽然该方案条件下分系统信息获取能力、指挥控制能力与生存保障能力均非最大值，但能力较为平衡。组别 17 出现了明显的短板效应，较大的传输时延和决策响应时间显著影响了整体作战效能，反映出综合平衡发展信息获取能力、指挥控制能力与生存保障能力能够极大地提高系统的作战效能。

（3）综合以上结论（1）和结论（2），第 1 组、23 组在交互效应出现负向涌现的情况下，其非线性模型的作战效能仍高于线性模型。同时，第 7 组信息获取能力与指挥控制能力交互项 $\xi_1\xi_2$ 为负值，却取得了较高的作战效能。这是由于组别 1、7、23 较高的指挥控制能力在聚合过程中呈现的正向效应抵消了交互效应负向涌现的影响。因此提高装备体系作战效能的首要任务是在各项能力无短板的条件下着重增强指挥控制能力，验证了指挥控制流程的合理顺畅是作战中的关键问题。

参考文献

[1] 杜红梅，柯宏发. 装备作战能力与作战效能之内涵分析[J]. 兵工自动化，2015, 34(4): 23-27.

[2] 赵继广，柯宏发，袁翔宇，等. 电子装备作战试验理论与实践[M]. 北京：国防工业出版社，2018.

[3] 王楠，杨娟，何榕. 基于粗糙集的武器装备体系贡献度评估方法[J]. 指挥控制与仿真，2016, 38(1): 104-107.

[4] 罗小明，朱延雷，何榕. 基于 SEM 的武器装备作战体系贡献度评估方法[J]. 装备学院学报，2015, 26(5): 1-6.

[5] 吕惠文，武庆春，张炜. 基于灰色证据理论的装备体系贡献率评估[J]. 军事交通学院学报，2017, 19(5): 22-27.

[6] LI J, ZHAO D L, JIANG J,et al. Capability oriented equipment contribution analysis in temporal combat networks [J]. IEEE Transactions on Systems, Man, and Cybernetics: Systems, DOI:10.1109/TSMC.2018.2882782, 2018, 11.

[7] 杨克巍，杨志伟，谭跃进，等. 面向体系贡献率的装备体系评估方法研究综述[J]. 系统工程与电子技术，2019, 41(2): 311-321.

[8] 罗小明，朱延雷，何榕. 基于复杂适应系统的装备作战试验体系贡献度评估[J]. 装甲兵工程学院学报，2015, 29(2): 1-6.

[9] 陈文英，张兵志，杨克巍. 支撑新型装备系统需求论证的体系贡献度评估[J]. 系统工程与电子技术，2019, 41(8): 1795-1801.

[10] 潘星，左督军，张跃东. 基于系统动力学的装备体系贡献率评估方法[J]. 系统工程与电子技术，2021, 43(1): 112-120.

[11] 罗承昆，陈云翔，项华春，等. 装备体系贡献率评估方法研究综述[J]. 系统工程与电子技术，2019, 41(8): 1789-1794.

[12] 李怡勇，李智，管清波，等. 武器装备体系贡献度评估刍议与示例[J]. 装备学院学报，2015, 26(4): 5-10.

[13] 管清波，于小红. 新型武器装备体系贡献度评估问题探析[J]. 装备学院学报，2015, 26(3): 1-5.

[14] 李炜，张恒，王玮. 评价舰船装备体系贡献度的一种方法[J]. 舰船科学技术，2015, 37(10): 1-5.

[15] 王飞，司光亚. 武器装备体系能力贡献度的解析与度量方法[J]. 军事运筹与系统工程，2016, 30(3): 10-15.

[16] 陈少卿，王跃利. 信息通信装备体系能力贡献度评估方法研究[J]. 军事运筹与系统工程，2018, 32(4): 51-55.

[17] 胡剑文. 武器装备体系能力指标的探索性分析与设计[M]. 北京：国防工业出版社，2009.

[18] 韩驰，熊伟. 航天侦察装备体系指标关联信息挖掘研究[J]. 系统仿真学报，2021, 33(10): 2372-2380.

[19] 简平，齐彬，陈阳阳. 基于算子的武器装备体系效能评估方法[J]. 指挥控制与仿真，2020, 42(1): 70-76.

[20] 杨峰，王维平. 武器装备作战效能仿真与评估[M]. 北京：电子工业出版社，2013.

[21] 侯杰泰. 结构方程模型及其应用[M]. 北京：教育科学出版社，2004.

[22] 温忠麟，侯杰泰，马什赫伯特. 结构方程模型检验：拟合指数与卡方准则[J]. 心理学报，2004, 36(2): 186-194.

[23] 高尚，娄寿春. 武器系统效能评定方法综述[J]. 系统工程理论与实践，1998(7): 109-114.

[24] 韩驰，熊伟. 基于结构方程模型的天基信息系统效能评估[J]. 系统仿真学报，2022(8): 1799-1810.

第9章

电子信息装备技术体系论证方法

著名科学家钱学森曾经指出，现代科学与技术呈现出相互依赖、相互促进的发展趋势，应当把科学技术作为一个整体系统来研究。技术体系是描述技术组成结构、发展演化的规范架构。在军事领域，装备技术体系是武器装备建设的重要基础，是推动信息化建设和新军事变革的重要力量，世界主要军事强国高度关注装备技术体系的发展和应用。

技术体系论证是电子信息装备体系论证的有机组成部分，本章从装备体系能力需求空间和能力缝隙的角度出发，研究提出电子信息装备技术体系论证分析的基本框架模型和方法流程，为构建满足使命任务和能力需求、符合实际的装备技术体系提供参考，如无特指，本书中的"技术体系"特指装备技术体系。

9.1 基于能力的技术体系构建概述

9.1.1 技术体系概念内涵

装备技术体系是指为满足多样化、多层次能力需求和装备需求，由各项技术组成的，具有层次结构和体系特征的技术集合，其核心是技术及技术之间的关系。装备技术体系源于装备体系，构建技术体系的目标是满足装备体系的能力需求和使命任务要求，装备技术体系是武器装备体系建设的重要基础，是形成体系能力的关键核心要素，具有整体目标性、层次关联性、发展演化和涌现性等特点。

装备技术体系论证设计的研究主要集中在技术体系结构研究和体系结构框架研究两方面，1991 年美军针对 C4I 系统技术发展提出的技术参考模型（TRM），并于 1993 年以 TRM 为基础开发制定了《信息管理技术体系结构框架》，将其确定为国防部信息系统集成的唯一框架，随后发布了《联合技术体系结构》1.0 版，用于指导和规范系统技术体系结构的设计与开发，并分别于 1996 年、1997 年、2004 年、2007 年、2009 年颁布了《C4ISR 体系结构框架》1.0 版和 2.0 版、《国防部体系结构框架》DoDAF 1.0、DoDAF 1.5、DoDAF 2.0，从多视图的角度指导装备技术体系的论证分析，这些体系结构框架只给出体系结构的技术标准列表视图 TV-1 和技术标准预测视图 TV-2 两种描述装备技术体系的视图模型。国内相关学者参考美军体系结构框架开展了技术体系概念、构建要素和构建框架等理论及方法的探索研究，对于面向未来作战需求的电子信息装备技术要素如何确定、技术体系如何构建和技术体系成果如何表示等装备技术体系关键问题还需进一步深入研究。

军事能力需求是装备技术体系设计论证的逻辑起点，"现有什么能力、需要什么能力和发展什么能力"是指导武器装备体系建设和推动技术发展的基本原则，其要求武器装备体系建设及其技术发展既要充分利用现有武器装备，又要满足在未来作战条件下的能力需求。能力空间是指在特定使命任务下装备体系能力集合及其能力之间的关系；能力缝隙是指为达到预期的作战效果，在规定的作战条件和标准下采用一些手段和方法实施一系列作战任务中所表现出的能力缺失和不足，发现和弥补能力缝隙是武器装备体系建设和技术发展的核心问题。装备体系建设和技术发展最核心的问题是找出装备体系现有能力与目标能力之间的差距，并分析影响差距的关键因素，而能力缝隙是装备体系现有能力与其在特定条件下完成未来作战任务所需目标能力之间差距的度量。

从技术体系构建需求和体系能力形成机理两方面分析，面向需求的能力缝隙弥补和关键装备技术突破是驱动装备体系建设发展的两大核心要素，这三者之间的逻辑支撑关系可用图 9-1 表示。一是从技术体系构建需求看，装备体系及其构成要素由各项技术支撑，各项技术形成了紧密联系的装备技术体系，装备技术体系中的关键技术对需求满足、体系能力的提高有重要影响，因此要基于未来体系多样化、多层次的能力需求来确定发展什么装备技术、如何发展技术，这体现为"需求牵引装备技术的发展"。二是从体系能力形成机理看，装备体系能力是由各体系要素所具备的能力进行聚合形成的整体作战能力，装备体系能力的形成具有明显的"木桶理论"，即任意体系要素能力的缺失而形成能力缝隙都会导致体系整体能力的下滑，因此要提升体系整体能力就必须有针对性地规划发展核心关键装备技术，弥补能力缝隙的短板弱项，这体现为"技术推动体系能力的建设"。

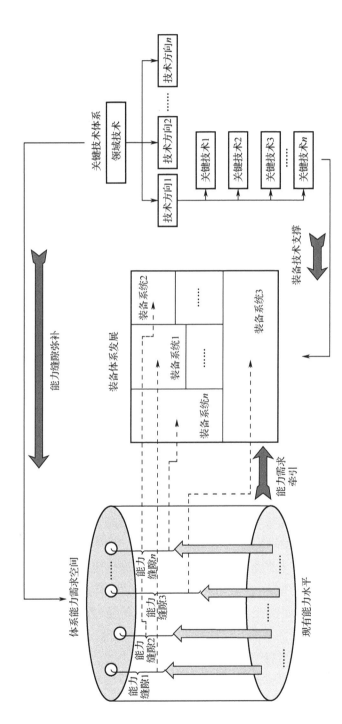

图 9-1 能力缝隙、装备体系和关键技术之间的关系图

9.1.2　技术体系构建要素

1．技术层次

技术层次要素主要针对装备体系所涉及的各关键技术进行合理的归类和分层，规范各关键技术之间的层次关系。由技术结构分解可得到的技术层次要素包括层次要素和节点要素。例如，通过分析电子信息技术的特点和基本趋势，可将卫星通信技术初步分为基础技术、支撑技术、系统技术和前沿技术四类，每类技术又包括不同的技术领域，技术领域可分为不同的技术方向，技术方向可分为相应的关键技术，技术体系包括四个技术层次要素，每个层次要素由几个节点要素组成，节点又分为子节点要素。通常情况下，可参考技术层次要素来构建技术体系，如图 9-2 所示。

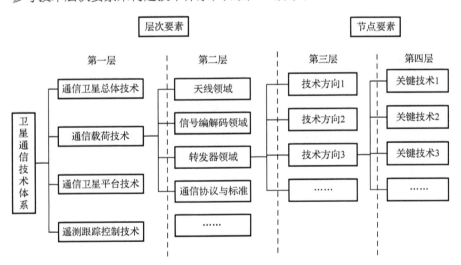

图 9-2　技术层次结构要素（以卫星通信技术体系为例）

2．技术关联关系

技术关联关系要素从定性的角度描述哪些关键技术之间存在相互影响、相互支撑或约束的关系，以及各项关键技术与能力、装备系统的映射关系等，如图 9-3 和表 9-1 所示。

3．技术属性要素

技术属性要素是指在技术体系层次要素下，对各项关键技术标识、技术

名称、技术定义、技术标准、技术水平、技术成熟度、技术紧迫性、技术先
进性、技术风险等内容进行描述，如表 9-2 所示。

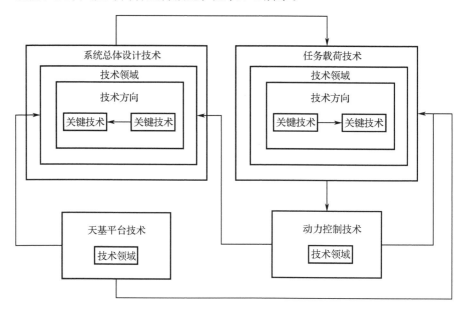

图 9-3　技术关联关系示意图

表 9-1　关键技术与能力映射关系示意图

映射关系	关键技术 1	关键技术 2	关键技术 3	关键技术 n
能力 1	√		√	
能力 2		√		√
能力 3	√		√	
能力 4		√		√
能力 5	√		√	
能力 6	√	√		√

表 9-2　技术属性要素表

序号	技术属性要素	技术属性描述	其他说明
1	技术标识	统一的索引和存储规范赋值	可选
2	技术名称	符合装备类术语和科研约定的命名	必选
3	技术定义	普遍认同的定义和描述	必选

序号	技术属性要素	技术属性描述	其他说明
4	技术标准	关键技术在实现、使用和维护过程中应遵循的技术标准和规范，也包括用于确定装备之间进行互联、互通和互操作的接口标准和协议规范等	可选
5	技术水平	根据目前装备发展或研制现状，用关键技术性能指标反映装备的技术水平状况	可选
6	技术成熟度	关键技术满足能力要求的一种度量	定量表示
7	技术紧迫性	发展关键技术的紧迫程度的一种度量	定量表示
8	技术先进性	对照相应技术本身在国内外的研究现状和前瞻性，对技术先进程度的一种度量	定量表示
9	技术风险	描述发展该技术的可行性风险的基本评估结果	可选

9.2　基于能力空间和能力缝隙的技术体系论证分析总体框架

9.2.1　论证设计原则

从需求牵引和技术推动两个方面，充分反映武器装备建设需求和科学技术的发展特点，重点解决系统性梳理不够、领域设置存在视角差异、结构划分标准欠规范、技术设置冗余（或漏项）、新兴前沿技术领域不突出等问题，为构建装备技术体系提供技术支撑。

（1）满足军事能力需求。装备技术体系具有的指向性和功能性特征，决定了其结构构成要符合基于网络信息体系的装备体系建设特征。装备技术体系只有以军事需求为牵引，以支撑装备发展为目标，以促进工程应用为核心，以提升技术能力为基础，才能不断满足军事能力需求。

（2）保持相对稳定。装备技术的突破是以科技成果的累积为前提的，客观上存在一种从"可能"到"可行"，再到"可用"的递进关系。装备技术体系只有在保持相对稳定的前提下，才能使装备技术规划论证科学，技术攻关重点突出，并达到技术成果逐步成熟可用的目的。

（3）基本要素齐全。装备技术体系要着眼于武器装备近期、中期、远期发展要求，既要满足装备发展急需，又要着眼长远发展，既要注重现有技术领域的协调发展，避免出现重大"漏项"和发展"短板"问题，更要关注新兴前沿技术可能产生的巨大军事效益。

（4）结构界面清晰。对装备技术体系各领域的划分应视角统一，各领域、方向和要素之间的边界要清晰，支撑关系要明确，各层面颗粒度应基本一致，无明显交叉重复，并可建立标定索引和信息存储标准等。

（5）组成比例协调。按照跨越发展有基础、持续发展有后劲、自主发展有保障的要求，装备技术体系的组成要符合基础研究、应用研究和先期技术开发规律，综合考虑支撑技术、基础技术和前沿技术之间的衔接关系，促进各技术领域的协调发展。

（6）论证科学实用。综合运用国防科技、科技管理、系统科学和体系工程的研究成果，从科学性和实用性出发，采取定性与定量相结合的方法，将专家群体智慧集成于计算机辅助设计工具，尽量减少或避免主观人为影响，逐步形成实用性强的优化设计方法手段。

9.2.2　论证分析基本框架

"现有什么能力、需要什么能力和发展什么能力"是指导装备体系建设的基本原则，"现有什么技术、需要什么技术和发展什么技术"是装备体系建设的重要支撑，装备体系建设由一系列关键装备技术（技术体系）的研究攻关和实现应用等环节构成，由此可见，"现有什么技术、需要什么技术和发展什么技术"等技术体系论证分析问题的目标是服务于装备体系建设发展，其来源是体系能力需求和能力缝隙，因此本章建立了基于能力缝隙的技术体系论证分析基本框架（见图9-4），提出了以现有能力分析、目标能力分析、能力缝隙评价、能力-装备-技术映射、技术体系结构构建等为主要内容的技术体系论证分析基本过程，通过分析装备体系的能力缝隙，构建与之对应的装备技术体系结构，形成装备技术体系的发展战略和路线图，指导现有技术体系和装备体系的发展与优化。

基于能力缝隙的技术体系论证分析基本框架的基本思路如下：

（1）装备体系现有能力分析。依据现有装备体系的组成与结构，从单个装备的关键指标自下而上地分析装备体系现有能力，构建装备体系现有能力空间。

装备体系是由一系列装备系统组成的有机整体，而装备系统能力由装备部件的多个关键指标来支持。因此，装备体系现有能力分析是以现有武器装备的关键指标为起点，从装备的关键指标到单个武器装备能力，之后到装备体系能力的一个自底向上的分析过程，如图9-5所示。

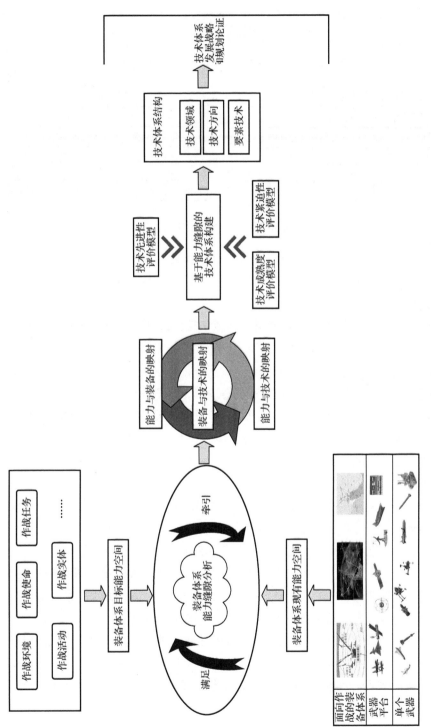

图 9-4　基于能力缝隙的技术体系论证分析基本框架

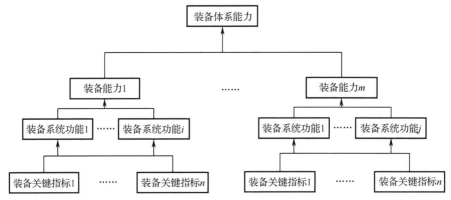

图 9-5　装备体系现有能力分析的基本思路

（2）装备体系目标能力分析。在联合作战概念、特定作战环境和条件下，从作战使命分析开始，到作战任务分解，自顶向下地分析装备体系的能力需求，构建目标能力空间。

装备体系目标能力分析的核心环节包括作战任务需求分析和体系能力需求分析，其基本思路如图 9-6 所示。作战任务需求分析主要解决装备体系需"完成哪些任务、如何完成任务"的问题，旨在明确完成预期作战使命的作战任务、条件和标准，形成作战任务清单，包括确定作战使命-任务分解、作战活动分析等内容。体系能力需求分析是解决装备体系"完成作战任务目标参战人员和装备/系统必须具备什么样的能力"的问题，以作战任务需求分析中确定的作战任务为依据，结合假想对手的作战能力范围，确定完成作战任务的体系能力需求，形成作战能力清单。这个过程也可以理解为作战任务到作战能力的映射过程，具体包括作战任务-能力分解、作战能力指标分析等活动。

（3）装备体系能力缝隙分析。装备体系能力缝隙分析是"由顶向下"的能力开发与"由底向上"集成汇合进行能力差距的比较和评价，即对现有能力空间和目标能力空间进行分析对比，评价装备体系的能力缝隙。能力缝隙分析通过对能力需求及装备能力的分析，评估能力缝隙的大小，按照作战能力提升情况进行装备发展规划、计划的制定和装备关键技术的攻关，实现装备体系能力的优化，可以为装备建设和关键技术体系论证的实践活动提供指导。装备体系能力缝隙分析的主要环节包括能力缝隙发现、能力缝隙度量和能力缝隙弥补，如图 9-7 所示。

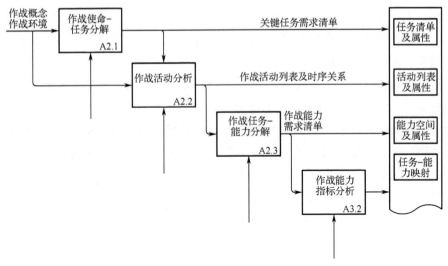

图 9-6　装备体系目标能力分析基本思路

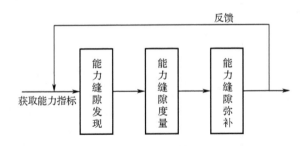

图 9-7　装备体系能力缝隙分析的基本思路

① 能力缝隙发现。在获取能力需求指标的基础上，探索确定能力缝隙存在的能力缺项及其影响因素，获取对能力有重要影响的条件（参数），得到对装备体系能力缝隙的总体认识。

② 能力缝隙度量。根据能力缝隙的影响因素，构建装备体系的能力缝隙向量，明确能力缝隙向量各元素的量化方法，由此给出体系能力缝隙的度量模型。

③ 能力缝隙弥补。以体系能力需求为目标，分析确定体系能力提高的装备系统解决方案及其技术体系方案，达到体系能力缝隙弥补的目的。

（4）能力–装备–技术的映射关系分析。根据能力需求和能力缝隙，分析确定需要发展的装备系统，初步构建能力与装备映射的关系，论证提出装备体系各技术领域、技术方向和关键技术等的技术清单，在此基础上分析装备与技术的映射关系、能力与技术的映射关系。

　　技术体系需求来源于作战任务、作战能力、装备体系等需求，作战任务需求、作战能力需求、装备体系需求、装备技术需求具有本质上的一致性，是分别从任务域、能力域、装备域和技术域对体系需求的描述。建立作战任务需求、作战能力需求、装备体系需求和装备技术需求之间的关联关系，是确保作战任务需求、作战能力需求、装备体系需求和装备技术需求一致性的关键，也是提高装备体系论证科学性的重要支撑。QFD（Quality Function Deployment）方法是一种用户需求驱动的系统化分析方法，通过构建作战任务-作战能力质量屋，分析作战任务需求、作战能力需求、装备体系需求、装备技术需求之间的映射关系，根据作战任务清单中明确的作战任务需求确定作战能力需求，进而确定装备体系功能需求和装备体系技术需求，最终明确装备体系需求，如图 9-8 所示。

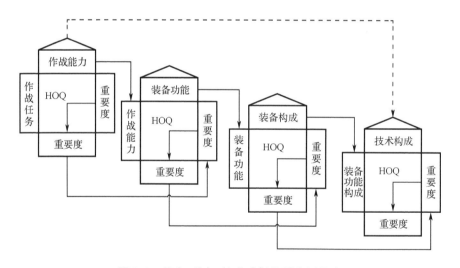

图 9-8　能力-装备-技术映射关系分析思路

　　（5）技术体系结构视图的构建。以初步构建的能力-装备-技术映射关系为基础，以能力缝隙弥补为目标，借鉴 DoDAF 框架理论，采用多视图的体系结构方法构建装备技术体系结构视图框架及模型，从技术成熟度、先进性和紧迫性角度对技术体系进行评价，用于指导技术体系发展战略和规划论证。其基本思路如图 9-9 所示。

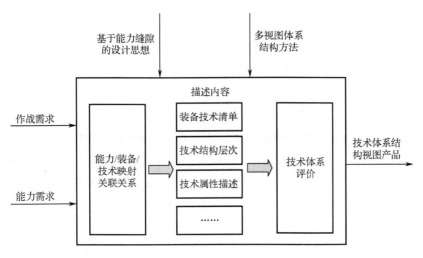

图 9-9　技术体系结构视图构建的基本思路

9.3　基于能力空间和能力缝隙的技术体系论证分析模型

9.3.1　能力空间形式化描述模型

能力的概念最初出现于美军的"基于能力的计划"（Capabilities-based Planning，CBP）。美国 2005 年在参联会手册中提出，"能力是指在特定的环境和条件下，通过使用各种方法和手段，完成相应任务后达到期望效果的本领。"能力表现出来的是功能和性能指标，通过作战反映出来的能力就称为作战能力。

国内学者围绕作战能力进行了大量研究，《中国人民解放军军语》将作战能力解释为战斗力，是指武器力量遂行作战任务的能力。对作战能力的定义是指装备体系面向某一使命任务，综合各分系统及分系统之间的关系，在不考虑作战资源条件和战场环境的限制下，完成该作战使命任务的本领或潜力，反映了其处于自身最优状态下完成任务程度的最大值。作战能力是体系的整体固有属性，与装备的组成结构、种类、数量、战技指标等因素有关，是一个相对静态的概念。与作战能力相似的概念还有作战效能，作战效能是指由于受实际作战资源和环境的限制，武器装备被用来执行特定作战任务所能达到预期目标的实际有效程度，与作战能力相比，其不仅与装备的组成结构、种类、数量、战技指标等因素有关，还与实际的作战环境和资源有关，多用于体系对抗研究中，是一个相对动态的概念。

与特定使命任务相关的装备体系能力及能力之间的关系构成一个装备体系能力空间 $\Omega = <C, R, E>$，其中，C 为能力指标体系集合；R 为各能力项之间关系的集合；E 为各能力度量要求描述的集合。

1）指标体系描述

能力的指标体系是能力的评价标准。可通过指标评价能力是否达到预期目标，以及下一步能力发展的方向。能力指标的形式化描述为：

$$C = \{C\_ID, C\_Type, C\_Name, C\_Level, C\_Model, C\_ChildID, C\_Description\}$$

其中，C_ID 表示能力指标的唯一标识；C_Type 表示能力指标的类型（如成本型或效益型）；C_Name 表示能力指标的名称；C_Level 表示能力指标在整个指标体系中所属的级别层次；C_Model 表示能力指标度量计算模型的描述；$C\_ChildID$ 表示能力指标包含的子指标标识；$C\_Description$ 表示能力指标的相关说明。

根据能力指标描述模型，能力指标体系可描述为一个向量组：

$$C(\text{index}) = \begin{bmatrix} C(i) \\ C(i-1) \\ ... \\ C(1) \end{bmatrix} \tag{9-1}$$

其中，$C(i)$ 表示指标体系第 i 层能力指标描述向量。

2）能力关系描述

在装备体系能力空间中，能力之间的关系主要包括聚合关系和协作关系。

（1）聚合关系

聚合关系是指一项能力和多项能力之间是整体（称为父能力）与部分（称为子能力）的关系，并且父能力与子能力具有相同的生命期。

$$R(x, y) = \{x : C, y : C \mid x \notin y, x = \bigcup y\}$$

其中，x 表示父能力；y 的每个元素都是 x 的子能力。

（2）协作关系

协作关系是指在一定环境中若干装备体系能力或子能力，通过互操作有目的地完成一个行为。为了完成一个行为，每个协作能力都是特定协议的参与方。

$$R(x, y) = \{x, y : C \mid \exists \text{information}(x, y)\} \tag{9-2}$$

协作关系表示协作能力之间的一次信息、资源等的交换。函数 $\text{information}(x, y)$ 表示能力 x 与 y 之间的信息、资源等的交换关系。

（3）能力度量描述

综合各能力指标描述模型中对能力指标度量计算模型的描述 C_Model，采用矩阵向量对体系能力度量进行描述：

$$E = \begin{bmatrix} E(k) \\ E(k-1) \\ ... \\ E(1) \end{bmatrix} \tag{9-3}$$

其中，$E(i)$ 表示能力指标体系第 i 层能力指标度量向量，且 $E(k) = \omega(k) \cdot f(C(k)\_\mathrm{Model})$，$\omega(k)$ 为能力指标体系第 k 层能力指标权重向量，$f(C(k)\_\mathrm{Model})$ 为能力指标体系第 k 层能力指标度量向量。

9.3.2　能力缝隙模型

装备体系缺陷、相关装备不配套、装备技术不完善、装备数量不足、应用体制和水平等因素使得部队与装备的能力不能满足实际应用的需要，因此形成能力缝隙。对于能力缝隙的定义，目前主要有两种：①能力缝隙是为达到预期作战效果，在规定的作战条件和标准下采用一些手段和方法实施一系列作战任务中所表现出的能力缺失和不足；②能力缝隙是指能力主体所具备能力与作战应用需求（能力的需求）之间的差距，主要表现为装备在作战应用中的预期使用效果与作战任务要求的差距。根据以上能力缝隙的定义，能力缝隙建模主要涉及两大方面：能力的重要度和能力相对差距的大小。能力的重要度由任务的重要度和能力相对任务的重要度决定；能力相对差距的大小主要与能力指标值差距大小、弥补能力差距所用时间长短等客观因素有关，并受主观偏好的影响。因此，能力缝隙度量建模应按以下三个步骤进行：

（1）基于能力分解比较法定性确定能力缝隙项和内容

由于现有能力与未来需要能力在提出的背景、时机、环境方面有诸多不同，所以两种能力在内容表述上、在能力任务的分解原则上、在能力标准的设置上经常会产生差异。在这种情况下，比较能力差距就会造成一些障碍。能力分解比较法就是通过运用能力分解图和能力列表将需要比较但无法实施比较的现有能力和未来需要的能力进一步做能力分解，直到两种能力能够实施比较的过程，如图 9-10 所示。

能力缝隙是对能力任务、能力任务条件及能力任务标准等的全面比较，运用能力分解图只解决了"可以比"的问题，还可以运用能力列表完成"怎么比"和"比什么"的问题。例如，将现有能力 1.2 和现有能力 1.3，以及能力需求1.2进行比较时，还可运用能力列表详细列出两个能力所包括的任务、任务条件、任务标准等内容，并一一对应比较，如表9-3所示，比较结果包括标准有差距、条件有差距、内容有差距和无差距四种情况，表中字母T代表能力任务。

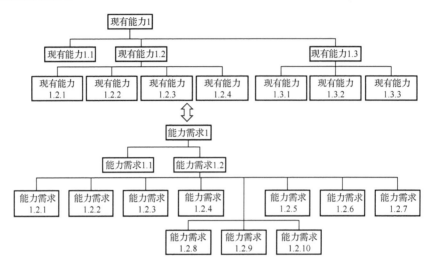

图 9-10 能力分解示意图

表 9-3 面向需求的能力缝隙比较示意表

能力编号	任务编号	任务名称	任务效果	任务条件	任务标准	有无差距	任务效果	任务条件	任务标准	任务名称	任务编号	能力编号
能力需求1.2	T1.2.1					标准有差距					T1.2.1	现有能力1.2
	T1.2.2										T1.2.2	
	T1.2.3					无差距					T1.2.3	
	T1.2.4										T1.2.4	
	T1.2.5					条件有差距					T1.3.1	现有能力1.3
	T1.2.6					无差距					T1.3.2	
	T1.2.7										T1.3.3	
	T1.2.8					内容有差距						
	T1.2.9											
	T1.2.10											

（2）基于模糊层次分析法构建能力相对整体作战任务的重要度

能力相对整体作战任务的重要度的度量通常具有不确定性，其不确定性主要来自两方面：一是未来整体作战任务需求及任务状态具有不确定性；二是由于作战环境、作战条件和装备技术状态的不确定性导致能力实现的程度具有不确定性，这种不确定性表现为在确定能力相对整体作战任务重要度时的模糊性。因此，可以采用模糊层次分析法来确定能力的重要度。具体步骤如下：

① 利用三角模糊数对能力指标体系中第 k 层能力指标之间的相对重要度进行定性判断，形成模糊互反判断矩阵。

② 计算模糊重要度：

$$a_{ij}^k = (a_{i1}^k a_{i2}^k a_{i3}^k \cdots a_{in}^k)^{\frac{1}{n}} \qquad (9-4)$$

$$\omega_i^k = \frac{a_i^k}{a_1^k + a_2^k + a_3^k + \cdots a_n^k} \qquad (9-5)$$

式中，a_{ij}^k 表示指标体系中第 k 层能力指标 i 相对于能力指标 j 的重要度；ω_i^k 表示第 k 层能力指标 i 相对于整体作战任务的模糊重要度。

③ 采用质心法转化为确定性重要度，即

$$\text{ctw}_i^k = \frac{\omega_{il}^k + \omega_{im}^k + \omega_{ih}^k}{\sum_{i=1}^n \omega_{il}^k + \sum_{i=1}^n \omega_{im}^k + \sum_{i=1}^n \omega_{ih}^k} \qquad (9-6)$$

式中，ctw_i^k 表示第 k 层能力指标 i 相对于整体作战任务的确定性重要度；ω_{il}^k、ω_{im}^k、ω_{ih}^k 分别为 ω_i^k 的三角模糊评价的下界值、中值和上界值。

进行模糊层次分析之后，得出 m（专家数量）组能力重要度向量，在不考虑专家自身权重的情况下，第 k 层能力指标 i 相对于整体作战任务的平均重要度为

$$\text{CTW}_i^k = \frac{1}{m} \sum_{e=1}^m (\omega_{il}^k)_e \qquad (9-7)$$

式中，$(\omega_{il}^k)_e$ 表示根据第 k 个专家赋值后得到的第 k 层能力指标 i 相对于整体作战任务的重要度；CTW_i^k 构成了能力指标体系第 k 层能力指标权重向量 $\boldsymbol{\omega}(k)$ 的元素。

（3）能力缝隙综合度量

根据上节内容可知，能力指标体系第 k 层能力指标度量向量为 $f(C(k)\_\text{Model})$，其中，第 k 层能力指标 i 的度量为 f_i^k，f 表示指标量化后的度量函数。对于效益型指标，定义能力指标体系第 k 层能力指标 i 的能力缝隙（Capability gap）Cg_i^k 为

$$\text{Cg}_i^k = \frac{\text{Eo}_i^k}{\text{Ef}_i^k} \qquad (9-8)$$

式中，$\mathrm{Eo}_i^k = \mathrm{CTW}_i^k \cdot f''(C_i^k\_\mathrm{Model})$ 为能力指标体系第 k 层能力指标 i 的目标需求加权后的度量值；f'' 为针对能力目标需求指标量化后的度量函数，$\mathrm{Ef}_i^k = \mathrm{CTW}_i^k \cdot f'(C_i^k\_\mathrm{Model})$ 为能力指标体系第 k 层能力指标 i 在现实情况下加权后的度量值；f' 为现实情况下指标量化后的度量函数。在式（9-8）中，如果某项能力需求指标现有能力度量值为 0，则 $\mathrm{Cg}_i^k \to +\infty$，表示该项能力缺项，急需弥补。因此，能力缝隙 Cg_i^k 的值越大，说明更加迫切需要发展弥补该能力缝隙的关键装备技术，对应的技术紧迫性等级越高。可见，能力缝隙 Cg_i^k 的度量对于关键装备技术的确定和技术体系的构建具有很好的指导作用。

同理，对于成本型指标，定义能力指标体系第 k 层能力指标 i 的能力缝隙为

$$\mathrm{Cg}_i^k = \frac{\mathrm{Ef}_i^k}{\mathrm{Eo}_i^k} \qquad (9\text{-}9)$$

式（9-9）中变量的含义同式（9-8）。

9.3.3 技术体系结构视图模型

体系结构视图是规范体系结构设计方法及描述形式的统一要求，是对某一对象进行分析时选择的特定角度或领域，根据体系结构的应用需求，通常会采用多个视图来描述体系结构。在 DoDAF 体系结构框架中，技术视图主要是指技术标准体系和技术标准预测，是对其他视图产品要满足的技术标准和规范要求的整体描述。本项目充分借鉴 DoDAF 的基本思想，从体系能力需求空间和能力缝隙出发，对原有技术视图进行扩展，加入技术体系属性构成、内外关系、技术评价和发展构想等技术体系构建的基本要素，形成以技术组成视图 TV-1、技术标准体系视图 TV-2、技术与能力映射视图 TV-3、技术与装备映射视图 TV-4、技术评价视图 TV-5 和技术发展路线视图 TV-6 为核心的技术体系结构视图框架，如图 9-11 所示。

1）技术组成视图 TV-1

技术组成视图 TV-1 主要是指为满足装备体系发展需求和能力需求，根据体系能力缝隙与技术现状，对装备技术体系的组成要素、结构层次和技术属性进行描述。首先，按照"体系-技术门类-技术领域-技术方向-关键技术"的结构模型论证提出装备体系各技术领域、技术方向和关键技术等技术清单，构建技术体系组成结构层次关系，形成技术组成视图 TV-1（见图 9-12），然后以表格或文字的形式对各项技术进行描述。

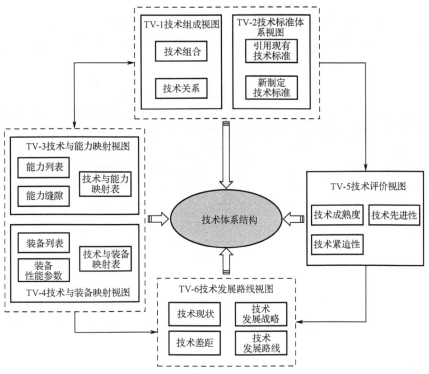

图 9-11　技术体系结构视图框架

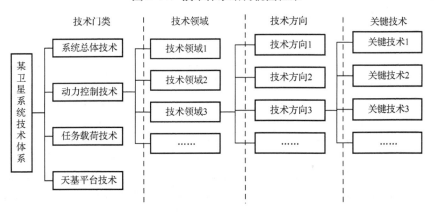

图 9-12　技术组成视图模型示意图

2）技术标准体系视图 TV-2

技术标准体系视图 TV-2 规定了要实现装备系统功能需要采用的信息技术标准和指南，包括技术标准、协议、惯例、规则和准则等，这些技术标准可以是引用现有国家标准（GB）、国军标（GJB）、工程标准或行业标准，也可以是未来需要新制定的各类标准，用于规范体系中各类装备系统建设，实现各类关键装备技术，以弥补能力缝隙，从而满足体系能力需求。TV-2 一般采用表格的形式进行描述，如表 9-4 所示。

表 9-4　描述技术标准体系视图 TV-2

关键技术	标准服务子域	标　准　号	标　准　名　称	性　　质
关键技术 1	作战指挥	GB××××—20××	××××技术规范	引用
	……	GJB××××—20××	××××技术标准	引用
关键技术 2	信息传输	GJB××××—20××	××××接口规范	引用
	……	GJB××××—20××	××××协议	新制定
关键技术 3	操作系统	GJB××××—20××	××××技术指南	引用
	……	……	……	……
……	……	……	……	……

3）技术与能力映射视图 TV-3

通过装备体系能力需求分析，可以明确体系要具备哪些能力和存在什么能力缝隙，根据技术发展推动装备发展，提升装备系统能力，弥补能力缝隙的逻辑关系，采用技术与能力映射视图 TV-3 来描述各项关键技术是如何支撑装备体系能力需求的（为弥补某项能力缝隙，亟须大力攻关某项或多项关键技术），以及二者之间的映射关系如何（一对多或多对多的关系），最终为实现能力缝隙弥补提供支撑。TV-3 的描述形式如表 9-5 所示。

表 9-5　描述技术与能力映射视图 TV-3

映射关系	关键技术 1	关键技术 2	关键技术 3	……
能力 1	√		√	
能力 2		√		√
能力 3	√		√	
能力 4		√		√
能力 5	√		√	
……	√	√		√

4）技术与装备映射视图 TV-4

技术与装备映射视图 TV-4 描述了在装备体系能力需求和能力缝隙的牵引下，各装备实体的建设需要哪些技术支持，二者可以是一对多的关系，也可以是多对多的关系，装备实体可描述为单个装备、装备系统、系统部件和系统单元，与之对应的技术则描述为技术门类、技术领域、技术方向和关键技术等。TV-4 的描述形式如表 9-6 所示。

表 9-6　描述技术与装备映射视图 TV-4

映射关系	关键技术 1	关键技术 2	关键技术 3	……
装备实体 1	√	√		
装备实体 2	√	√	√	√
装备实体 3		√		√
装备实体 4		√	√	√
装备实体 5	√		√	
……	√		√	√

5）技术评价视图 TV-5

在传统技术成熟度评价指标的基础上，引入技术先进性和紧迫性评价指标，采用技术评价视图 TV-5 对所构建的技术体系的技术能力和状态进行有效评价。技术评价视图 TV-5 主要针对技术体系中底层的关键技术，对应的每个技术问题，将本技术目前的技术状态与国外的技术状态对标，结合国内技术需求，对技术成熟度、先进性和紧迫性进行系统梳理和评估，并给出定量等级，如表 9-7 所示。

表 9-7　描述技术评价视图 TV-5

评 价 指 标	关键技术 1	关键技术 2	关键技术 3	关键技术 4	……
技术成熟度等级	TRL7	TRL4	TRL3	TRL2	TRL5
技术先进性等级	TAL1	TAL3	TAL2	TAL4	TAL2
技术紧迫性等级	TUL3	TUL2	TUL4	TUL1	TUL3

其中，技术成熟度、先进性和紧迫性评价模型如下：

（1）技术成熟度（Technology Readiness Level，TRL）等级

按照技术成熟度 TRL1～TRL9 级别进行评定，具体如表 9-8 所示。

表 9-8　技术成熟度等级层次划分

技术成熟度	等级层次划分
TRL1	基本原理清晰
TRL2	技术概念和应用设想明确（提出概念和军事应用设想）
TRL3	技术设想和应用设想通过可行性论证
TRL4	技术方案和途径通过实验室验证
TRL5	部件、功能模块通过典型模拟环境验证
TRL6	以演示样机为载体通过典型环境验证
TRL7	以工程样机为载体通过典型环境验证
TRL8	以生产样机为载体通过典型环境验证
TRL9	以产品为载体通过实际应用

（2）技术先进性等级（Technology Advancement Level，TAL）

对照相应技术本身在国内外的研究现状和前瞻性，描述其先进程度，并非指该技术目前已取得的成果水平。以此给出 TAL1～TAL5 五个等级，如表 9-9 所示。

表 9-9　技术先进性等级层次划分

技术先进性	等级层次划分
TAL1	一般性技术
TAL2	国内先进技术
TAL3	国内领先技术
TAL4	国际先进技术
TAL5	国际领先技术

（3）技术紧迫性等级（Technology Urgency Level，TUL）

针对主题技术发展和武器装备的发展需求，解决该关键技术的紧迫性，采用 TUL1～TUL5 给予评定，如表 9-10 所示。

表 9-10　技术紧迫性等级层次划分

技术紧迫性	等级层次划分
TUL1	远期需求的技术
TUL2	15 年内需要掌握的技术
TUL3	10 年内需要掌握的技术
TUL4	5 年内需要掌握的技术
TUL5	当前急需掌握的技术

三种评价之间的关系可相对独立，如一些处于探索阶段、技术成熟度不高的关键技术，其先进性也可以是国际领先的。应根据所掌握的实际情况，科学、合理、客观地反映各项关键技术的成熟度、先进性和紧迫性，最终形成技术体系总图。

6）技术发展路线视图 TV-6

技术发展路线视图 TV-6 主要描述在未来多个既定的时间节点（里程碑）下规划不同关键技术的发展阶段及其形成的技术能力，即将各关键技术的发展分为技术攻关、技术验证、技术应用、形成能力四个阶段，设置若干关键时间节点，制定技术体系中各关键技术的发展路线视图 TV-6，如图 9-13 所示。

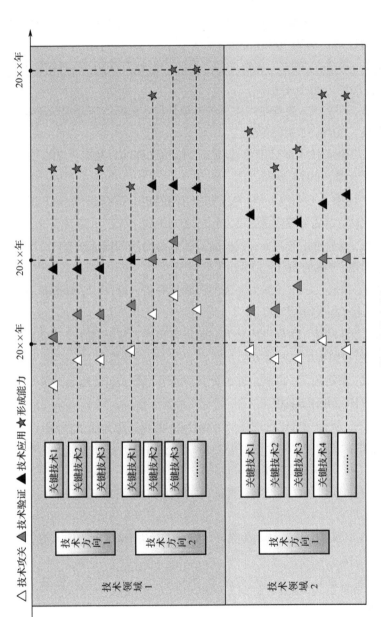

图 9-13　技术发展线路线视图TV-6

参考文献

[1] 简平，熊伟，刘德生. 基于能力缝隙的装备技术体系论证分析方法[J]. 现代防御技术，2020, 48(3): 16-23.

[2] 郭颖辉,郭继周,詹武. 装备技术体系结构设计方法[J]. 指挥控制与仿真，2015, 37(4): 100-104.

[3] 刘书雷，邓启文. 装备技术体系的战略地位、发展特征及启示思考[J]. 国防科技，2014, 35(3): 59-63.

[4] 李程阳. 装备技术体系网络建模及关键技术评估方法研究[D]. 长沙：国防科技大学，2014.

[5] 安波，吴集，石东海，等. 装备技术体系结构优化设计理论及其关键技术研究[J]. 装备学院学报，2014, 25(2): 14-17.

[6] 赵青松，谭伟生，李孟军. 武器装备体系能力空间描述研究[J]. 国防科技大学学报，2009, 31(1): 135-140.

[7] 徐培德，陈俊良. 作战能力缝隙的探索性分析方法[J]. 军事运筹与系统工程，2008(2): 55-58.

[8] 赵志敏,许瑞明. 联合作战能力差距程度评估方法研究[J]. 军事运筹与系统工程，2013, 27(4): 64-69.

[9] 郭齐胜,陈建荣. 军事能力差距分析确定方法研究[J]. 军事运筹与系统工程，2010, 24(2): 34-39.

[10] 郭齐胜. 装备需求论证理论与方法[M]. 北京：电子工业出版社，2017.

[11] 赵志敏，许瑞明. 联合作战能力差距程度评估方法研究[J]. 军事运筹与系统工程，2013, 27(4): 64-69.

[12] 钱学森. 现代科学的结构：再论科学技术体系学[J]. 哲学研究，1982(3): 19-21.

[13] 沈雪石，吴集. 装备技术体系设计理论与方法[M]. 北京：国防工业出版社，2014.

[14] 常雷雷，李梦军. 装备技术体系设计与评估[M]. 北京：科学出版社，2018.

应用篇

第 10 章

典型电子信息装备体系需求论证实践

10.1 需求论证系统设计与实现

电子信息装备体系需求论证工作复杂，涉及专业领域多，在实现方法上强调定性与定量相结合、专家研讨与仿真评估相结合。因此，需要体系结构方法等新一代标准化的系统工程指导思想和方法、需要采用 UML2.0 和 SysML 等先进系统工程开发标准、描述手段和方法，并通过工程化方法将这些指导思想和方法学体现在需求论证的各个阶段，物化为需求论证支撑系统，支持电子信息装备体系需求论证的具体实施。

10.1.1 系统功能设计

电子信息装备体系需求论证支撑系统的主要任务是实现从作战使命到体系需求各个层次的需求获取、需求建模、需求验证、需求跟踪、需求变更等活动，具体包括以下几个方面的任务与功能：

（1）规范电子信息装备体系需求论证的流程，能够保证任务需求、能力需求和体系需求之间的一致性。

（2）支持多视角的需求建模与分析。

（3）实现科学的需求管理，能够实现需求的跟踪管理、变更控制和版本管理。

（4）支持需求的验证与评估，能够支持需求描述的过程模型，以及支持基于动态仿真的需求验证与评估。

10.1.2　总体架构设计

根据电子信息装备体系需求论证支撑系统的任务与功能需求，系统的总体架构如图 10-1 所示。该系统将提供需求采集、分析、管理、验证等需求工程的全生命周期支持。

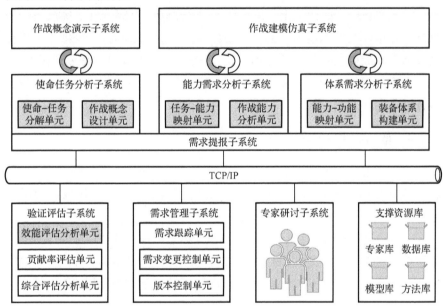

图 10-1　电子信息装备体系需求论证支撑系统的总体架构

1．作战概念演示子系统

该子系统对电子信息装备体系作战进行概念演示，初步设计和论证装备体系的作战场景和作战模式，为提出作战使命提供初步的演示环境和概念依据。

2．作战建模仿真子系统

该子系统提供完善的作战建模仿真平台，对作战功能和作战流程进行建模仿真，验证作战任务需求、作战能力需求、装备体系需求之间的一致性，支撑能力需求分析与体系需求分析。

3．使命任务分析子系统

使命任务分析子系统由使命-任务分解单元、作战概念设计单元组成，通过与作战概念演示子系统进行交互，完成电子信息装备作战使命任务分析。

（1）使命-任务分解单元。对高级作战概念进行使命分解，实现作战任务分析与建模，建立作战任务层次化模型、作战活动信息流模型、作战节点模型和组织关系模型，并在此基础上，完成作战活动业务流程建模，实现业务流程的规划、建模、执行。

（2）作战概念设计单元。在使命-任务分解单元的基础上，完成电子信息装备体系作战概念设计，初步实现作战流程的动态运行，提供电子信息装备体系作战概念分析结果，验证作战任务的动态逻辑过程是否合理可行、是否符合作战使命和作战概念的预想，完成电子信息装备体系作战使命任务分析。

4．能力需求分析子系统

能力需求分析子系统由任务-能力映射单元、作战能力分析单元组成，在作战建模仿真子系统的支持下，完成电子信息装备体系作战能力需求分析。

（1）任务-能力映射单元。将支持作战概念的作战活动指标同作战能力分析单元建立的作战能力指标进行映射分析，描述作战活动和作战能力之间的映射关系，其目的是完善作战能力模型，使得作战能力模型能够有效支撑作战任务。

（2）作战能力分析单元。对作战能力进行分解建模，建立作战能力的层次化树状模型和作战能力关系模型，并形成作战能力指标，分析支持作战任务的作战能力的重要程度，确定作战能力的优先级。

5．体系需求分析子系统

体系需求分析子系统由能力-功能映射单元、装备体系构建单元组成，在作战建模仿真子系统的支持下，完成电子信息装备体系作战装备体系需求分析。

（1）能力-功能映射单元。将支持作战概念的作战能力指标同装备体系功能模型中的功能指标进行映射分析，明确支撑作战能力的装备体系功能、完善装备体系功能模型，使得装备体系功能模型能够有效支撑作战能力完成作战任务。

（2）装备体系构建单元。完成装备体系的功能建模，建立装备体系功能的层次化树状模型和功能数据流模型；完成装备体系的流程建模，细化分析装备体系的作战流程。

6. 需求提报子系统

该子系统将使命任务分析子系统、能力需求分析子系统、体系需求分析子系统的分析结论，形成规范性的需求文档，进行提报。

7. 验证评估子系统

验证评估子系统完成对装备需求方案效能、贡献率等的评估。该子系统由效能评估分析单元、贡献率评估单元、综合评估分析单元构成。

（1）效能评估分析单元。该单元在作战建模仿真子系统的支持下，完成装备体系效能评估，其功能主要分为两个层次：第一个层次是对单次仿真实验数据进行评估，主要利用仿真过程中所记录的状态、事件、作战态势和战果统计数据，用事件追溯的方式，分析影响本次对抗实验的关键因素；第二个层次是基于多次仿真过程输出数据，建立评估模型，将仿真实验的样本数据转化为评估样本数据，选择合适的评估算法，结算评估体系的评估指标值，根据分析模型对实验因子与评估指标之间、低层指标与高层指标之间的影响关系进行显著分析、相关性分析，对装备需求方案完成作战概念的能力和效果进行分析。

（2）贡献率评估单元。在效能评估分析单元确定的不同装备体系需求方案的作战能力和效果的基础上，建立贡献率分析模型，选择合适的评估算法，进行不同方案的贡献率结果分析。

（3）综合评估分析单元。在效能评估、贡献率评估的基础上，将上述分析评估结果数据转化为评估样本数据，选择综合评估算法，结算评估指标体系内的评估指标值，确定不同装备需求方案的综合评估结果，为决策提供依据。

8. 需求管理子系统

需求管理子系统的功能是保证装备需求得到完整、一致的理解，所有需求都被标识出来，所有需求的实现过程都得到跟踪、监督和验证，所有需求变化都得到控制、理解和处理。该子系统由需求跟踪单元、需求变更控制单元、版本控制单元组成。

（1）需求跟踪单元。从正、反两个方面描述和跟踪装备系统的作战任务需求、作战能力需求和装备系统需求之间的关系，并维护其一致性。通过建立作战任务、作战能力、装备系统需求元素之间的跟踪关系和跟踪关系链，实现从作战任务到装备需求的跟踪，确保装备系统满足作战能力需求，作战能力能够满足作战任务需求。

（2）需求变更控制单元。对需求变更在申请、分析、评估、审核、实施、验证等各阶段进行控制，确保需求变更可控。在装备需求变更后，进行变更影响分析，给出变更影响分析评估结果，作为变更评审的决策依据。

（3）版本控制单元。建立武器装备需求基线。需求基线是在某一时间点需求数据的只读版本，是需求变更的依据，在武器装备需求生成过程中，需求确定并经评审后，就可以建立第一个需求基线，此后每次变更并经过评审后，都要重新维护需求变更的历史记录、变更需求文档版本的日期，以及所做的变更原因等。

9. 支撑资源库

支撑资源库是装备需求生成支撑系统的基础数据信息系统，主要功能是存储装备需求论证过程中用到的方法、模型、数据、相关的技术标准和通用资源，以便数据和资源的查询、修改和分析。支撑资源库主要包括专家库、数据库、模型库和方法库。

（1）专家库用来存储需求生成过程中各领域的专家信息。

（2）数据库用来存储我军与外军各种武器装备战术技术性能参数，为装备需求分析提供必要的数据。

（3）模型库用来存储装备需求生成过程中开发的各种模型，如作战环境模型、作战任务模型、作战能力模型、装备功能模型和各种评估模型等，以便后期重用。

（4）方法库用来存储装备需求生成过程中可能用到的各种方法和算法。

电子信息装备体系需求论证支撑系统业务功能相关部分采用 B/S 架构实现，支持分布式需求提报、管理和研讨，在分析功能相关部分采用 C/S 架构实现，支持需求的协同开发。

10.1.3 应用模式设计

电子信息装备体系需求论证支撑系统的应用模式设计如图 10-2 所示。

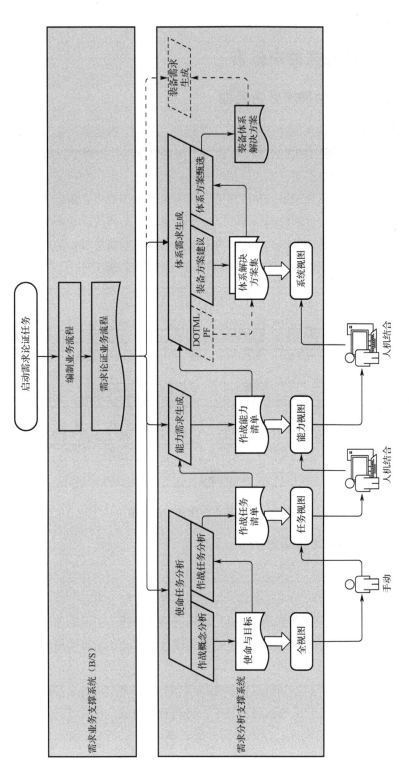

图 10-2　电子信息装备体系需求论证支撑系统的应用模式设计

10.2　作战任务需求分析

10.2.1　任务需求分析流程

根据电子信息装备使命任务，以作战概念为依据，按照实战要求细化电子信息装备作战任务的执行过程，明确电子信息装备的作战对手、作战环境、作战目标、作战行动及交互方式，提出特定作战概念下电子信息装备的主要作战活动组成及其相互关系，并通过电子信息装备的作战概念演示检验电子信息装备作战活动的合理性和科学性。电子信息装备的作战活动是电子信息装备使命在电子信息装备层次上的具体化，是引导电子信息装备功能需求和结构需求分析的基本依据。任务需求分析的一般流程如图 10-3 所示。

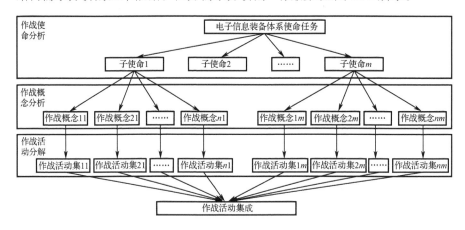

图 10-3　任务需求分析的一般流程

10.2.2　作战活动分析

作战活动分析的目的是获取作战活动输入、输出、控制和资源信息，促进各类人员对作战活动的一致理解，其本质是在作战概念牵引下对作战使命的具体化和实例化。作战活动是作战力量遂行特定作战任务的动作组合，具有很强的目的性与时效性，它与需要完成的作战任务的要求和作战力量的作战功能密切相关。

分解方法作为研究与分析复杂事物的基本方法，将宏观的、复杂的、模糊的问题分解还原为一系列微观、简单、明确的子问题，并通过子问题的研究来进行复杂问题的研究。作战活动分解的核心是采用逐层递阶分解的方法，将相对宏观、目标多样的作战活动分解为相对微观、目标单一、功能单一的作战活动，便于根据作战活动及其指标要求提出电子信息装备的作战性能要求。

作战活动具有鲜明的层次性特征。根据作战概念及其任务要求，可以将作战任务区分为作战活动，将作战活动再进一步分解为子作战活动，直到分解到原子级作战活动为止。由于作战样式或电子信息装备作战运用方式的不同，同一作战概念下的作战活动也会具有较大的差异，即使某一层次的作战活动相同，在其下一层的作战活动也可能不尽相同。电子信息装备作战活动的分解结构可表示为如图 10-4 所示的层次分解结构。

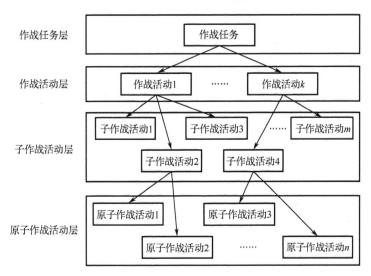

图 10-4　作战活动的层次分解结构

10.2.3　作战活动建模

1. 基于 IDEF0 的作战活动建模方法

采用 IDEF0 对电子信息装备的作战活动进行建模，可以表达系统的活动、数据流，以及二者之间的联系，同时其图形化的语法语义易于系统分析人员、开发人员及用户的阅读和交流。

采用自顶向下逐层展开的方式进行作战活动分解建模，如图 10-5 所示。其中，盒子代表系统中的功能或活动，箭头代表盒子中的活动与外界联系的 4 类接口，即输入、输出、控制和机制。

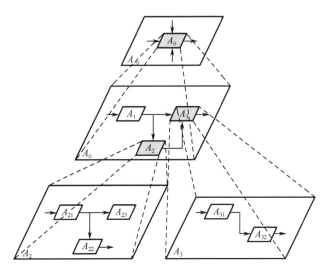

图 10-5　作战活动分解示意图

A_0：将 A_{-0} 层级展开，描述出建模人员所要表达的观点。

A_1、A_2、A_3：对 A_0 所展开的某一项功能，做出更详细的分解，使此模型的目标被更充分地描述。

A_{21}、A_{22}、A_{23}、A_{31}、A_{32}：对 A_2、A_3 所展开的某项功能做出更详细的分解，使此模型的目标被更充分地描述。

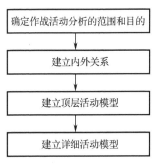

图 10-6　基于 IDEF0 的作战活动建模步骤

基于 IDEF0 的作战活动建模步骤如图 10-6 所示。

（1）确定作战活动分析的范围和目的。在作战活动建模之前，应确定作战活动分析的范围和目的。范围是指将作战活动作为一个更大系统的一部分来看待，描述了外部接口，区分了与环境之间的界限，确定了模型中需要讨论的问题与不应讨论的问题。目的是指导作战活动建模的意图。作战活动建模的范围和目的指导并约束整个建模过程，可以保证模型的一致性。

（2）建立内外关系。通过分析作战活动这一系统与外部的关系，构建 A_{-0} 图。此时，并不需要分析作战活动这一系统的内部功能需求。A_{-0} 图总体描述系统的总体需求，确定了系统的边界，是进一步开展作战活动分析的基础。

（3）建立顶层活动模型。从作战功能出发，将所研究的作战活动分解为一系列相互关联的作战活动，每类作战活动描述完成作战任务的每类作战功能。通常是将所研究的作战活动系统按功能分解为一系列作战活动子系统，并分析作战活动子系统之间的信息交互关系。顶层作战活动模型采用层次结构图和活动流程图分别表示作战活动系统的组成情况及各子系统之间的相互关系。

（4）建立详细活动模型。按照作战功能的实现步骤和流程，将作战活动子系统进一步分解为一系列更加详细的作战活动，并根据需要一直分解到足够细的粒度。作战活动分解的粒度粗细，与研究问题的目标直接相关，粒度太粗，难以满足研究目标的需要；粒度太细，又会增加工作量。因此，作战活动分解粒度的确定应根据研究目标慎重选择。

2. 基于 SysML 的作战活动建模方法

SysML 定义了 9 种基本图形来表示模型的各个方面，如图 10-7 所示。从模型的不同描述角度来划分,这 9 种基本图形分成 4 类,即结构图(Structure Diagram)、参数图（Parametric Diagram）、需求图（Requirement Diagram）和行为图（Behavior Diagram），如表 10-1 所示。

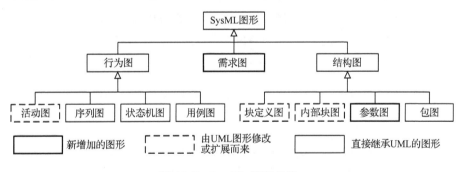

图 10-7　SysML 图形分类

表 10-1　SysML 模型种类及其分类

模 型 种 类	视 图 名 称	描 述 方 法
需求模型	需求图	描述需求和需求之间及需求与其他建模元素之间的关系
结构模型	块定义图	描述系统的物理结构组成与关系，与系统功能对应
	内部块图	描述子系统（或组件）的物理结构组成与关系
	包图	描述系统的分层结构

续表

模 型 种 类	视 图 名 称	描 述 方 法
行为模型	活动图	描述满足用例要求所要进行的活动及活动间的约束关系，有利于识别并行活动
	序列图	描述对象间的动态合作关系，强调对象间消息的发送顺序
	状态机图	描述系统对象所有可能的状态及事件发生时状态的转移条件
	用例图	描述系统的功能及其操作者
参数模型	参数图	定义了一组系统属性及属性之间的参数关系，强调系统（或组件）属性之间的约束关系

10.3 作战能力需求分析

10.3.1 能力需求分析基本流程

能力需求分析的目的是根据电子信息装备体系的作战任务需求映射获取体系的作战能力需求，是体系的任务域到能力域的映射。采用的基本方法是将作战任务分解为作战活动，根据作战活动的目标要求，提出满足作战活动的作战能力清单，并在作战条令、作战理论、作战方式的约束下，分析确定电子信息装备的体系能力需求。能力需求分析流程如图 10-8 所示，包括作战能力需求分析、作战能力差距分析和装备能力需求分析。

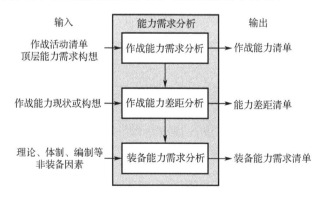

图 10-8　能力需求分析流程

（1）作战能力需求分析。采用体系结构方法完成作战任务-能力分解，通过建立作战活动-作战能力关联矩阵，由电子信息装备使命任务需求提出作战能力需求，并根据作战活动之间的关系优化作战能力指标之间的关系，如图 10-9 所示。

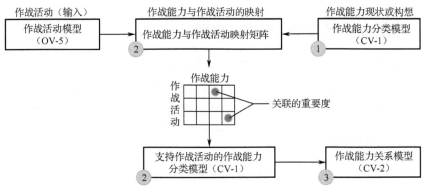

图 10-9　基于体系结构技术的作战任务-能力分解流程

（2）作战能力差距分析。通过对现有电子信息装备及其作战运用的分析，提出现有作战能力指标方案，并对当前电子信息装备体系能力进行评估；综合运用作战能力分解比较、作战能力差距矩阵判断、作战能力效果对比等方法，将作战能力需求与现有作战能力进行比较，得到作战能力差距。

（3）装备能力需求分析。综合分析未来战争形态演变和军事斗争特点与发展趋势，提出消除作战能力差距的措施。这种措施即为需求解决方案，包括非装备解决方案和装备解决方案。非装备解决方案包括作战样式、作战手段、指挥理论、打击方式等，装备解决方案主要包括电子信息装备发展趋势和关键技术的突破情况。基于体系结构技术的电子信息装备体系方案分析，如图 10-10 所示。

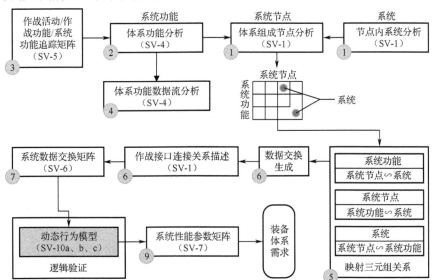

图 10-10　基于体系结构技术的电子信息装备体系方案分析

10.3.2 作战能力需求关键要素

作战能力需求分析是指通过分析电子信息装备作战能力的结构特点，建立电子信息装备作战能力指标体系，提出电子信息装备作战能力指标需求，为进行作战能力差距分析和装备能力需求分析提供依据。

1. 作战能力结构

作战能力是指电子信息装备体系为执行特定的作战任务所需具备的"本领"，是一个相对静态的概念，它是电子信息装备体系的固有属性，由电子信息装备体系的质量特性（性能参数或战技指标）和数量决定，与电子信息装备体系的具体运用过程无关。考虑电子信息装备体系的组分结构和层次特征，电子信息装备体系的作战能力通过组分系统的相互作用产生聚合，涌现形成新的作战能力，这些新的作战能力超过原有组分系统作战能力的总和。因此，可以给出电子信息装备体系的能力结构，如图 10-11 所示。

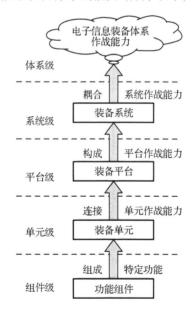

图 10-11　电子信息装备体系的能力结构

（1）电子信息装备单元及其作战能力。电子信息装备单元是由具有不同特定功能的武器功能组件，按一定武器结构关系组成，具备独立作战能力的单件武器。

（2）电子信息装备平台及其作战能力。电子信息装备平台是由具有不同作战能力的电子信息装备单元与搭载工具，为完成作战任务连接而成的电子信息装备平台。

（3）电子信息装备系统及其作战能力。电子信息装备系统是由能够完成不同作战任务的电子信息装备平台，根据武器作战编制关系构成的电子信息装备系统。

（4）电子信息装备体系及其作战能力。电子信息装备体系是指在一定的战略指导、作战指挥和保障条件下，为完成一定作战任务，而由功能上互相联系、相互作用的各种电子信息装备系统组成的更高层次系统。电子信息装备体系作战能力是由耦合成电子信息装备体系的电子信息装备系统作战能力和协同作战关系确定的。

2．作战能力指标体系

构建作战能力指标体系有 4 项原则：系统性原则、科学性原则、定性定量相结合原则和导向性原则。电子信息装备作战能力指标体系必须要能够反映电子信息装备发展的能力目标，并能够便于牵引电子信息装备系统需求的分析与评估。

电子信息装备作战能力指标体系分析，以电子信息装备发展的能力目标为依据，在电子信息装备作战运用过程分析的基础上，按照电子信息装备的作战用途、运用方式和技术体制等，提出电子信息装备的作战能力领域及其作战能力指标，并在作战能力指标关系分析的基础上构建作战能力指标体系。

（1）作战能力指标提出。根据电子信息装备发展的能力目标及其作战运用规律，按照电子信息装备的作战用途、运用方式和技术体制等，参照电子信息装备体系的层次结构（体系、系统、平台、单元、组件），在广泛征求专家意见的基础上，提出不同层次的电子信息装备作战能力指标。

（2）作战能力指标关系分析。根据作战能力目标和作战能力要素构成，研究分析电子信息装备作战能力指标的相互关系，为构建树型或网络型的作战能力指标体系提供依据。

（3）作战能力指标体系构建。根据作战能力指标及其相互关系，构建作战能力指标体系。

（4）作战能力指标体系优化。通过专家评估、仿真实验等方法进一步优化电子信息装备作战能力指标的构成和总体结构。

具体关于作战能力指标体系的构建与评估，请参见本书第 8 章中的相关内容。

参考文献

[1] 杨秀月,郭齐胜,杨雷. 武器装备体系需求生成综合集成环境设计研究[J]. 装备指挥技术学院学报，2010, 21(5): 14-19.

[2] 郭齐胜，王康，樊延平，等. 武器装备需求分析方法[J]. 装甲兵工程学院学报，2013, 27(5): 8-12.

[3] 韦正现，鞠鸿彬，黄百乔，等. 面向任务基于能力的武器装备体系需求分析：复杂系统体系工程论文集二[C]. 2020: 8-19.

[4] 樊延平，郭齐胜，王金良. 面向任务的装备体系作战能力需求满足度分析方法[J]. 系统工程与电子技术，2016, 38(8): 1826-1832.

第 11 章

典型军事信息系统体系结构设计

为验证电子信息装备体系结构论证分析方法的可行性和有效性，本章以某方向综合电子信息系统为案例展开研究，对系统的体系结构进行设计、验证，并采用对象 Petri 网展开分析。

11.1 典型军事信息系统体系结构视图设计

为了简化设计，这里以空海一体对抗任务为例，设计完成该任务涉及的综合电子信息系统体系结构。主要设计综合电子信息系统体系结构的作战视图和系统视图产品，包括高级作战概念图（OV-1）、作战节点连接描述（OV-2）、作战节点连接矩阵（OV-3）、组织结构模型（OV-4）、作战活动模型（OV-5）、系统组成描述（SV-1a）、系统接口描述（SV-1b）、系统通信描述（SV-2）、系统功能描述（SV-4a）、作战活动对系统功能追溯性矩阵（SV-5），从作战节点、组织结构、作战活动、系统组成、系统功能等方面进行描述，梳理了系统的作战需求与系统需求。

首先设计高级作战概念图（OV-1），提取综合电子信息系统的主要作战概念。在指挥机构的统一指挥下，利用各级情报保障单元的情报，实现侦察预警单元与火力打击单元的力量协同，对海上目标实施打击，高级作战概念图（OV-1）如图 11-1 所示。

然后设计作战节点连接描述（OV-2），用来描述作战节点之间的连接关系。案例的顶层作战节点连接描述（OV-2）如图 11-2 所示。其中，指挥节点主要包括指挥机构、部队指挥单元 1 和部队指挥单元 2。情报保障节点主要包括海情预警中心、空情预警中心、本级情报保障单元、上级情报保障单元、友邻部队情报保障单元、空中侦察预警群 1 和空中侦察预警群 2 等。主要火力打击节点为空中火力打击群 1 和空中火力打击群 2。其中，指挥机构内设综合情报保障席、综合席和对空指挥席 3 个子节点，综合情报保障席接收各种情报信息并完成情报的综合处理。对空指挥席主要负责作战筹划和指挥控制。

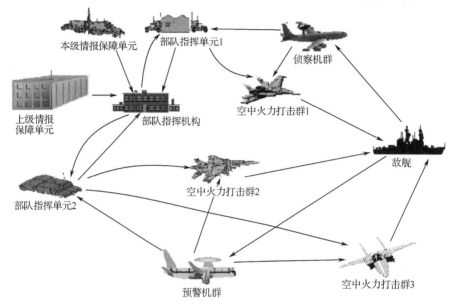

图 11-1　高级作战概念图（OV-1）

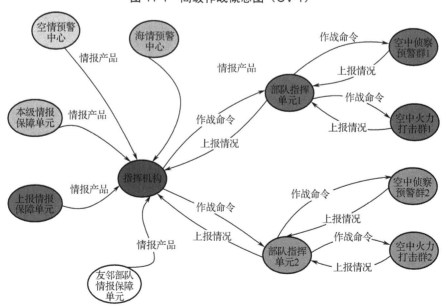

图 11-2　作战节点连接描述（OV-2）

根据前面设计定义的节点连接的信息交互，进一步描述实现信息交换的具体要求，即传输信息的介质、媒体形式、周期性要求、数据量要求等，如表 11-1 所示。

表 11-1　作战节点连接矩阵（OV-3）（部分）

信 息 标 识		生产者和使用者		传 输 性 质				
作战节点连接名称	连接弧名称	产生信息的节点	使用信息的节点	介质	媒体形式	周期性要求	数据量要求	及时性
综合海情	情报产品	海情预警中心	综合情报保障席	有线	文本、图像	分钟级	MB	不大于×分钟
目标侦察信息	情报产品	侦察情报综合处理中心	综合情报保障席	有线	文本、图像	分钟级	MB	不大于×分钟
综合空情	情报产品	空情预警中心	综合情报保障席	有线	文本、图像	分钟级	MB	慢（××秒～×分钟）
作战命令	作战命令	对空指挥席	部队指挥单元 1	有线	文本、语音等	分钟级	KB	不大于××秒
作战效果	上报情况	部队指挥单元 1	对空指挥席	有线	文本、报文等	分钟级	KB	不大于××秒
作战命令	作战命令	对空指挥席	部队指挥单元 2	有线	文本、语音等	分钟级	KB	不大于××秒
作战效果	上报情况	部队指挥单元 2	对空指挥席	有线	文本、报文等	分钟级	KB	不大于××秒

设计体系结构的组织结构模型（OV-4），如图 11-3 所示，显示了体系结构中的指挥层次关系。

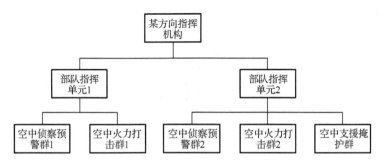

图 11-3　组织结构模型（OV-4）

根据案例的作战过程，设计体系结构的作战活动模型（OV-5）。首先明确顶层活动，如图 11-4 中的"空海火力打击"活动所示。

图 11-4 顶层作战活动模型

活动"对敌舰艇空中联合火力打击"可分解为情报获取活动、作战指挥控制活动和目标打击活动，如图 11-5 所示。

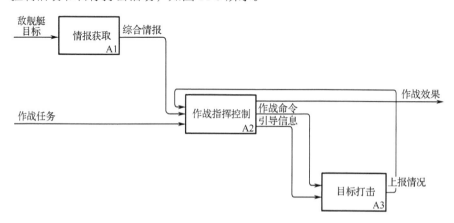

图 11-5 对敌舰艇空中联合火力打击活动分解图

活动"情报获取"可分解为情报侦察活动、情报接收活动、情报综合处理活动和情报分发活动，如图 11-6 所示。

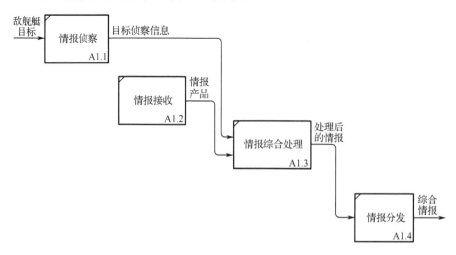

图 11-6 情报获取活动分解图

活动"作战指挥控制"可分解为受领任务活动、情报分析活动、指挥决策活动和指挥引导活动，如图 11-7 所示。

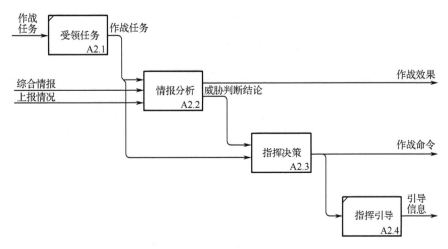

图 11-7 作战指挥控制活动分解图

活动"情报分析"可分解为战果评估活动、态势估计活动和威胁判断活动，如图 11-8 所示。

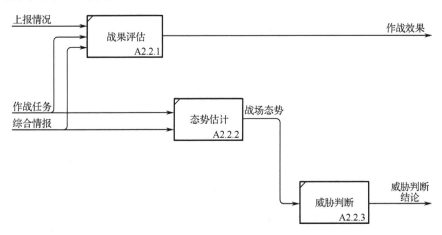

图 11-8 情报分析活动分解图

活动"指挥决策"可分解为定下作战决心活动、作战筹划活动和命令下达活动，如图 11-9 所示。

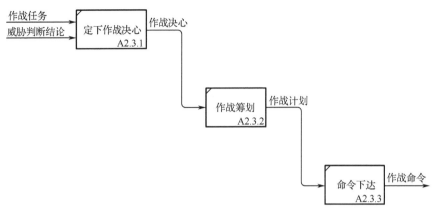

图 11-9　指挥决策活动分解图

活动"目标打击"可分解为指令接收活动、支援掩护活动、火力打击活动和情况报告活动，如图 11-10 所示。

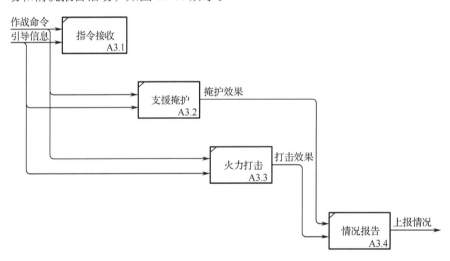

图 11-10　目标打击活动分解图

根据作战过程的功能需求，初步设计系统功能描述（SV-4a）模型。系统功能主要包括信息传输、情报收集、指挥控制和兵力控制。各功能可以进一步分解为子功能，具体分解如图 11-11 所示。

在初步建立的系统模型的基础上，根据设计的作战活动，建立作战活动与系统功能之间的映射关系，如表 11-2 所示。

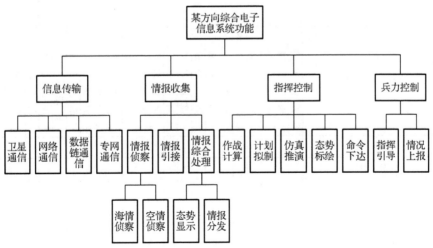

图 11-11　系统功能描述（SV-4a）模型

表 11-2　作战活动对系统功能追溯性矩阵（SV-5）

作 战 活 动	情报收集	情报侦察	海情侦察	空情侦察	情报综合处理	态势显示	情报分发	情报引接	指挥控制	作战计算	计划拟制	仿真推演	态势标绘	命令下达	信息传输	卫星通信	网络通信	数据链通信	专网通信	兵力控制	指挥引导	情况上报
情报获取	×	×	×	×	×	×	×	×														
情报侦察		×	×	×																		
情报接收								×														
情报综合处理					×	×	×															
情报分发							×															
作战指挥控制									×	×	×	×	×									
受领任务															×	×	×	×	×	×		
情报分析									×													
战果评估												×										×
态势估计									×	×												
威胁判断									×	×												
指挥决策									×	×	×	×	×									
定下作战决心										×												
作战筹划										×	×	×	×									

续表

作战活动	情报收集	情报侦察	海情侦察	空情侦察	情报综合处理	态势显示	情报分发	情报引接	指挥控制	作战计算	计划拟制	仿真推演	态势标绘	命令下达	信息传输	卫星通信	网络通信	数据链通信	专网通信	兵力控制	指挥引导	情况上报
命令下达														×								
指挥引导																					×	
目标打击														×						×	×	
指令接收															×	×	×	×	×			
支援掩护														×						×	×	
火力打击														×						×	×	
情况报告															×	×	×	×	×			×

　　根据设计的系统功能，结合现有的系统及其部署情况，建立系统组成结构图，如图 11-12 所示。

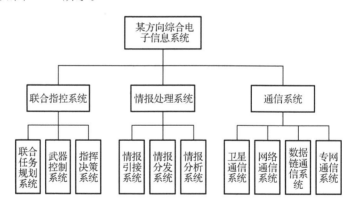

图 11-12　系统组成（SV-1a）结构图

11.2　典型军事信息系统体系结构一致性验证

　　设计完成主要的体系结构产品后，采用数据一致性和完备性验证方法，查找体系结构数据中可能存在的不一致，以及遗漏的设计信息，修改完善体系结构设计，如图 11-13 和图 11-14 所示。

图 11-13　体系结构一致性验证结果

图 11-14　体系结构完备性验证结果

11.3　典型军事信息系统体系结构流程验证

　　为了开展体系结构流程的验证，需要提取部分体系结构设计信息，建立基于对象 Petri 网的可执行模型，通过 Petri 网模型的仿真运行验证流程。主要 Petri 网模型如图 11-15 至图 11-22 所示。

　　综合情报保障席主要完成各种战略、战区情报的引接，根据 OV-2 的设计，建立的 Petri 网模型如图 11-15 所示。

　　综合席主要承担态势评估、作战筹划任务，建立的 Petri 网模型如图 11-16 所示。

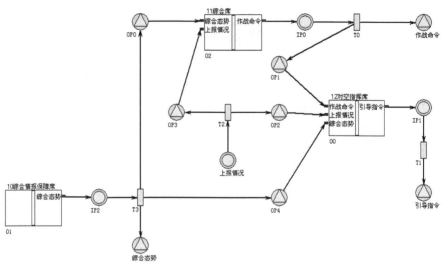

图 11-15　××方向联指 Petri 网模型

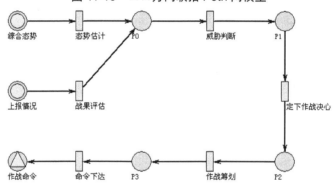

图 11-16　综合席 Petri 网模型

对空指挥席主要承担指挥引导任务,建立的 Petri 网模型如图 11-17 所示。

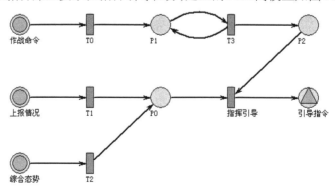

图 11-17　对空指挥席 Petri 网模型

部队指挥单元主要负责对所属部队的指挥控制，分别建立 Petri 网模型，如图 11-18 和图 11-19 所示。

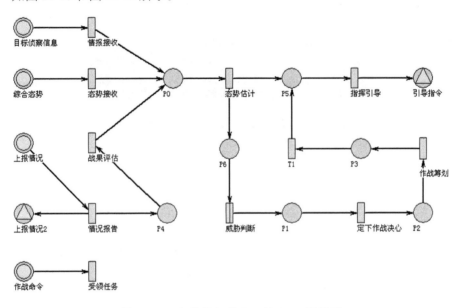

图 11-18　部队指挥单元 1 的 Petri 网模型

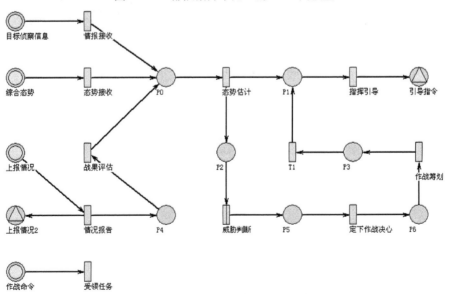

图 11-19　部队指挥单元 2 的 Petri 网模型

空中侦察预警群的 Petri 网模型如图 11-20 和图 11-21 所示。

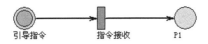

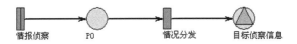

图 11-20　空中侦察预警群 1 的 Petri 网模型

图 11-21　空中侦察预警群 2 的 Petri 网模型

空中火力打击群主要负责对海上目标的火力打击，建立的 Petri 网模型如图 11-22 所示。

图 11-22　空中火力打击群的 Petri 网模型

第 12 章

基于仿真的电子信息装备体系效能评估

世界军事大国均很重视运用建模与仿真等技术手段进行武器装备体系的发展研究，分析和研究武器装备体系的作战能力，并以此为依据提高决策的科学性。采用建模与仿真手段，已成为各军事大国武器装备体系建设的重要技术支撑。通过运用建模与仿真技术，在较逼真的战场环境和所确定的作战样式下，仿真武器装备体系的作战运用过程，获取仿真数据来评估武器装备体系效能，分析装备体系结构及其薄弱环节，从而提出武器装备体系的建设方向和重点，优化装备体系方案，确定装备体系结构并提出改进途径。同时，还可以探索装备作战使用方式和相应的作战理论，从而形成装备体系与作战相"匹配"的最佳方式，进而从整体上提高部队的作战能力。另外，未来武器装备体系的作战能力，不但取决于其自身的结构和装备性能，也取决于它的作战环境。因此，需要利用模拟战场环境，依靠作战模拟对新武器装备体系的实际作战能力做出评估。

12.1 电子信息装备体系效能评估任务分析

电子信息装备体系为完成军事作战任务，按照网络互联、信息互通、业务互操作的原则，由大量多种类多层次的电子信息装备组成，是以信息流贯穿其中并相互联系、相互协同、相互制约的有机整体，是一个典型的军事复杂大系统。通过对前面章节的论述可知，做好电子信息装备体系效能评估是对其进行论证规划的重要环节。依照第 8 章有关体系效能评估的思路与方法，运用必要的软件支撑工具和仿真推演平台，构建仿真系统，通过多样本实验得到仿真数据，从而进行装备体系的效能评估。图 12-1 给出了基于仿真的电子信息装备体系效能评估系统的总体框架。

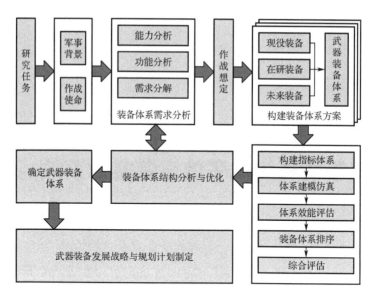

图 12-1　基于仿真的电子信息装备体系效能评估系统的总体框架

12.2　基于仿真的电子信息装备体系效能评估系统设计与实现

12.2.1　整体功能需求

基于仿真的电子信息装备体系效能评估系统的整体功能大体可以分成 8 部分，分别为仿真模型开发与管理、基础数据管理、想定开发与生成、实验设计、仿真运行控制、装备体系仿真模拟、数据记录与回放，以及装备体系效能分析评估。每项功能的具体需求描述如下。

1．仿真模型开发与管理

能够以模型标准为基础，提供概念模型开发功能；能够以模型基类为基础，提供程序模型代码开发功能；提供模型组合、模型检索、模型导入、模型导出、模型删除等管理功能。

2．基础数据管理

能够为实体装备选择仿真模型；能够设置仿真模型的参数信息；能够对实体装备的武器、传感器等搭载进行配置；能够依据装配后的装备信息，对实体装备、部队编制信息进行管理。

3．想定开发与生成

能够基于数据管理中配置的装备信息等，编辑电子信息装备的规模、结构、配置、行动计划、组织关系、任务分配、通信管理、作战规则等；能够基于模型和想定信息，实施仿真推演，提供仿真实体管理、时间管理、数据交互管理等功能，生成仿真态势。

4．实验设计

提供图形化的实验设计工具，能够根据检验评估和仿真运行的需要从数据库中选取指定想定作为基准，并在此基础上对实验因子类型、计算模型和水平，以及实验方法、实验次数等进行选择和设置，并能够对实验方案进行快速推演分析。

5．仿真运行控制

能够提供想定初始化、仿真实体设置功能，提供开始、暂停、恢复、结束等运行控制功能；提供对电子信息装备的添加、删除、对抗裁决等调理功能。

6．装备体系仿真模拟

（1）红蓝军装备体系仿真模拟。完成红蓝军电子信息装备、指挥控制及对抗模拟功能，主要具备如下功能：具备红蓝军主要电子信息装备规模、行为、性能和对抗模拟能力；具备红蓝军指挥控制模拟能力，包括模拟行动计划、对抗流程、对抗规则等能力；模拟对抗样式主要包括侦察预警、通信支援、测绘导航、目标监视等。

（2）装备对抗仿真模拟。根据作战规则模型，可实现红蓝军装备的对抗及对抗裁决仿真，主要包括目标搜索发现、定位跟踪、识别预测、信息对抗、信息传输、目标指示等装备对抗仿真，同时仿真在不同作战条件下的对抗裁决。

（3）战场环境仿真模拟。能够模拟作战区域的气象、水文、地理、电磁环境等。

7．数据记录与回放

能够根据通信协议对训练数据进行实时记录；能够根据需求对过程数据进行回放。

8. 装备体系效能分析评估

能够综合仿真推演数据、评估指标体系，以及所选择的评估方法，开展效能评估与分析；具有开放的体系效能评估架构，用户能够基于接口规范定制评估内容、评估指标体系及评估方法；能够支持完成单次任务的效果评估，同时，支持多任务效果的横向对比；能够用二维、图表、曲线、报告等多种形式显示评估结果；能够在评估之前对仿真结果数据进行预处理，支持从数据到评估报告的自动或半自动生成。

12.2.2 系统工作流程

基于仿真的电子信息装备体系效能评估系统以体系效能评估为目标、以体系建模和仿真实验为手段，其工作流程如图 12-2 所示，具体包括以下几个环节：

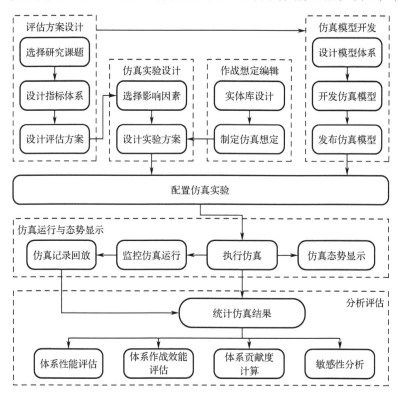

图 12-2 系统工作流程图

（1）根据评估目标规划设计评估方案。

（2）依据评估方案进行仿真模型开发。

（3）进行仿真实验设计。

（4）在预先设计的想定下，配置相应的仿真实验参数，然后开展体系仿真实验并得到仿真结果数据。

（5）对仿真结果进行统计与分析，并进行体系效能评估。

12.2.3　体系仿真平台 MARS

1．概述

MARS（Military Analysis Research System）是中船重工第七一六所研制的体系仿真平台。该平台基于体系仿真技术，以使命任务为牵引，综合考虑战场环境、后勤等因素，从作战规则、组织关系、行动过程、信息路由及作战资源等层面构建了海战军事概念及仿真模型体系框架，基于对任务、计划及战术建模的形式准确描述体系对抗条件下的作战过程，能够支持海上方向战役、战术级多方对抗仿真，支持海上方向联合作战方案的制定、装备体系效能分析评估、联合训练模拟仿真。

2．系统组成

MARS 系统软件体系结构如图 12-3 所示，主要由基础数据库、支撑服务软件、工具软件组成，自下而上构成具有相互支撑关系的层次结构。

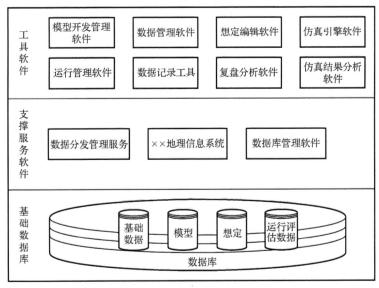

图 12-3　MARS 系统软件体系结构

1）模型开发管理软件

该软件提供可视化的模型开发工具，提供飞机、水面舰艇、潜艇、岸导、机场、港口等平台设施模型基类，平台搭载的传感器、通信、武器系统等装备模型基类，群、方面战、平台三类指挥所及相关作战计划、战术规则等模型基类，以及探测、电子对抗、交战等多种裁决模型基类，支持用户进行参数化、组合化和基于基类的模型开发。

2）数据管理软件

（1）主框架。其能够浏览用于型号生成的各类模型；能够依据各类模型通过参数设置方式实例化生成各类型号；允许对已有型号各类参数进行修改；能够利用已有各类型号快速生成新型号；能够依据平台型号实例化具体的平台装备。

（2）战术规则编辑工具。其依据战术规则设置战术供计算机兵力使用。

（3）裁决数据编辑工具。其设置武器对平台的毁伤能力等规则供裁决使用。

（4）兵力编成编辑工具。其能够依据平台装备设置部队常用编队编成。

（5）环境数据编辑工具。其能够设定指定点的环境参数并存储到数据库中，供想定编辑进行选择关联，并由环境仿真服务工具使用。

（6）数据检查工具。其能够检查型号参数值的完整性和合理性。

（7）数据导入/导出工具。其能够对本平台的数据库进行整体导入和导出。

3）想定编辑软件

该软件能够新建、保存、另存、删除想定；能够设置想定开始时间，切换时间/事件运行模式，设置时间步长；能够使用数据管理软件设置的兵力信息，进行兵力组织关系设置；能够对各平台设施进行部署；能够对兵力运动轨迹进行规划，包括静止、航线运动、区域运动、复杂运动、编队运动、复杂编队运动；能够设置指挥所指挥中心定位，选择指挥所、兵力及任务使用的战术；能够设置通信网络及参数；能够进行区域、航线编辑；能够设置兵力任务计划，包括飞机出动计划、打击计划、动态打击计划、陆战计划等，能够加载用户自定义兵力任务计划插件。

4）运行管理软件

在单次推演模式下，该软件能控制推演的开始、暂停、恢复和终止；能够控制推演速度。在大样本推演模式下，该软件能选择不同实验变量的多个想定，每个想定能够设置推演样本数，进行仿真想定的批量、超实时运行，记录每个样本的多次运行统计数据，为分析评估提供数据支持。

5）仿真引擎软件

该软件为控制台程序，可被运行管理软件调用，主要实现如下功能：

（1）模型后处理。其能够对模型中的数据进行后处理，维护模型输出的实体信息；能够对模型中的非军用标准单位进行转换，将模型输出的信息转换为内部统一的接口格式。

（2）模型 IO。其能够读取模型组合关系配置文件、想定文件等数据文件，加载模型，并存储到内存中，反之，可将内存中的数据存储为数据文件。

（3）仿真引擎。其能够调度各类模型运行和交互，对运行过程中的作战要素进行时间管理和事件管理。

（4）模型管理。按照统一的模型体系框架顶层结构和软件继承实现关系，对红蓝军装备模型、行为模型、环境影响模型等进行集中管理。

（5）人工干预响应。其能够对外部输入的人工干预命令进行统一处理，对模型进行相关操作实现，包括控制传感器开关、武器发射、导弹按航路巡航、点防御干预、布雷干预等。

（6）二维态势显示模块。

① 仿真事件信息显示：显示红蓝军重要情况的事件报告；支持事件信息按信息源、信息类型筛选显示；提供对本次仿真事件数据的查询显示功能。

② 综合态势显示：动态标绘显示作战区内海空综合目标航迹、批号、属性等信息；显示作战各类区域信息；支持分图层多层态势显示；支持表页与电子地图联动显示，即通过表页内指定行信息自动定位至电子地图上的目标位置。

③ 态势显示控制：具备电子地图背景设置，地图图层控制，地图拼接、缩放、漫游、定位等功能；目标显示标牌设置，包括设置目标标牌的显示内容，显示位置、显示属性（包括标牌方向旋转、颜色、大小、字体）等；目标点航迹、线航迹显示设置；按信息源显示控制，通过人工选择显示不同信息源的态势信息，既可全部显示，也可选择若干不同信息源信息进行同屏叠加显示；按指挥层次显示控制，通过人工选择显示不同指挥层次（海陆空）的态势信息；按属性显示控制，通过人工选择显示不同属性（红军、蓝军）层次的态势信息；按批号显示控制，通过人工选择显示指定批号的目标态势信息；支持用户对台位的常显界面、航线色彩、字体颜色等进行设置；支持图上量算，包括距离、方位、面积等的计算。

6）数据记录工具

该工具提供界面配置需要记录的网络接口协议，接口协议考虑各类负责形式；依据接口协议自动创建数据库表；依据接口协议记录网络数据，形成数据文件；依据接口协议和记录的数据文件，能够将数据文件中所有字段导入数据库；依据接口协议和记录的数据文件，能够将数据文件中指定的字段导入数据库。

7）复盘分析软件

该软件能够从数据库服务器筛选指定的单样本仿真记录数据进行单机数据复盘及过程展示，提供作战事件历程图、作战态势图、装备效能度量数据表等多种复盘展示视图的关联展示功能，为评估人员、分析人员讲解提供辅助手段。具体包括以下几个方面：

（1）复盘数据筛选提取功能：能够从数据库服务器中读取指定的单样本仿真记录数据，提供记录数据查询、筛选、提取功能。

（2）仿真数据回放功能：能够从本地数据文件中加载态势、数据信息、事件信息，并依据回放的控制命令按时序进行处理、回放，保持信息间的时间同步。

（3）回放过程控制功能：能实现对演习过程任意步长/条件的全程回放、实时回顾、慢动作回顾、态势重现和关键情节的态势快照、调阅、回放，以及回放与重现的一键暂停和恢复。

（4）回放过程显示功能：能够通过电子地图、数据表页形式显示复盘过程中的态势数据，包括初始态势显示、综合态势显示、交战打击过程显示、电磁态势显示、事件信息及装备状态显示等。其中，态势显示功能同二维态势显示模块。

（5）态势辅助分析功能：提供基本图元标绘、图上量算及数据统计等辅助分析功能，包括地图标绘测算、统计数据关联显示、事件人工装订、进程对比分析功能。复盘过程中用户能够根据需要针对特定的对抗态势进行捕获，捕获的信息包括态势快照和描述信息。

8）仿真结果分析软件

针对武器装备体系效能评估目标，基于指标定制工具和数据记录软件，该软件可在体系仿真过程数据和结果数据中定制探测、通信、指控、打击等作战全环节过程类度量指标，以及战损战果等结果类度量指标，并对仿真结果进行对比分析和可视化显示。

9）支撑服务软件

该软件基于以下支撑服务软件为上层工具软件提供显示支撑和信息交互。

（1）图形支撑环境：为应用提供军事图形数据处理开发环境和运行支撑环境；具备标准化的军事信息符号化显示输出能力；具备军事标绘编辑能力；具备多尺度无缝地图背景定制显示支撑能力。

（2）军事地理支撑环境：提供通用的军用数字地图、地理信息的应用和开发工具；支持矢量数据、地名数据、多媒体数据、统计专题数据等；提供地图符号（点状、线状、面状、文字等）显示；提供地图注记、地图投影显示；提供地形分析、网络分析、栅格分析等功能。

（3）军标数据库：提供军标符号的编辑、存储、查询、修改。

（4）测绘信息综合管理系统：提供地理数据的输入、选取、管理、维护等功能。

（5）系统接口：系统预留的与外部实验设计工具和效能评估工具的接口。

12.2.4　效能评估工具 AppWEE

1．概述

武器效能评估系统 AppWEE（Weapon Effective Evaluation）是一款由北京神州普惠科技股份有限公司研制的为武器装备论证、研制、测试和使用等提供效能评估的基础工具平台，涵盖评估指标体系定义、父子指标之间的聚合算法、评估数据来源、评估执行及评估报告生成。此外，还包括常用的评估算法及自定义评估算子。其特点是全寿命、大数据、算法多、可视化、分布式、可扩展。其功能组成如下：

（1）指标体系构建与扩展功能。该系统提供指标体系构建功能，并通过多种主、客观权重计算方法进行权重计算，包括层次分析法（AHP）、环比系数法、熵权法、离差最大化法，并且支持指标体系构建、评估方案定义、计算流程设计的可视化操作。

（2）数据采集与处理功能。该系统提供评估数据的采集和预处理功能，能够从 Oracle、SQL Server 等多种数据源获得数据，并为 DWK 提供专门的数据适配模块。数据集保存 SQL 查询命令，在每次执行时获取最新数据。支持采用 Hive 查询，调用 Hadoop 系统进行大数据分析处理。

（3）效能评估功能。该系统提供全寿命周期的效能评估功能，可对装备寿命各阶段的性能指标进行对比分析和回归分析。

（4）评估算子库。该系统提供多种评估方法和算子库，包括层次分析法、环比系数法、模糊综合法、灰色白化权函数聚类法、TOPSIS 法、数据包络法、ADC 法、主成分分析法、因子分析法、支持向量机法、趋势面分析法、极差分析法、方差分析法、SEA 评估法、探索性评估法等。其中，层次分析法、环比系数法、模糊综合法均满足群决策需求。系统支持多种算法扩展方式，包括采用 C++ 动态链接库、计算公式、JavaScript 脚本、Python 脚本、Matlab 和 R 语言进行算法开发。

（5）评估模型验证功能。该系统支持模型校核、验证、确认（VV&A）的相关分析算法，包括专家校核法和各种数理统计及时频分析方法。数理统计方法主要包括参数估计、假设检验、灰色关联系数（时域）、窗谱分析法（频域）、最大熵谱分析法（频域）和正态性检验。

（6）分布式在线评估功能。该系统支持实时在线评估，动态接收评估数据并进行评估计算，实时获得计算结果，并根据统计数据绘制多种动态统计图表。

（7）评估结果展示功能。该系统支持定制评估报告的生成，并能够支持评估结果的多种可视化展示，包括柱状图、饼图、折线图、雷达图、曲面图、层次图、等高线图、地毯图、主因素图、盒状图、柱状图、经验分布图、平行坐标系图、星状图等。

2. 系统组成

效能评估工具按照功能划分为以下应用模块，如图 12-4 所示。

1）效能评估主程序

效能评估主程序负责系统的工程管理、任务执行、业务插件管理、算子插件管理等核心功能。

工程管理提供创建工程、打开工程、编辑工程、保存工程、另存工程、关闭工程等功能。任务执行负责根据评估方案和其中各指标计算流程的执行调度各算子按序执行。业务插件管理负责业务插件的加载和卸载。算子插件管理负责算子插件的注册和注销。

2）评估插件

评估插件负责指标体系、评估方案、评估任务、全寿命周期效能评估的管理工作。指标体系管理负责指标体系的创建、编辑、保存、读取等工作。评估方案管理负责评估方案的创建、编辑、保存、读取等工作。评估任务管理负责评估任务的创建、编辑、保存、读取等工作。全寿命周期效能评估负责在效能评估工程中各评估任务之间进行计算结果的比较和性能指标变化趋势的分析。

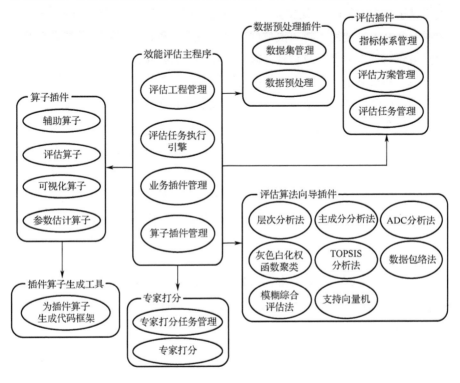

图 12-4　软件应用架构

3）数据预处理插件

数据预处理插件主要负责从各种数据源获取数据并建立数据集，以及针对数据集的各种预处理操作。具体包括以下插件：

（1）数据集管理：负责数据集的创建、删除和编辑。可以直接创建或从数据源中创建数据集。

（2）数据预处理：对数据集进行各种预处理操作，包括数据集分组、数据过滤、属性过滤、数据合并、统计计算、相干性计算、主成分分析、数据集提取和数据集导出。

4）评估算法向导插件

评估算法向导插件主要包括层次分析法、ADC 分析法、灰色白化权函数聚类、模糊综合法、数据包络法、主成分分析法、支持向量机法和 TOPSIS 分析法等。

5）算子插件

（1）辅助算子。辅助算子包括指标值输入/输出算子、数据聚合算子、数据集算子。指标值输入/输出算子主要用于评估过程中指标值的输入和输出；数据聚合算子主要用于将离散数据组合成数据列表；数据集算子主要负责从数据集获取输入数据，或者将计算结果输出到数据集。

（2）评估算子。评估算子负责将评估方法封装成能够在计算流程中使用的算子。每个算子都需要提供特殊的参数配置界面和结果显示界面。评估算子和算法向导使用共同的评估计算模块。

（3）可视化算子。可视化算子负责将计算结果以图表形式显示出来。可视化算子包括等高线图、曲面图、散点图、层次图、饼状图、雷达图、柱状图等。每种可视化算子同样需提供特殊的参数配置界面和结果显示界面。

（4）参数估计算子。参数估计算子负责根据输入样本进行点估计与区间估计。

6）专家打分系统

专家打分系统提供完整的在线打分功能，采用 B/S 及 C/S 两种模式。效能评估主程序或评估算法向导发布的专家打分任务保存到专家打分系统的数据库中。

7）插件算子生成工具

插件算子生成工具根据用户设定的评估算子基本信息及算子参数为算子生成代码框架。生成过程采用 XSL（可扩展样式语言）使用算子 XML 文件中的信息将工程模板中的关键字替换成自定义算子的各项信息，包括算子类名、算子名称、算子类别、算子描述、算子参数列表等。

3. 应用流程

效能评估工具用来分析处理系统实验数据，实现对武器装备体系作战效能的评估与分析。效能评估工具应用流程如图 12-5 所示。

1）指标体系编辑

指标体系模块负责指标体系的创建、编辑与保存。指标体系是指通过对同一类评估对象的各种特性逐层抽取，而得到的描述指标间依赖关系的有向图。

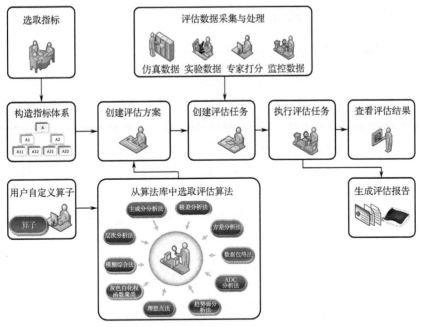

图 12-5　效能评估工具应用流程

2）评估方案编辑

评估方案是对一个类型评估对象进行评估的依据。用户可通过对指标体系中各指标的评估方法、指标参数、评估数据进行定义的方式来制定评估方案。整体评估方案由若干独立的指标计算流程组成，每个指标计算流程定义一组输入指标或样本数据到一个或几个输出指标的运算流程。评估方案的执行不涉及具体评估对象和评估样本数据。

3）评估任务编辑

评估任务模块负责对评估任务的创建、编辑与保存。评估任务是指采用统一的评估方案对一个或多个相关评估对象进行一次评估的过程。

4）评估任务结果查看

评估任务结果模块以图文并茂的方式展示评估任务的各项结果。

5）全寿命周期评估界面

全寿命周期评估模块主要对效能评估工程中各评估任务的评估结果进行比较，并能够对指标值的变化趋势进行分析。

6）专家打分

专家打分模块主要负责专家信息和打分任务的增、删、改、查等基本管理。

12.2.5　接口关系

1．MARS 体系仿真系统与效能评估工具接口

MARS 体系仿真系统与效能评估工具的接口关系如图 12-6 所示。

（1）仿真结果统计指标数据。采用*.csv 文件形式记录统计指标数据，每个指标记录成一个*.csv 文件，文件名称为指标名称.csv，这些*.csv 文件将被存放到指定文件夹下。文件格式分为时间采样和事件采样两种。

（2）装备参数数据。采用*.xml 文件形式记录统计指标数据，文件名称为装备参数数据.xml。

（3）评估方案（*.xml）。评估方案包含指标体系及需要打分的指标与指标权重。

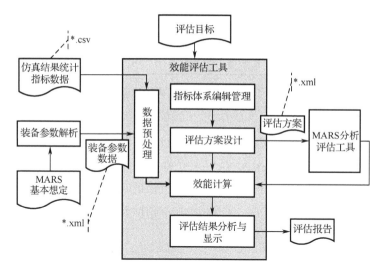

图 12-6　MARS 体系仿真系统与效能评估工具的接口关系

2．MARS 体系仿真系统与实验设计工具接口

MARS 体系仿真系统与实验设计工具的接口关系如图 12-7 所示，其接口为因子列表接口文件和仿真实验样本空间文件。

（1）因子及水平接口。因子及水平接口采用.xml 文件形式，文件名称为因子列表.xml。

（2）实验样本空间接口。实验样本空间接口采用.xml 文件形式，文件名称为仿真实验样本空间.xml。

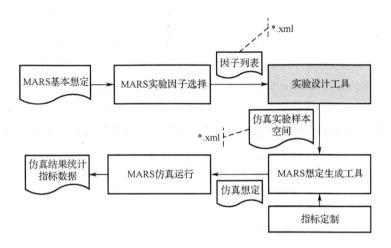

图 12-7　MARS 体系仿真系统与实验设计工具的接口关系

12.3　典型案例应用

以联合作战典型任务中电子信息装备体系运用为背景，开展多方案、多样本的装备体系仿真实验，最终实现装备体系效能评估验证。在某典型的联合作战中，分别以包括多军兵种在内的信息装备体系为评估对象构建了联合作战电子信息装备体系效能评估指标体系，如图 12-8 所示。

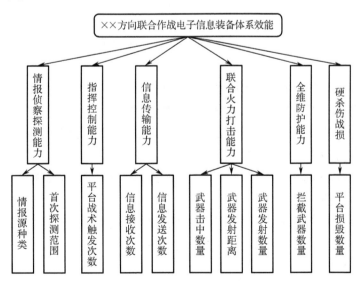

图 12-8　××方向联合作战电子信息装备体系效能评估指标体系

为验证基于仿真的电子信息装备体系效能评估的技术路线和流程，系统选取重点战略方向联合作战电子信息装备体系为验证对象，对装备体系存在的协同，尤其是不同军种之间协同作战过程中存在的关键问题进行体系效能的分析评估，对构成作战过程中的预警机、数据链、指挥信息系统、战斗机等关键装备的功能性能指标及兵力编配等进行实验因子选择，结合灵敏度分析开展实验设计，验证不同型号、不同能力、不同编配方案下装备的使命任务效能，通过仿真大样本运行，采用统计学和数据包络分析等方法评估装备体系效能，给装备体系编配方案评估优化提供支持，进而验证本书提出的技术方法和相关工具的有效性。

12.3.1　作战想定设计

1．作战任务

红方通过电子信息装备中的侦察装备对蓝方企图实施海空作战力量探测跟踪，综合利用多军兵种的力量，争夺海上局部制空权，对蓝方作战力量实施打击。作战任务主要为夺控，并保持局部海域的控制权，为后续作战创造条件。

2．兵力编成及任务区分

1）红方

红方的兵力可编为侦察预警群、海上支援掩护群、空中支援掩护群和联合火力打击群。

（1）侦察预警群由航天侦察装备、空基侦察装备、海基侦察装备、岸基侦察装备等兵力组成，担负战场态势的联合侦察预警任务。

（2）海上支援掩护群由护卫舰、反潜巡逻机、反潜直升机等兵力组成，主要对红方海空、潜艇兵力实施支援掩护任务。

（3）空中支援掩护群由战斗机、预警机等兵力组成，主要对红方海空兵力实施支援掩护任务。

（4）联合火力打击群由海上打击群、空中打击群、岸基打击群等兵力组成，主要实施对敌兵力的联合火力打击任务。

2）蓝方

蓝方兵力可编为侦察预警群、空中突击群、水面突击群和潜艇突击群。每个作战群都配备一定数量的装备并执行相应任务。

12.3.2 装备体系效能评估指标

完成上述想定及装备参数配置后，在 MARS 仿真软件上开展多方案和多样本仿真实验，获取典型任务联合作战装备体系仿真数据。最终，利用 AppWEE 作战效能评估软件完成装备体系效能评估，其装备体系效能体现于红方装备体系的情报侦察探测能力、信息传输能力、指挥控制能力、联合火力打击能力、全维防护能力和硬杀伤战损。表 12-1 给出了此任务下装备体系效能评估指标。

表 12-1 评估指标集

序 号	指标分类	指标名称
1	情报侦察探测能力	首次探测范围
2		情报源种类
3	信息传输能力	信息接收次数
4		信息发送次数
5	指挥控制能力	平台战术触发次数
6	联合火力打击能力	武器发射距离
7		武器发射数量
8		武器击中数量
9	全维防护能力	拦截武器数量
10	硬杀伤战损	平台损毁数量

12.3.3 实验因子设计

1. 影响因素分析

从装备体系能力要素及影响联合作战效果的因素进行分析，武器装备体系联合作战影响因素主要包括如下几个方面。

（1）影响联合作战效果的敌方威胁。具体包括：

① 对敌防御具有重大意义的目标，包括敌机场、港口、通信设施等。

② 危及侦察预警任务执行的目标，包括舰船、战斗机等。

③ 对导弹打击能力具有威胁的目标，包括防空炮、反导导弹等。

（2）影响联合作战效果的我方兵力编配。具体包括：

① 情报侦察探测能力：预警机的侦察探测能力，天波超视距雷达的探测范围、发现识别概率等。

② 戒掩护能力。

③ 信息传输能力等。

④ 火力打击能力：编队中选取不同能力的兵力，武器装备的最大射程、爆炸半径等。

（3）影响联合作战效果的环境，具体包括作战海域、交战空域等。其中，作战海域环境包括：

① 作战海域水文气象，包括风、云、雨、雾、流、浪、涌等。

② 作战海域洋流情报，包括流向、流速的变化情况。

2. 实验因子选取

基于上述影响因素分析，结合当前验证想定中主要的作战效果影响因素，以及当前仿真系统仿真模型的粒度，选取预警装备探测范围、发射空舰导弹射程、发射岸舰导弹杀伤半径作为联合作战体系仿真实验因子开展仿真验证。联合作战体系仿真实验因子及水平如表 12-2 所示。

表 12-2　联合作战体系仿真实验因子及水平

实 验 因 子	水　平		
	1	2	3
A. 空舰导弹最大射程/海里	125	150	175
B. 天波超视距雷达预警探测范围/海里	667	834	—
C. 岸舰导弹爆炸半径/米	75	100	125

3. 正交实验设计

按照正交设计的原则进行实验设计，生成实验方案，如表 12-3 所示。

表 12-3　实验方案

实 验 号	水 平 组 合	实 验 条 件		
		空舰导弹最大射程/海里	天波超视距雷达预警探测范围/海里	岸舰导弹爆炸半径/米
1	A1B1C1	125	667	75
2	A1B1C2	125	667	100
3	A1B1C3	125	667	125
4	A1B2C1	125	834	75

续表

实 验 号	水平组合	实 验 条 件		
		空舰导弹最大射程/海里	天波超视距雷达预警探测范围/海里	岸舰导弹爆炸半径/米
5	A1B2C2	125	834	100
6	A1B2C3	125	834	125
7	A1B3C1	150	667	75
8	A1B3C2	150	667	100
9	A1B3C3	150	667	125
10	A2B1C1	150	834	75
11	A2B1C2	150	834	100
12	A2B1C3	150	834	125
13	A2B2C1	175	667	75
14	A2B2C2	175	667	100
15	A2B2C3	175	667	125
16	A2B3C1	175	834	75
17	A2B3C2	175	834	100
18	A2B3C3	175	834	125

12.3.4　综合评估方法

1．评估指标体系及权重

评估指标体系及权重设置如表 12-4 所示。

表 12-4　评估指标体系及权重设置

序　号	指标名称	指标类型	子 指 标	
			名　称	权　重
1	联合作战武器装备体系效能	效益型	硬杀伤战损	0.167
			全维防护能力	0.167
			联合火力打击能力	0.167
			信息传输能力	0.167
			指挥控制能力	0.167
			情报侦察探测能力	0.16

续表

序 号	指 标 名 称	指 标 类 型	子 指 标 名 称	权 重
2	硬杀伤战损	效益型	平台损毁数量	1
3	全维防护能力	效益型	拦截武器数量	1
4	联合火力打击能力	效益型	武器发射数量	0.33
			武器发射距离	0.33
			武器击中数量	0.33
5	信息传输能力	效益型	信息发送次数	0.5
			信息接收次数	0.5
6	指挥控制能力	效益型	平台战术触发次数	1
7	情报侦察探测能力	效益型	首次探测范围	0.5
			情报源种类	0.5
8	平台损毁数量	成本型	空	
9	拦截武器数量	效益型	空	
10	武器发射数量	效益型	空	
11	信息发送次数	效益型	空	
12	信息接收次数	效益型	空	
13	平台战术触发次数	效益型	空	
14	首次探测范围	效益型	空	
15	情报源种类	效益型	空	
16	武器发射距离	效益型	空	
17	武器击中数量	效益型	空	

2. 指标归一化方法

底层指标的归一化方法选取线性归一化函数，指标类型及上、下限设置如表 12-5 所示。

表 12-5 指标类型及上、下限设置

序 号	指标名称	指标类型	下 限	上 限
1	平台损毁数量	成本型	96	100
2	拦截武器数量	效益型	56	60
3	武器发射数量	效益型	1680	1720

续表

序　号	指 标 名 称	指 标 类 型	下　　限	上　　限
4	信息发送次数	效益型	47200	47600
5	信息接收次数	效益型	47200	47600
6	平台战术触发次数	效益型	6360	6400
7	首次探测范围	效益型	1070	1080
8	情报源种类	效益型	1	4
9	武器发射距离	效益型	90	128
10	武器击中数量	效益型	780	800

拦截武器数量指标归一化模型如图 12-9 所示。

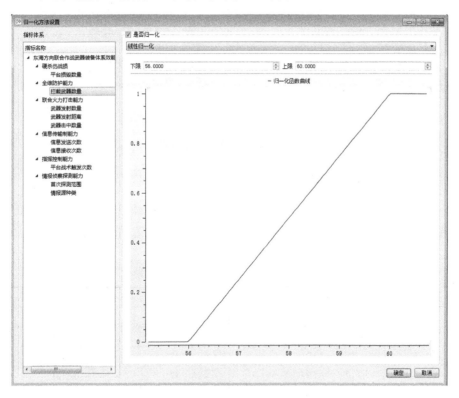

图 12-9　拦截武器数量指标归一化模型

3．大样本推演

利用 MARS 仿真软件的大样本运行工具，运行 18 个仿真样本想定，得到仿真数据，并统计出定制的指标结果。

12.3.5 评估结果

1. 方案 1 评估结果

方案 1 评估结果如图 12-10 所示。

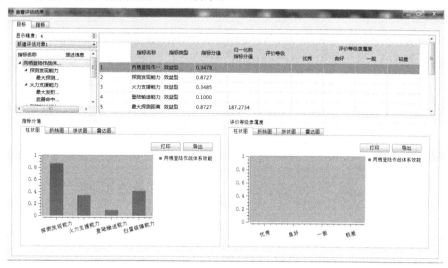

图 12-10 方案 1 评估结果

2. 多方案评估结果

多方案评估结果如表 12-6 所示。多方案联合作战体系效能评估结果对比图如图 12-11 所示，多方案硬杀伤战损评估结果对比图如图 12-12 所示。

表 12-6 多方案评估结果

序　号	评 估 对 象	排　　名	指 标 分 值
1	A1B1C1	12	0.5421
2	A1B1C2	12	0.5421
3	A1B1C3	12	0.5421
4	A1B2C1	12	0.5421
5	A1B2C2	12	0.5421
6	A1B2C3	12	0.5421
7	A2B1C1	2	0.6159
8	A2B1C2	2	0.6159
9	A2B1C3	2	0.6159
10	A2B2C1	2	0.6159

续表

序　　号	评　估　对　象	排　　名	指　标　分　值
11	A2B2C2	2	0.6159
12	A2B2C3	1	0.6757
13	A3B1C1	7	0.5584
14	A3B1C2	7	0.5584
15	A3B1C3	7	0.5584
16	A3B2C1	7	0.5584
17	A3B2C2	7	0.5584
18	A3B2C3	18	0.4986

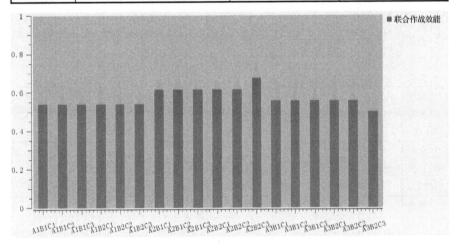

图 12-11　多方案联合作战体系效能评估结果对比图

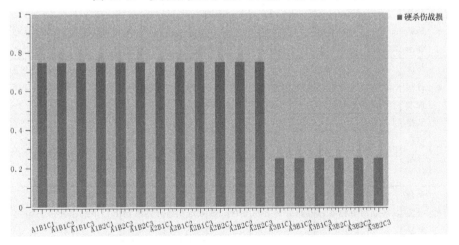

图 12-12　多方案硬杀伤战损评估结果对比图

3．体系作战效能评估

根据各样本想定的仿真统计结果，计算各种武器装备体系编配方案的作战效能，如表 12-7 所示。

表 12-7　各种武器装备体系编配方案的作战效能

序号	指标名称	方案1	方案2	方案3	方案4	方案5	方案6	方案7	方案8	方案9	方案10	方案11	方案12	方案13	方案14	方案15	方案16	方案17	方案18
1	联合作战武器装备体系效能	0.54	0.54	0.54	0.54	0.54	0.54	0.62	0.62	0.62	0.62	0.62	0.68	0.56	0.56	0.56	0.56	0.56	0.50
2	硬杀伤战损	0.75	0.75	0.75	0.75	0.75	0.75	0.75	0.75	0.75	0.75	0.75	0.75	0.25	0.25	0.25	0.25	0.25	0.25
3	全维防护能力	0.25	0.25	0.25	0.25	0.25	0.25	0.25	0.25	0.25	0.25	0.25	0.25	0.75	0.75	0.75	0.75	0.75	0.75
4	联合火力打击能力	0.57	0.57	0.57	0.57	0.57	0.57	0.70	0.70	0.70	0.70	0.70	0.70	0.39	0.39	0.39	0.39	0.39	0.39
5	信息传输能力	0.41	0.41	0.41	0.41	0.41	0.41	0.10	0.10	0.10	0.10	0.10	0.45	0.81	0.81	0.81	0.81	0.81	0.45
6	指挥控制能力	0.28	0.28	0.28	0.28	0.28	0.28	0.90	0.90	0.90	0.90	0.90	0.90	0.15	0.15	0.15	0.15	0.15	0.15
7	情报侦察探测能力	1.00	1.00	1.00	1.00	1.00	1.00	1.00	1.00	1.00	1.00	1.00	1.00	1.00	1.00	1.00	1.00	1.00	1.00
8	平台损毁数量	0.75	0.75	0.75	0.75	0.75	0.75	0.75	0.75	0.75	0.75	0.75	0.75	0.25	0.25	0.25	0.25	0.25	0.25

续表

序号	指标名称	方案1	方案2	方案3	方案4	方案5	方案6	方案7	方案8	方案9	方案10	方案11	方案12	方案13	方案14	方案15	方案16	方案17	方案18
9	拦截武器数量	0.25	0.25	0.25	0.25	0.25	0.25	0.25	0.25	0.25	0.25	0.25	0.25	0.75	0.75	0.75	0.75	0.75	0.75
10	武器发射数量	1.00	1.00	1.00	1.00	1.00	1.00	0.40	0.40	0.40	0.40	0.40	0.40	0.00	0.00	0.00	0.00	0.00	0.00
11	信息发送次数	0.41	0.41	0.41	0.41	0.41	0.41	0.10	0.10	0.10	0.10	0.10	0.10	0.81	0.81	0.81	0.81	0.81	0.81
12	信息接收次数	0.41	0.41	0.41	0.41	0.41	0.41	0.10	0.10	0.10	0.10	0.10	0.81	0.81	0.81	0.81	0.81	0.81	0.10
13	平台战术触发次数	0.28	0.28	0.28	0.28	0.28	0.28	0.90	0.90	0.90	0.90	0.90	0.90	0.15	0.15	0.15	0.15	0.15	0.15
14	首次探测范围	0.99	0.99	0.99	0.99	0.99	0.99	0.99	0.99	0.99	0.99	0.99	0.99	0.99	0.99	0.99	0.99	0.99	0.99
15	情报源种类	1.00	1.00	1.00	1.00	1.00	1.00	1.00	1.00	1.00	1.00	1.00	1.00	1.00	1.00	1.00	1.00	1.00	1.00
16	武器发射距离	0.02	0.02	0.02	0.02	0.02	0.02	0.96	0.96	0.96	0.96	0.96	0.96	0.98	0.98	0.98	0.98	0.98	0.98
17	武器击中数量	0.70	0.70	0.70	0.70	0.70	0.70	0.75	0.75	0.75	0.75	0.75	0.75	0.20	0.20	0.20	0.20	0.20	0.20
	排名	12	12	12	12	12	12	2	2	2	2	2	1	7	7	7	7	7	18

针对上述效能评估结果进行敏感性分析,软件运行效果如图 12-13 所示,影响因素极差分析结果如图 12-14 所示,影响因素方差分析结果如图 12-15 所示。

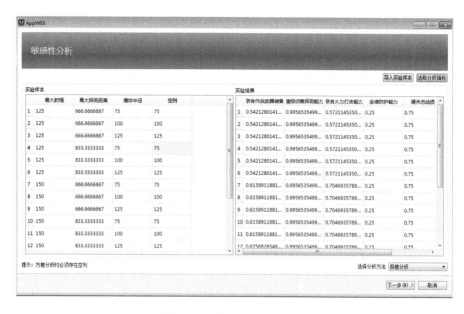

图 12-13　敏感性分析界面

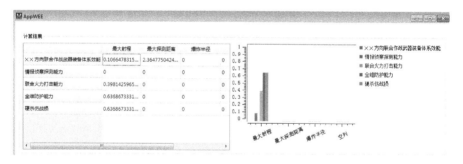

图 12-14　影响因素极差分析结果

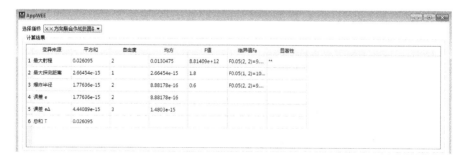

图 12-15　影响因素方差分析结果

4．极差分析结果

极差分析结果表明：

（1）各因素对××方向联合作战武器装备体系效能的影响程度从小到大依次为"岸舰导弹爆炸半径""天波超视距雷达最大探测距离"和"空舰导弹最大射程"。

（2）所有因素对情报侦察探测能力的影响相同。

（3）各因素对联合火力打击能力的影响程度从小到大依次为"天波超视距雷达最大探测距离""岸舰导弹爆炸半径"和"空舰导弹最大射程"。

（4）各因素对全维防护能力的影响程度从小到大依次为"天波超视距雷达最大探测距离""岸舰导弹爆炸半径"和"空舰导弹最大射程"。

（5）各因素对硬杀伤战损的影响程度从小到大依次为"天波超视距雷达最大探测距离""岸舰导弹爆炸半径"和"空舰导弹最大射程"。

5．方差分析结果

方差分析结果表明，"空舰导弹最大射程"对联合作战武器装备体系效能的影响非常显著，而"天波超视距雷达最大探测距离"和"岸舰导弹爆炸半径"对该指标的影响不显著。

参考文献

[1] 魏继才, 张静, 杨峰, 等. 基于仿真的武器装备体系作战能力评估研究[J]. 系统仿真学报，2007, 19(21): 5093-5097.

[2] 简平, 齐彬. 基于算子的武器装备体系效能评估方法及系统[J]. 指挥控制与仿真，2020, 42(1): 70-76.

第 13 章

综合电子信息系统效能评估

13.1　概述

综合电子信息系统是 20 世纪 90 年代初，结合我军军事信息系统发展历程逐步形成的，综合电子信息系统的内涵大致相当于美军的 C4ISR 系统。所谓综合电子信息系统，是指以提高诸军兵种联合作战能力为主要目的，由情报侦察、预警探测、指挥控制、通信、导航、安全保密、战场环境信息保障（地理空间、气象水文、电磁环境）等基本要素，按照统一的体系结构、技术体制和标准规范构成的一体化、网络化的大型军事信息系统。综合电子信息系统是由多个信息系统整合而成的复杂巨系统。与单一领域的军事信息系统相比，综合电子信息系统更强调系统性、全局性和整体性，是形成武器装备体系的核心和纽带。综合电子信息系统作为军事信息系统的主体和核心，是构建体系作战能力的基石，其发展水平已经成为衡量一个国家军队现代化水平和体系作战能力的重要标志。综合电子信息系统是信息系统应用于军事领域的一种特殊形式，是用于夺取信息优势、决策优势和全维优势的主要装备，是军事信息系统的重要组成部分。它们之间的关系如图 13-1 所示。

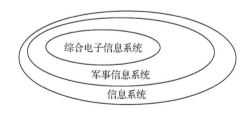

图 13-1　综合电子信息系统、军事信息系统和信息系统的关系

综合电子信息系统效能评估可以分为系统效能评估和作战效能评估。综合电子信息系统的系统效能评估是对综合电子信息系统达到规定任务要求所具有的能力程度的评价，是对系统的标称能力与实际能力匹配程度的全面评估，涉及所有功能系统，较为复杂，是一种静态评估；综合电子信息系统的作战效能是综合电子信息系统的最终效能和根本目的，它是对综合电子信息系统自身效能评估和该系统在作战条件下使用效能评估的综合，是一种动态评估，是在实战、对抗条件下对综合电子信息系统能力的评估。本章重点对综合电子信息系统的系统效能评估的实现做详细论述，在此基础上通过典型作战想定下综合电子信息系统在作战体系中的能力表现来简要评估其作战效能。

13.2　综合电子信息系统效能评估系统设计与实现

　　为验证综合电子信息系统效能评估的相关技术与方法，项目组运用 XSIM（北京华如科技股份有限公司的产品，后面有介绍）为仿真基础平台，研制了一套集想定编辑与生成、仿真实验设计、运行管理、态势显示和分析评估等功能为一体的综合电子信息系统效能评估系统，并以综合电子信息系统实际应用为例，通过选取典型评估指标，建立系统评估过程模型，按照多层次评估模式，评估综合电子信息系统的侦察监视能力、信息支援保障能力和作战指挥控制能力，并在此基础上，对系统效能进行综合评估，以此验证评估方法及模型的有效性。

13.2.1　效能评估系统总体设计

1．设计思路

　　总体设计思路是：按照标准化、模块化、分步滚动发展的建设思路，充分利用作战仿真的成熟技术。考虑以 XSIM 仿真平台为基础进行定制和开发，基于 XSIM 已有的功能并结合建设需求，将想定编辑与生成、仿真实验设计、运行管理、态势显示和分析评估进行结合，从而完成对综合电子信息系统的效能评估。

2．系统的功能组成

　　系统的功能组成如图 13-2 所示。

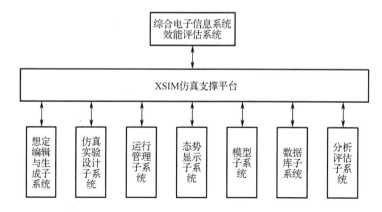

图 13-2　系统的功能组成

1）想定编辑与生成子系统

该子系统主要面向军事分析人员和仿真实验人员，完成作战想定向仿真想定的转化和生成，可方便地管理和使用已有想定，同时提供想定编辑辅助工具。想定编辑辅助工具能够根据实验方案或实验想定文本，在人机配合下支持行为关联、信息关联、指挥关联、流程编配和模型实例化工作；支持红、蓝双方交战关联，白方分别与红、蓝方相对独立的通信指挥关联和其他信息关联；能够调用模型模板、计划表单等，以窗口和菜单交互方式，进行实体属性和推演参数的输入；能够按照实体属性和参数变化，自动生成实验想定运行文件。

2）仿真实验设计子系统

该子系统用于根据实验需求制定实验方案。可选取想定中多种关键参数作为实验因子，通过改变实验因子生成一定规模的仿真样本，再对仿真样本进行集中或分布式的仿真运行管理，从而达到对仿真作战想定进行样本化研究的目的。本软件模块能够支持实验因素水平和实验样本设计，提供文本、图表及数据结构化编辑，能够调用环境、兵力、装备、设施图标，在二维地图中拖曳式构设可视化实验态势和兵力部署，支持所见即所得的编辑、存储和导出作战实验想定文本。

3）运行管理子系统

该子系统支持想定的分布式运行，包括运行前规划、运行中控制和运行后的数据回收；支持云端节点管理，包括 XSIM 环境部署、系统状态管理和软件远程启动；以友好的方式引导用户进行部署，提供详细的节点信息显示；能够统一调度和管理系统资源、监控环境状态，支持系统使用和运行的日志管理；能够分级设置安全管理和使用权限；能够对系统运行状态、运行环境等进行自动监测、记录等。

4）态势显示子系统

该子系统用于实时接收推演结果数据并按需显示，支持二维和三维显示，以及支持军事地理信息系统的应用。

（1）二维显示功能。能够运用图标方式描述与作战实验相关场景和对象的静态、动态行为，具备可视场景无极缩放能力。

（2）三维显示功能。能够有选择性地显示实体的三维模型和实验的三维态势，包括对象姿态和主要行为具有场景与对象缩放、视点与视角变换、特殊对象特写等功能。

（3）自然环境显示功能。能够以不同的图层形式显示包括地理环境、水文气象、动态海洋等在内的自然环境信息，提供相关的地理信息查询功能。

（4）传感器行为表现功能。能够描绘传感器的功能表现行为（包括威力覆盖、传输路径和作用范围等），能够自动调节显示比例以适应详略要求的变化，以及能够按照需要随时显现和消隐。

（5）通信和组织关系图形化显示功能。能够用图标和结构图方式，描绘装备间的信息交互关系、通信链路关系和组织指挥关系。

（6）提供仿真实体音效和爆炸、火焰、烟雾等特效。

（7）辅助功能。按需进行关联数据查询功能，以及离线回放，回放过程灵活可控，具有可调的加速、减速、暂停等功能。

5）模型子系统

模型子系统是实验仿真推演的核心，主要包括卫星、飞机、测控站、测量船、舰载机、航母、驱护舰、潜艇、舰空导弹、舰舰导弹、岸舰导弹、舰炮武器、鱼雷、雷达、光测、声呐等仿真模型。模型子系统依据实验想定脚本，在实验运行管理的控制下，模型子系统模拟参加仿真实验的武器装备、探测装备、参试兵力等的工作流程和交互过程。在仿真模拟过程中，产生兵力装备仿真实体的状态数据、探测数据、事件数据、目标属性变化、任务情况，以及通信状态、毁伤裁决等其他数据。

6）数据库子系统

数据库子系统是效能评估系统的基础支撑。在对综合电子信息系统实施各个层次的评估和仿真实验时，涉及以下几类数据：

（1）仿真推演数据：主要包括实验方案数据、想定数据、模型运算结果和态势记录数据等。

（2）仿真模型数据：主要包括装备数据、编制编成数据、目标数据和环境数据等。

（3）评估数据：主要包括评估指标、评估指标权重、评估数据采集、评估计算结果，以及评估结果生成文档报告等。

（4）系统管理和状态数据：主要包括评估系统使用过程的用户登录、系统运行记录，以及系统错误故障信息等。

以上这些数据和信息需要数据库系统来维护管理，以便评估系统中各个子系统之间的信息交互、调用和存储使用。

7）分析评估子系统

将在后面对分析评估子系统进行详细论述。

3．可扩展仿真平台 XSIM

可扩展仿真平台 XSimStudio（简称 XSIM）是北京华如科技股份有限公司推出的产品，是面向军用仿真领域以多智能体建模仿真方法为基础，以面向对象组件化建模和并行离散事件仿真技术为核心，支持 C4ISR 体系建模和OODA 过程仿真的建模仿真平台，其贯穿仿真系统的全寿命周期过程，在模型准备、方案拟定、系统运行、分析评估及态势展现各个阶段，提供集成开发、运行管理和资源服务等全方位支持，内置通用建模体系，支持模型及应用软件的二次开发，可为分析论证、模拟训练、实验评估等各领域各层级仿真系统的研制集成和运行管理提供一揽子解决方案。

XSIM 既是成熟的仿真应用平台，又是专业的仿真开发平台，围绕仿真事前、事中、事后提供一系列工具，以及丰富的专业模型库，包括模型设计、状态机编辑、模型装配、想定编辑、运行管理、态势显示、分布式时统、模型系统、数据中心等，支撑用户进行专业领域的研究、论证、实验和训练，同时提供高效的仿真运行引擎和完善的建模框架，支持用户进行模型和应用系统的开发。

XSIM 系统可以完成以下功能：

（1）武器装备论证

采用高效的集中式运行模式进行大样本构造（constructive）仿真，支持集中、高效和大样本运行，支持云计算环境，为作战方案论证、武器装备论证、后勤及装备保障论证等分析论证类仿真应用的构建、运行和评估等提供全方位支持；支持自主运行，无须人在环干预，为装备能力需求、体系化装备概念方案、装备战术技术指标、装备作战运用、装备作战效能、装备体系贡献率等论证分析应用提供成体系的纯数字仿真模型支撑；支持武器装备的单项指标、综合指标计算，提供几十余种统计分析指标及多种常见的效能分析模型，结合实验设计因素分析，可以对比分析不同方案的结果，改善武器装备的战技参数，为武器装备的研制提供支持。

（2）模拟训练

XSIM 系统支持"人在环"和"硬件在环"，支持异构系统互连、实装接入、人工干预等，为模拟指挥训练、装备模拟器联网训练、兵棋推演等模拟训练类仿真应用提供系统开发、系统运行、导调控制、训练评估等多方位支持；完成训练对抗的数据采集、分析及决策，为联合训练方案的制定与择优提供支持。

（3）作战实验与方案评估

XSIM 系统提供多分辨率、立体多层的装备模型，丰富的作战行为模型和外置规则集，为探索新的作战概念、创新战法研究、作战方案评估和优选、作战对策量化分析、预测战争结果等作战实验应用提供可控、可测、接近实战的仿真模型支撑；支持多种作战场景下定性与定量相结合的分析评估，建立作战方案对应的评估体系，按照具体的作战行动设定评估指标及评估模型，为优化作战方案计划提供支撑。

（4）实验鉴定与评估

XSIM 系统具备虚实一体、异地分布、功能一体的逻辑靶场实现能力，仿真模型库提供丰富的装备、行为模型资源，方便搭建不同战术背景想定，为被试系统提供数字化陪试背景模型支撑，辅助实现体系级对抗环境下的装备和作战联合实验；支持装备模型与实体装备或装备样机的一体化集成和互操作，为装备研制过程中的虚拟样机实验或演示验证、装备型号内外场一体化定型实验、效能评估及装备联合实验提供实验系统集成开发、实验运行导调控制、实验评估等多方位支持。

XSIM 系统的具体介绍请参见北京华如科技股份有限公司的官方网站。

13.2.2　分析评估子系统的设计与实现

1．子系统结构

分析评估子系统能实时接收仿真推演结果数据，支持数据的分析处理、存储和表格化、图形化的打印输出及显示输出，用户可根据评估需求，建立相应的评估指标体系，调用相应的评估算子，或根据需求扩展定制评估算子和方法，对采集到的仿真运行和结果数据进行分析评估，并通过多样的图形表格进行展示；支持指标体系构建、统计分析查询、分布式实时分析和多样本评估等操作。

分析评估子系统按照面向对象的分析与设计原则，参照成熟商业软件的架构设计模式，采用三层体系结构方式进行设计，如图 13-3 所示。

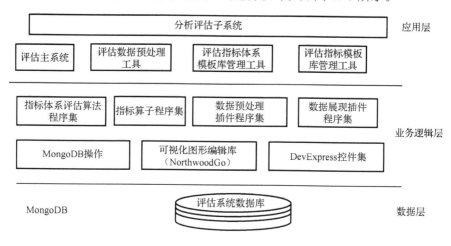

图 13-3 效能评估子系统结构

1）数据层

数据层主要提供平台的数据库服务，用于存储评估系统所使用的数据或文件。

2）业务逻辑层

业务逻辑层主要提供平台所需要的公共程序集和各评估分系统的专用程序集，主要包括：

（1）MongoDB 操作：封装了对数据库增、删、改、查操作，同时提供了关系型数据库表结构和非关系型数据库表结构的转换操作函数。

（2）指标体系评估算法程序集：包括与评估算法建模和管理相关的基础类型的程序集，支持评估算法可视化建模与管理的、与程序界面直接交互的程序集，由公共评估平台提供的常用基本算法（如层次分析法、模糊综合法）的程序集和由专业评估系统开发的专业评估算法相关程序集。

① 指标算子程序集：包括与评估算子建模和管理相关的基础类型的程

序集，支持评估算子可视化建模与管理的、与程序界面直接交互的程序集，以及由公共评估平台提供的常用基本算子（如基本的数学表达式、脚本、过滤等）程序集。

②　数据预处理插件程序集：包括数据预处理所需要的程序集，针对 XSIM 数据、文本文件数据和数据库数据分析分别进行了封装和实现。

③　数据展现插件程序集：封装了表格、统计图等常见的展现方式。

3）应用层

应用层主要包括评估系统公共架构（评估主系统）、评估指标模板库管理工具、评估指标体系模板库管理工具、评估数据预处理工具。

（1）评估主系统主要用于对评估任务进行统一的管理与维护。

（2）评估数据预处理工具根据用户需要导入的数据调用相应的数据处理插件实现数据导入。

（3）评估指标体系模板库管理工具对可重用的指标体系库进行管理。

（4）评估指标模板库管理工具对可重用的指标提取算子进行管理。

2．内部信息交互关系

分析评估子系统的内部交互主要包含元数据和主系统、主系统和评估指标体系模板库、主系统和评估指标模板库之间的交互，如图 13-4 所示。

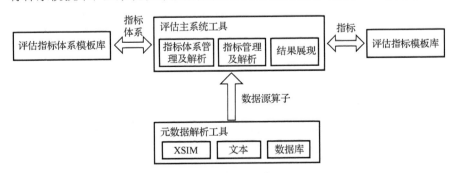

图 13-4　综合电子信息系统效能评估系统内部信息交互关系

1）元数据和主系统之间的交互

元数据将待评估的数据导入到数据库之后，会将其数据结构生成数据源算子，通过这些数据源算子，用户可以将原始数据按照指标提取的要求进行处理。

2）主系统和评估指标体系模板库之间的交互

评估指标体系模板库中管理着复用程度较高的指标体系，主系统在建立评估任务后可以从已有指标体系模板库中选择，并且可以进行修改，而不影响指标体系模板库中的指标体系。

主系统中建立的指标体系也可以导入指标体系模板库中，以备其他评估任务使用。

3）主系统和评估指标模板库之间的交互

评估指标模板库中管理着复用程度较高的指标，主系统在建立评估任务后可以从已有指标模板库中选择，并且可以进行修改，而不影响指标模板库中的指标。

主系统中建立的指标也可以导入指标模板库中，以备其他评估任务使用。

13.2.3　综合电子信息系统效能指标体系构建

综合电子信息系统的整体能力最终体现为作战系统综合效能的提升，可用信息系统效能倍增系数度量，其基本能力包括联合指挥控制能力、情报侦察探测能力、基础通信服务能力、信息支援保障能力、信息安全保障能力、信息系统互操作能力，对每项能力继续分解第三层指标，采用基于能力的指标体系构建方法，建立基于能力的综合电子信息系统效能评估指标，如图13-5所示。

下面对各个指标进行说明：

（1）与系统整体能力相关的指标

系统整体能力最终体现为系统综合效能的提升，可用系统效能倍增系数度量。系统效能倍增系数是指在特定的军事兵力使用军事信息系统条件下，信息系统对武器装备效能起到的倍增程度，是系统作战效能的一种直观体现。

（2）与联合指挥控制能力相关的指标

与联合指挥控制能力相关的指标可以从指挥跨度、决策响应时间、作战范围和系统指挥周期等方面来描述。

- 指挥跨度指系统能够指挥作战力量的种类和范围。度量单位为种。
- 决策响应时间指从系统开始决策到形成最终决策方案的一段时间，包括情报提取、对比分析、人机对话、预案形成、方案优选等。度量单位为秒和分钟。

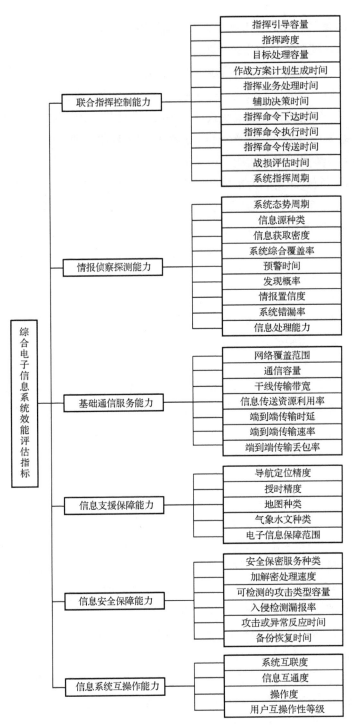

图 13-5 基于能力的综合电子信息系统效能评估指标

■ 作战范围指作战任务所要求的指挥控制范围，可分为地域、空域、海域。度量单位为平方千米。

■ 系统指挥周期指军事信息系统内的各级各类指挥所，从接到作战任务开始，研究作战任务、分析敌我态势、作战计算、辅助决策、决策仿真、确定决策、上报及获批准决策、分发作战计划和下达作战命令到基层作战部队的全部时间。度量单位为秒和分钟。

（3）与情报侦察探测能力相关的指标

与情报侦察探测能力相关的指标可以从侦察探测手段、覆盖范围、信息源种类、目标种类、信息获取密度、目标发现概率、系统错漏率、综合处理容量、系统情报处理时延、目标测量精度等方面来描述。

■ 侦察探测手段是探测目标、获取情报所用各种方法的统称，如侦察卫星、预警卫星、预警机、气球侦察、无人驾驶飞机、地面雷达等。度量单位为种。

■ 覆盖范围指信息源的作用范围，如战场侦察的纵深与宽度，情报雷达等的覆盖半径、预警高度，以及其他数据获取设备的覆盖范围等。度量单位为平方千米。

■ 信息源种类指获取目标信息的电子设备或手段，如雷达、声呐、卫星、空中预警机、红外、激光设备及信号转换和录取处理设备等。

■ 目标种类指系统所防御的武器对象。度量单位为种。

■ 信息获取密度指单位时间内系统获取的目标信息总量。度量单位为次/秒、事件/分钟、批/分钟、点/秒和字节/秒。

■ 目标发现概率指预警探测系统能够正确无误地发现目标的可能性的大小。度量单位为百分数。

■ 系统错漏率指在信息获取、传输、处理过程中出错、丢失的那部分信息量占整个收集到的信息量的百分比。度量单位为百分数。

■ 综合处理容量指系统在规定条件下，能同时处理的目标信息数量。度量单位为接收批/秒、综合处理批/秒。

■ 系统情报处理时延指情报信息从探测设备捕获报出开始，经通信传输、情报处理中心处理、显示器显示的总时间。度量单位为秒。

■ 目标测量精度指系统得到的目标信息与实际目标相符合的程度，即通过观测的和测量的数值偏离其真实数值的程度，两者之间的差称为误差。度量单位为百分数。

（4）与基础通信服务能力相关的指标

■ 网络覆盖范围指保证实施通信联络的范围。度量单位为平方千米。

■ 通信容量指单位时间内输入/输出系统的信息量。度量单位为比特/秒和字节/秒。

■ 误码率指信息经信道传输后出现数据错误的比率。度量单位为百分数。

■ 传输时延指信息发送端发出信息至接收端收到该信息的时间差。其主要取决于通信网的结构和信道机的质量。度量单位为秒。

■ 业务种类指系统实现通信的方式。度量单位为种。

■ 通信信道种类指通信信道的类别，如有线有光缆、电缆（海缆、地缆）；无线有卫星、短波、超短波和微波等。度量单位为种。

■ 畅通率指整个通信传输时间内，信道有效传输时间与整个通信传输时间的比率。度量单位为百分数。

（5）与信息支援保障能力相关的指标

■ 信息处理质量指信息的可靠性和可信度。度量单位为百分数。

■ 信息处理容量指系统在规定时间内处理、存储各类数据的效能。度量单位为比特/秒。

■ 信息处理延时指系统在最大信息处理容量时完整处理一批信息所需的时间。度量单位为秒和分钟。

（6）与信息安全保障能力相关的指标

■ 安全保密服务种类指信息安保系统能够为用户提供的安全和保密服务种类，包括为信息系统提供用户层、应用层、传输层、网络层的信息加密与认证，数字签名，密码管理，密钥分发等综合安全保密处理和服务，以及访问控制、身份验证、安全审计等安全服务。度量单位为种。

■ 加解密处理速度指信息安保系统在单位时间内能够加密或解密的信息总量。度量单位为比特/秒。

■ 可检测的攻击类型容量指信息安保系统能够检测到的攻击或异常访问类型的最大数量。度量单位为类。

■ 入侵检测漏报率指在特定的网络环境下，信息安保系统不能检测到的入侵次数占总入侵次数的比例。度量单位为百分数。

■ 攻击或异常反应时间指信息安保系统对攻击或异常行为的感知和做出响应的时间。度量单位为秒和分钟。

- 备份恢复时间指在数据库和服务器被破坏后，启用备份系统恢复信息系统各种功能和性能的最短时间。度量单位为秒和分钟。

（7）与信息系统互操作能力相关的指标

- 系统互联度指系统之间实现逻辑链路连接，达到信息安全、完整、有效传输的程度。实现系统互联的基础是网络硬件产品的兼容性及网络低层通信协议的一致性。度量单位为级。

- 信息互通度指系统之间实现资源共享、信息兼容的程度。信息互通的基础是网络互联及信息处理协议的一致性。信息互通度是发挥系统整体作战效能，衡量系统整体功能和生存能力的重要标志之一。度量单位为级。

- 用户互操作性指用户（包括系统设计与开发人员、使用人员和维修人员）交互作用的程度。实现用户互操作性的基础是应用支撑软件的开发集成及用户服务协议的一致性。用户互操作性通常要在操作系统、信息格式、用户接口和应用程序四个方面进行信息交互和通信。度量单位为级。

在建立的三层结构指标体系中，顶层的综合电子信息系统效能倍增效应指标属于作战效能指标（MOFE），体现出军事信息系统与作战效果之间的关系，反映了综合电子信息系统对武器系统的"倍增器"作用，以及与作战人员相结合完成使命的情况。中间层的六项能力指标属于系统效能指标（MOE），该指标是通过对国内外典型综合电子信息系统相关指标的研究，以及从未来综合电子信息系统的能力需求入手，充分挖掘、分析相关资料的细节，总结归纳出的指标。底层的指标属于系统性能指标（MOP），该指标体系具有通用化、普适化的特点，适用于一般军事信息系统，在针对具体评估任务时，要结合待评估对象的实际要求，进行指标的删减、添加和修改。

13.3 典型案例应用

1. 基本想定

1）兵力组成

（1）红方：地面指挥所 x 个，下辖预警雷达站 x 个、预警机 x 架、干扰机 x 架、轰炸机 x 架、预警卫星 x 个、××目标、××机场。

（2）蓝方：海上指挥中心、下辖雷达站 x 个、歼击机 x 架、航空母舰 x 艘、驱逐舰 x 艘、护卫舰 x 艘。

2）想定运行说明

（1）第一阶段

红方预警卫星进行全球预警任务，当预警卫星发现蓝方情报时上报红方指挥所。红方指挥所收到卫星情报后，指派下级预警机在指定区域进行 8 字巡逻。当红方预警机发现蓝方目标进入威胁区后，上报红方指挥所。红方指挥所命令地面雷达站开机，并指派下级通用轰炸机进行目标打击拦截。最终，蓝方水面舰队被歼灭。

（2）第二阶段

根据卫星情报，红方轰炸机第二波次按照计划路线对蓝方海上指挥中心进行进攻。当轰炸机第二波次进入蓝方海军军事基地区域时，蓝方雷达站将情报上报海上指挥中心，海上指挥中心指派下级歼击机对红方轰炸机进行拦截，拦截成功，红方轰炸机第二波次被摧毁。

（3）第三阶段

由于红方轰炸机第二波次未摧毁蓝方海上指挥中心，红方指挥所指派轰炸机第三波次进行再次进攻。指派干扰机对轰炸机第三波次进行干扰护航。此次，当轰炸机第三波次进入蓝方海军军事基地区域时，雷达站由于受到红方干扰机的干扰，而未发现轰炸机第三波次进攻，所以轰炸机成功将海上指挥中心摧毁，摧毁后返回基地。

2．运行过程

（1）想定装载与运行（见图 13-6）

（a）想定装载

图 13-6 想定装载与运行

（b）想定运行

图 13-6　想定装载与运行（续）

（2）实验样本设定（见图 13-7）

图 13-7　实验样本设定

（3）评估指标配置（见图 13-8）

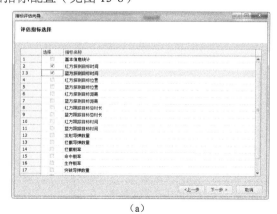

（a）

图 13-8　评估指标配置

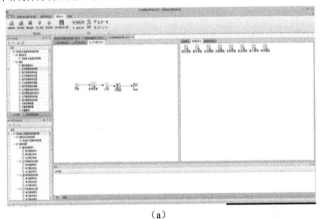

（b）

图 13-8　评估指标配置（续）

（4）评估指标数据关联（见图 13-9）

（a）

（b）

图 13-9　评估指标数据关联

（5）结果输出（见图 13-10 和图 13-11）

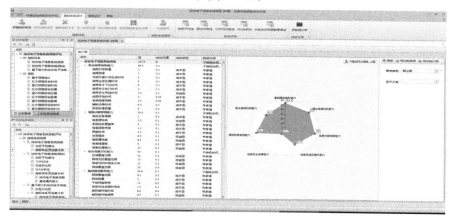

图 13-10　综合电子信息系统子系统能力评估结果输出

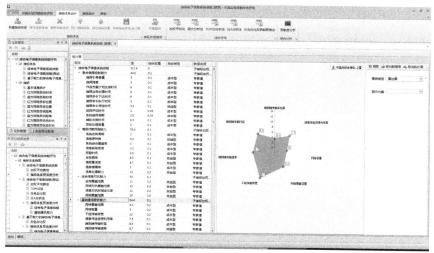

图 13-11　子系统内部的分能力评估（以基础通信能力为例）结果输出

3. 应用方向

上述效能评估系统可在综合电子信息系统需求验证、技术体制分析、综合功能实验、系统集成联试的范围内应用。

1）系统需求验证

系统需求验证主要关注系统整体目标和可行性的验证问题，包括验证系统范围界定是否合理、验证系统初步设想是否可行、验证系统需求是否正确。在该阶段主要进行演示验证实验、需求验证实验等。可利用基于能力的综合电子信息系统效能评估指标体系，结合需求分析建立各分系统的指标体系，为设计系统功能、性能，定义系统能力要求提供支持。利用系统单项能力评估模型、系统综合效能评估模型，针对系统能力需求，对系统综合效能进行预测评估，为验证系统指标的合理性提供技术支持。

2）技术体制分析

技术体制分析主要关注系统技术体制选择和技术途径的验证问题，包括验证总体技术体制方案的可行性和最优性、总体功能的完整性、各部分系统性能的相互匹配性，可利用基于能力的综合电子信息系统效能评估指标体系，建立符合技术体制验证需求的各项性能指标，利用系统单项能力评估模型、综合效能评估模型、效能灵敏度分析模型，对技术体制涉及的关键性指标进行分析评估，为分析确定技术体制的可行性和最优性提供支持。

3）综合功能实验

综合功能实验主要关注系统技术体制、功能性能、综合能力的验证问题，包括验证系统各个组成部分的功能性能、验证系统技术体制、验证系统综合集成的能力等。系统实验主要进行实体实验、环境实验、综合性能实验、集成联试等工作，可根据实验特点，综合利用单项能力评估模型、综合效能分析模型、效能灵敏度分析模型，对系统的主要功能、性能及能力进行分析评估，为验证系统功能实现与研制需求的符合性提供支持。

4）系统集成联试

系统集成联试主要关注系统环境的适应性、系统应用效能的验证问题，包括验证系统功能和性能的完整性、验证系统环境的适应性、验证系统交付应用的实际效能等。可根据实验特点，利用基于能力的综合电子信息系统效能评估指标体系，建立待评估系统的效能指标；利用单项能力评估模型，评估系统的能力实现程度；利用多层次效能评估，建立待评估系统的OODA过程模型、系统综合效能分析模型、效能灵敏度分析模型，实现系统的效能评估，并找出影响系统效能发挥的主要指标；利用倍增效应分析模型，评估系统在实际应用环境中发挥的效能，为综合评价系统能力和效能提供支持。

参考文献

[1] 总装备部电子信息基础部. 信息系统——构建体系作战能力的基石[M]. 北京：国防工业出版社，2011.

[2] 童志鹏. 综合电子信息系统——现代战争的擎天柱[M]. 北京：国防工业

出版社，1999.

[3] 邱晓刚，陈彬，孟荣清，等. 基于 HLA 的分布仿真环境设计[M]. 北京：国防工业出版社，2016.

[4] 张传友. 武器装备联合实验体系构建方法与实践[M]. 北京：国防工业出版社，2017.

[5] 肖凡. 基于指标间关系的指挥自动化系统效能评估模型[D]. 长沙：国防科技大学，2006.

结　束　语

　　本书依据我军新时期军事战略方针，面向电子信息装备体系的建设、运用与发展，从体系的理论、方法和应用等视角来研究电子信息装备体系问题。在理论篇中对电子信息装备体系论证的基本概念、内涵、主要内容，以及电子信息装备体系论证的理论体系进行了研究和分析；在技术篇中重点对电子信息装备体系的需求分析、体系结构论证、仿真推演论证、技术体系论证和体系效能评估等技术进行了研究和论述；在实践篇通过典型案例验证了本书所提方法和技术的有效性。虽然本书构建了电子信息装备体系论证较为完整的知识体系，但相关研究仍旧存在不足和缺陷，如结合近几年发展迅速的大数据技术、云仿真技术、智能仿真技术、联合仿真技术等在武器装备体系论证中的应用，本书就没有进行深入研究和实践，而笔者认为这些新技术都将成为体系研究的热点和生长点，必将对未来电子信息装备体系建设发挥积极的推动作用。笔者也将努力跟踪前沿技术和理论创新，继续为我军的武器装备体系建设提供技术支持。

　　感谢专家的指导和帮助！感谢单位领导的鼓励和支持！感谢读者的聆听和批评！

反侵权盗版声明

　　电子工业出版社依法对本作品享有专有出版权。任何未经权利人书面许可，复制、销售或通过信息网络传播本作品的行为，歪曲、篡改、剽窃本作品的行为，均违反《中华人民共和国著作权法》，其行为人应承担相应的民事责任和行政责任，构成犯罪的，将被依法追究刑事责任。

　　为了维护市场秩序，保护权利人的合法权益，我社将依法查处和打击侵权盗版的单位和个人。欢迎社会各界人士积极举报侵权盗版行为，本社将奖励举报有功人员，并保证举报人的信息不被泄露。

举报电话：（010）88254396；（010）88258888

传　　真：（010）88254397

E-mail：　dbqq@phei.com.cn

通信地址：北京市海淀区万寿路 173 信箱

　　　　　电子工业出版社总编办公室

邮　　编：100036